Naturerlebnisführer

Wolken, Wind und Wetter

Naturerlebnisführer

Wolken, Wind und Wetter

Mit Klimaphänomenen, Wolkensteckbriefen und illustriertem Wetterlexikon

Autoren:

William J. Burroughs, Bob Crowder, Ted Robertson, Eleanor Vallier-Talbot, Richard Whitaker

Wissenschaftlicher Berater der Originalausgabe:

Richard Whitaker

Wissenschaftlicher Berater der deutschen Ausgabe:

Dr. Peter Göbel

Mosaik

Wolken, Wind und Wetter
Titel der englischen Originalausgabe: Weather
Dieser Band wurde konzipiert und hergestellt von Weldon Owen Pty Ltd,
59 Victoria Street, McMahons Point, NSW, 2060, Australia, einem Verlag der
Weldon Owen Group of Companies,
Sydney und San Francisco.

Weldon Owen Pty Limited
Redaktionsleitung: Sheena Coupe
Redaktionelles Management: Lynn Humphries
Projektredaktion: Jenni Bruce, Scott Forbes
Redaktionsassistent: Greg Hassall
Art Director: Hilda Mendham
Grafik: Clive Collins, Clare Forte, Lena Lowe
Grafikassistentin: Stephanie Cannon
Umschlaggestaltung: John Bull
Bildredaktion: Gillian Manning
Illustrationen: Mike Lamble, Robert Mancini, Ngaire Sales,
Genevieve Wallace, Rod Westblade, David Wood
Karten: Mark Watson, Pictogram
Produktionsleitung: Caroline Webber
Direktor internationaler Verkauf: Stuart Laurence

Deutsche Ausgabe
Übersetzung: Dr. Peter Göbel
Bearbeitung und wissenschaftliche Beratung: Dr. Peter Göbel
Vorwort: Dr. Peter Göbel

Verlag Das Beste
Redaktion: Erwin Tivig
Grafik: Gunthara Michaelis
Korrektur: Siglinde Huber
Produktion: Hans-Peter Ullmann
Redaktionsdirektorin: Suzanne Koranyi-Esser
Redaktionsleiter: Christof Schmid-Flemmig
Art Director: Rudi K. F. Schmidt
Direktor Operations: Joachim Forster
Leitung Produktion Buch: Joachim Spillner

Die Texte dieses Bandes wurden gemäß den Regeln der reformierten
Rechtschreibung verfasst.

Satz: Lihs, Satz und Repro, Ludwigsburg

Printed in Singapore

ISBN 3-576-11366-5

Eine Produktion von Weldon Owen

Es ist ein grandioses, unvergängliches Schauspiel: Immer geht irgendwo die Sonne auf und niemals verschwindet ein Tautropfen urplötzlich. Regen, Dunst, Sonnenauf- und -untergang – alles kommt zu seiner Zeit, während sich die Erde ewig weiterdreht.

John Muir (1838–1914),
amerikanischer Naturforscher und Schriftsteller

Inhalt

Vorwort

Lehrbücher der Meteorologie sind häufig mit ellenlangen Formeln und unverständlichen Fachausdrücken gespickt so wie die meteorologischen Stationen mit modernster Technik. In diesem Buch finden Sie aber keine komplizierten Formeln, dafür umso mehr Fotos und Skizzen, die Ihnen den Einstieg in die Wetterkunde und den Weg zur eigenen Wettervorhersage ebnen.

Zunächst ein Tip: Überspringen Sie anfangs die wissenschaftlichen Fundamente aus den ersten Kapiteln, nähern Sie sich dem Wetter gewissermaßen „frei schwebend" – genau dies ist nämlich die Bedeutung des griechischen Wortes *meteoros* – und beginnen Sie beim letzten Kapitel, das die Wetterphänomene eingehend in Wort und Bild beschreibt. Auf die Fragen, die auftreten, finden Sie dann in den einleitenden Kapiteln eine umfassende Antwort.

Lassen Sie sich vor allem Zeit für die unmittelbare Beobachtung des Himmels und erleben Sie, wie sich eine weiße Cumuluswolke innerhalb einer halben Stunde zum dunklen Cumulonimbus entwickelt. Nehmen Sie eine Schneeflocke unter die Lupe und genießen Sie die prächtigen Himmelsfarben einer Purpurdämmerung. Einen stets ungetrübten Genuss kann Ihnen allerdings niemand versprechen, denn gelegentlich – besonders an klaren Herbst- und Wintertagen – werden Sie beobachten, wie sich der tiefblaue Himmel mit einem milchig weißen Wolkenschleier aus zerfaserten Kondensstreifen hoch fliegender Jets überzieht oder wie graubrauner Smog die bodennahen Luftschichten füllt. Längst ist der Mensch bei den packenden Schauspielen im „Atmosphärenkino" nicht bloß Zuschauer, sondern einer der Hauptakteure. Umso wichtiger ist es daher, die Wetterphänomene selbst zu erkennen und zu verstehen.

Peter Göbel

DR. PETER GÖBEL
Übersetzer und Bearbeiter

EINFÜHRUNG

Das Wetter macht keine Unterschiede zwischen den Menschen, es ist unser aller ständiger Begleiter – so ruhig, so turbulent, so wunderbar und manchmal auch so unvorhersehbar wie das Leben selbst.

Es war schon immer eines der Vorrechte der Menschheit, die Wunder der Natur zu genießen; doch erst in diesem Jahrhundert konnte der Mensch mithilfe der modernen Wissenschaft und Technik die Geheimnisse des Wetters enträtseln. Dieses Buch möchte Ihnen die Forschungsergebnisse verständlich machen und Sie darüber hinaus zu eigenen Beobachtungen anregen.

Zuverlässige Wetterprognosen sind für alle Menschen täglich und weltweit von unschätzbarem Nutzen und ohne eine grenzübergreifende Zusammenarbeit wären solche Vorhersagen überhaupt nicht möglich. Mehr als 180 Staaten der Erde sind heute Mitglied der Weltorganisation für Meteorologie und tragen ihren Teil zu dieser wichtigen internationalen Aufgabe bei. So sind wir gegenwärtig in der Lage, die Wetterentwicklung meist schon bis zu einer Woche oder auch länger vorherzusagen. Auch kann man Menschen in den von Unwettern bedrohten Gebieten warnen und praktisch alle Bereiche der Gesellschaft mit Informationen über das Wetter versorgen.

Die Meteorologie, eine der ältesten Naturwissenschaften, steht heute vor einer Fülle neuer Probleme und Aufgaben, die aus der zunehmenden Belastung und Zerstörung der natürlichen Umwelt erwachsen und vom sauren Regen über das Ozonloch bis zur Desertifikation reichen. Hierbei kann die Wetter- und Klimakunde zahlreiche neue Erkenntnisse beisteuern und so die Erde als bewohnbaren Planeten erhalten helfen.

John W Zillman

JOHN W. ZILLMAN
Direktor des australischen Wetterdienstes

KAPITEL 1

DAS WESEN DES WETTERS

Die einfachen und natürlichen Dinge des Lebens bereiten Freude: Nebel über einer Wiese, Sonnenlicht auf den Blättern, Mondschein über dem Wasser. Sogar Regen und Wind und sturmzerfetzte Wolken machen Freude …

Open Horizons,
SIGURD F. OLSON (1899–1982), amerikanischer Schriftsteller und Forscher

Der Wetterplanet

Das Leben der Menschen und das von Abermillionen anderen Organismen ist das Ergebnis der Anpassung an das Wetter.

Das Wetter zählt überall auf der Welt zu den wohl beliebtesten Gesprächsthemen überhaupt und sein Einfluss auf unser Leben ist in der Tat allgegenwärtig, angefangen bei der einfachen Frage, ob man nun den Regenschirm mit auf den Weg zur Arbeit nehmen soll, bis zu lebensbedrohlichen Situationen wie Kältewellen, Überschwemmungen und anderen Wetterkatastrophen.

Das Wetter bestimmt, wie wir unsere Häuser bauen, wie wir uns kleiden, wie wir unser Brot verdienen. Und auch in unserer Freizeit sind wir vom Wetter abhängig. Es ist z. B. kein Zufall, dass die besten Surfer aus Gegenden der Erde stammen, in denen beständig starke Winde für hohe Wellen sorgen, wie auf Hawaii oder an den Küsten Australiens.

Das Wetter hat in Gemeinschaftsarbeit mit den geologischen Kräften die Landschaftsformen gestaltet, die uns umgeben. Den unerschöpflichen Ideenreichtum der Natur spiegelt die einzigartige Vielfalt von Millionen von Tier- und Pflanzenarten wider, die sich im Lauf der Entwicklungsgeschichte an die unterschiedlichsten Klimaverhältnisse angepasst haben.

Im Amazonastiefland, wo es so stark regnet, dass der Boden oft monatelang meterhoch überflutet ist, haben sich Bäume entwickelt, die diese Zeit ohne Schaden überstehen, und die Nadelbäume in der Taiga wachsen so schlank, dass die Schneelasten von den Zweigen rutschen. Der Kaiserpinguin kann auf dem antarktischen Festland wochenlang in der dunklen Polarnacht eisigen Temperaturen bis zu −60 °C und Stürmen mit Geschwindigkeiten bis zu 160 km/h trotzen, während die Kängurumaus der amerikanischen Wüsten längere Zeit ohne Wasser auskommt und alle Feuchtigkeit ihrer Nahrung entnimmt. Die Menschen sind bei ihrer Ernährung stärker vom Wetter abhängig. Sogar die moderne Industriegesellschaft gerät in Nöte, wenn das Wetter nicht mitspielt, die Feldfrüchte bei schlechtem Wetter nicht reifen oder geerntet werden können. Meist schlagen sich die Missernten bei uns nur in höheren Preisen nieder, in

KACHINA-PUPPE *der Hopi-Indianer aus Arizona (links oben) mit Augen, die Regenwolken verkörpern; vom Sturm geknickte Stromleitungen im Süden von Bangladesch (oben); winterliches Verkehrschaos in den USA (rechts)*

> *Es gibt auf der Welt nur sieben oder acht Phänomene, über die es sich zu reden lohnt. Und eins davon ist das Wetter.*
>
> *Pilgrim at Tinker Creek,*
> Annie Dillard (*1945),
> amerikanische Schriftstellerin

den armen Ländern der Dritten Welt führen sie dagegen oft zu Hungersnöten, bei denen zuweilen Tausende von Menschen umkommen.

WETTERPROPHETEN

Menschen, die die Fähigkeit besitzen, das Wetter vorherzusagen, sind daher seit alters hoch geschätzt. Die ersten Wetterpropheten waren Priester und Schamanen, zu deren wichtigsten Aufgaben es gehörte, das Wetter vorherzusagen und es zugleich so zu verändern, wie es die Gemeinschaft verlangte. Mit Ritualen und Opfern versuchten sie, die Wettergötter gnädig zu stimmen, etwa durch Regentänze, die man von Nordamerika über Zentralafrika bis nach Australien bei vielen Naturvölkern findet. Und auch in den europäischen Kulturen gibt es viele Bräuche, die das Wetter beeinflussen sollen.

Der in Jahrhunderten von den Bauern und anderen besonders stark vom Wetter abhängigen Berufsgruppen gesammelte Erfahrungsschatz ist in den Bauernregeln überliefert, den meist in Reimen verfassten Sprüchen, die die Wetterentwicklung in den

DIE LANDWIRTSCHAFT *wird direkt vom Wetter beeinflusst: 2000 Jahre alte Reisterrassen auf den Philippinen (oben), Weizenfelder in den USA (rechts)*

nächsten Stunden, Tagen oder gar Monaten vorhersagen sollen. Viele sind heute noch lebendig, wie etwa:

Geht die Sonne feurig auf,
folgen Wind und Regen drauf.

Auf gut Wetter vertrau,
beginnt der Tag nebelgrau.

In Westeuropa wurde die Wettervorhersage seit dem 15. Jahrhundert allmählich auf wissenschaftliche Fundamente gestellt, doch erst seit dem 19. Jahrhundert gilt die Meteorologie als seriöse Wissenschaft. Heute bedient sie sich bei Wetterprognosen hochleistungsfähiger Computer mit spezieller Software oder Satelliten, die das Wetter gewissermaßen von höherer Warte, von der Umlaufbahn um den Erdball, beobachten und die Daten zur Erde übermitteln.

EICHHÖRNCHEN *(links) sammeln im Herbst Nüsse als Wintervorrat.*

WETTERAMATEURE

Die exakte Wettervorhersage bleibt heute zwar den Fachleuten vorbehalten, doch die Beschäftigung mit den Wetterphänomenen kann für jeden ebenso lehrreich wie nützlich sein, sei es bei der Gartenarbeit oder für die Freizeit in der Natur, beim Wandern, Segeln oder Bergsteigen. Vor allem aber schärft die Beobachtung des Wetters den Blick für Zusammenhänge, für die oft komplizierten Wechselbeziehungen zwischen dem Wetter und der belebten Welt und damit auch zwischen der Menschheit und dem Wetter in den verschiedenen Regionen der Erde.

Was ist Wetter?

Ein komplexes System von Kreisläufen und Kräften, gespeist durch Sonnenenergie, innerhalb der Lufthülle, welche die Erde umschließt

Der Erdball wird ähnlich einer Orange von einer Schale umschlossen, einer unsichtbaren Hülle, die aus Luft besteht und im Vergleich zum Durchmesser des festen Erdkörpers nur hauchdünn ist. Wer in einem Flugzeug in 9000 m Höhe fliegt, hat bereits mehr als drei Viertel aller Luftmoleküle unter sich. Auch andere Planeten besitzen eine Atmosphäre, aber die der Erde ist einzigartig im Sonnensystem: Sie enthält in ihrem vielseitigen Gasgemisch u. a. Wasserdampf und weist außerdem eine Temperaturspanne auf, innerhalb der Wasser in gasförmigem, flüssigem und festem Zustand vorkommen kann. Der Wasseranteil in der Atmosphäre macht jedoch nur einen winzigen Bruchteil der gesamten Wasservorräte der Erde aus: 0,001 %.

Momentaufnahme

Das Wetter spielt sich fast ausschließlich in den untersten Schichten der Erdatmosphäre ab und das, was wir Wetter nennen, ist nur ein einzelnes Bild in einem endlosen Film, eine Momentaufnahme des physikalischen Zustands dieser atmosphärischen Stockwerke. Um den Zustand umfassend zu beschreiben, müssen zahlreiche Eigenschaften beobachtet und erfasst werden: Temperatur, Feuchte, Bewölkung, Wind, Niederschlag, Luftdruck, um nur die wichtigsten zu nennen. Selten einmal bleiben die gemessenen Werte über einen Zeitraum von Stunden oder Tagen annähernd gleich, meist verändern sie sich mit den Tages- und erst recht mit den Jahreszeiten. Und wer nach den Ursachen des ständigen Wandels sucht, wird schließlich fast immer die Lösung in einer geringfügigen Winkelabweichung und beim Zentralgestirn des Sonnensystems finden. Die Achse, um die sich die Erde dreht, steht nämlich nicht senkrecht im Raum, sondern weicht um

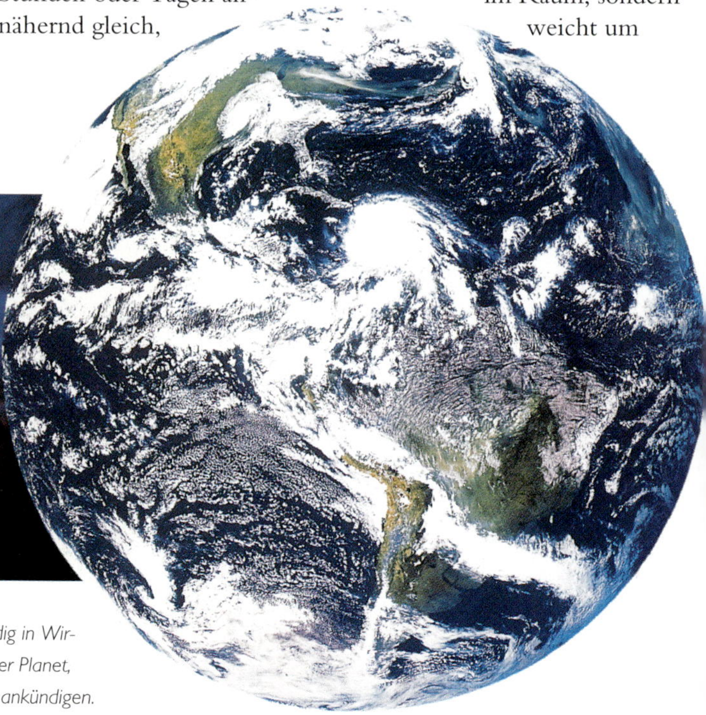

OHNE DIE WOLKEN, *die den Erdball ständig in Wirbeln umkreisen (rechts), wäre die Erde ein toter Planet, auch wenn manche Wolken (oben) Unwetter ankündigen.*

SONNENAUFGANG IM ALL *(oben) über dem dunklen Erdhorizont und unter einem hellen Lichtband, das auf Vulkanasche zurückgeht; Rüssel eines Tornados vor drohenden Gewitterwolken (links)*

etwa 23,5° von der Senkrechten ab. Dadurch erhalten die beiden Halbkugeln der Erde im Lauf des Jahres mal mehr und mal weniger Sonnenenergie; außerdem verändert sich auf diese Weise die Zeitdauer, in der ein bestimmter Ort auf der Erde täglich unter Sonneneinwirkung steht. Die Zonen am Äquator erhalten eine intensivere Sonneneinstrahlung als die Polargebiete, zudem erwärmen sich die Landmassen schneller und stärker als die Ozeane.

Die Luftströmungen in der Atmosphäre und die Meeresströmungen streben unablässig einen Ausgleich der unregelmäßigen Energieverteilung an. Sie transportieren Warmluft und warmes Wasser in die kälteren Regionen und führen Kaltluft und kaltes Wasser in wärmere Regionen, können jedoch die Unterschiede nie völlig ausgleichen. Die Luft- und Wasserströmungen nehmen dabei niemals den kürzesten und schnellsten Weg, sondern werden durch die Reibung an der Erdoberfläche gebremst und durch die Corioliskraft, die ablenkende Kraft der Erdrotation, oft zu weiten Umwegen gezwungen.

ZEITRAFFERAUFNAHME

Über einen längeren Zeitraum hinweg gemessen und aufmerksam beobachtet, wird das Wetter zunächst zur Witterung (die einige Stunden bis Tage andauert) und dann zum Klima, dem durchschnittlichen Ablauf der Witterung im Lauf eines Jahres. Je nach Wetterelement (Lufttemperatur, Luftfeuchtigkeit, Luftdruck usw.) und geographischer Zone benötigen die Klimatologen unterschiedlich lange, um ein zutreffendes Bild des jeweiligen Klimas zu zeichnen.

Sehr schnell geht es bei der Luftfeuchtigkeit auf tropischen Inseln, wo meist ein- bis zweijährige Beobachtungen dafür genügen; wesentlich zeitraubender ist dagegen die realistische Bestimmung der durchschnittlichen Niederschlagsmengen in Gebirgen – dort sind mindestens 50 Jahre erforderlich, um einigermaßen verlässliche Daten zu erhalten. Meist setzt man eine 30 Jahre lange Bezugsreihe bei der Berechnung klimatologischer Mittelwerte voraus. Viel länger sollten die Zeiträume allerdings auch nicht sein. Stellt man nämlich dem launischen, vergänglichen Wetter das Klima quasi als unerschütterliches, verlässliches Pendant gegenüber, wird mitunter vergessen, dass auch das Klima innerhalb einiger Jahrzehnte – für geologische Zeitmaßstäbe allenfalls einige Sekunden – möglicherweise Veränderungen unterliegt: Es kann wärmer oder auch kälter werden.

WASSERFÄLLE UND FALLSTREIFEN *erzeugen Regen- oder Gischtbogen (rechts); Fallstreifen entstehen aber auch durch Verdunstung des Regens (oben).*

Klimate der Erde

Zahlreiche Merkmale sind bei der Abgrenzung der Klimazonen zu berücksichtigen, vor allem aber die Temperatur und der Niederschlag.

Im Lauf der beiden letzten Jahrhunderte wurden Dutzende Verfahren entwickelt, um Klimatypen zu bestimmen und Klimazonen abzugrenzen. Die meisten ergeben eine grobe Dreigliederung der Erde in die polare Zone jenseits der Polarkreise, in die klimatisch sehr vielfältigen mittleren Breiten zwischen den Polarkreisen und den Wendekreisen sowie in die Tropenzone zwischen dem Nördlichen und dem Südlichen Wendekreis beiderseits des Äquators.

Diese grobe Einteilung wird noch verfeinert, indem man ozeanische und kontinentale Klimavarianten unterscheidet und so die erheblichen Gegensätze zwischen dem Klima der Küstenzonen und dem Klima im küstenfernen Binnenland berücksichtigt. Außerdem werden innerhalb der großen, als Gürtel um den Erdball verlaufenden Klimazonen meist noch die Hochgebirge mit ihrem speziellen Klima inselartig hervorgehoben.

Aber auch diese Klassifikation ergibt nur ein sehr unscharfes Bild von den tatsächlichen Klimaverhältnissen. Wenn man z. B. das Klima von Neufundland im Nordosten Kanadas mit dem von Nordschottland vergleicht – beide ozeanische Klimate der mittleren Breiten –, so treten dennoch beträchtliche Unterschiede hervor: Neufundland hat ein ozeanisch-boreales, Schottland dagegen dank des warmen Golfstroms (s. S. 38) ein ozeanisch-gemäßigtes Klima.

Die gebräuchlichsten Klimaklassifikationen berücksichtigen nicht die Ursachen des jeweiligen Klimas, sie sind keine genetischen, sondern effektive Klassifikationen, die also von den Folgen des Klimas ausgehen. Und dabei stehen in der Regel die Auswirkungen auf die Pflanzenwelt und deren Beschaffenheit im Mittelpunkt.

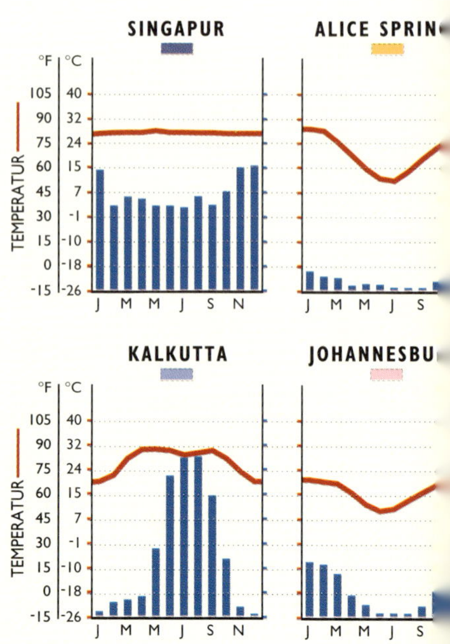

MIT DEM KLIMA LEBEN
Robben (unten) gehören zu den Säugetieren, die polares Klima ertragen. Trockenzeiten prägen das Klima in Kenia (rechts oben).

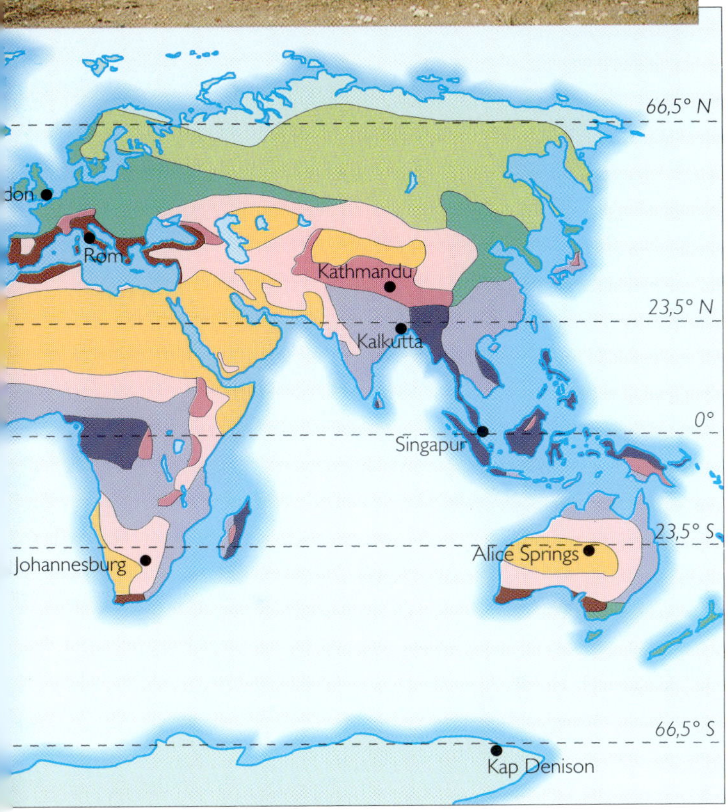

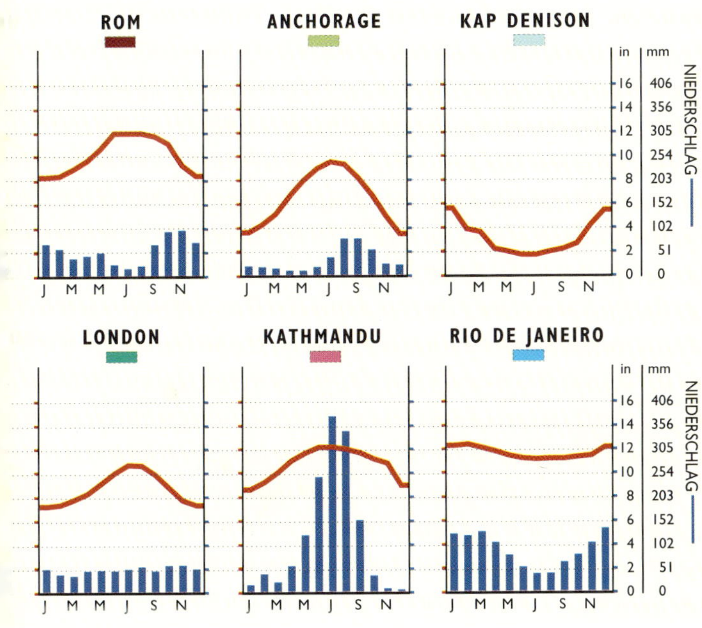

Die Klimazonen

Äquatoriale Hoher Niederschlag, hohe Temperaturen, keine oder nur kurze Trockenzeiten (s. S. 146)

Tropisch-sommerfeuchte Sommerregenzeit, im Winter trocken, maximal 6–7 aride Monate (s. S. 150)

Aride Sehr geringe oder nahezu fehlende Niederschläge, oft verbunden mit schroffen täglichen und jahreszeitlichen Temperaturschwankungen (s. S. 152)

Semi-aride Etwas höhere und regelmäßigere Niederschläge als in den ariden Zonen; je nach geographischer Breite milde oder kalte Winter (s. S. 156)

Mediterrane Heiße, trockene Sommer und milde, feuchte Winter (s. S. 158)

Gemäßigte Ständig feucht, vier ausgeprägte Jahreszeiten mit relativ milden Wintern und mäßig warmen Sommern (s. S. 160)

Boreale Kalte, schneereiche und bis zu neun Monate dauernde Winter, kurze, verhältnismäßig warme Sommer, wärmster Monat über 10 °C (s. S. 162)

Alpine Gebirgsklimate mit wesentlich tieferen Temperaturen und meist höheren Niederschlägen als in den benachbarten Tiefländern (s. S. 164)

Polare Extrem kalte, schneereiche, lange Winter, wärmster Monat unter 10 °C, Wechsel von Polartag und Polarnacht (s. S. 168)

Küsten Wintermilder, sommerkühler, feuchter, nebelreicher und stürmischer als im angrenzenden Binnenland (s. S. 172)

KLIMADIAGRAMMME *(links) zeigen für die Orte in der Karte die mittleren Temperaturen (rot) und Niederschläge (blau).*

WETTERPROGNOSEN

Auch wenn sich die Wetterpropheten zuweilen noch irren, exakte Wettervorhersagen sparen Kosten und retten Menschenleben.

DEM WETTER AUF DER SPUR *Eine Wetterhütte (ganz oben); Wetterballonaufstieg in der Antarktis (oben); die Mount-Washington-Station, New Hampshire, USA (rechts)*

Viele Staaten der Erde bauen gegenwärtig ihre nationalen Wetterdienste mit erheblichem Aufwand aus, da man allgemein erkannt hat, dass sich diese Investitionen lohnen und deren Vorteile die auftretenden Kosten bei weitem übertreffen.

Alle größeren Länder besitzen ein engmaschiges Netz von Wetterwarten und Klimastationen, z. B. die USA, Großbritannien und die meisten Staaten auf dem europäischen Festland, Japan, Australien, Neuseeland und Südafrika. Die Volksrepublik China, deren Landwirtschaft immer wieder unter Wetterkatastrophen leidet, hat einen Wetterdienst mit über 65 000 Bediensteten. Saudi-Arabien unternimmt ebenfalls große Anstrengungen, seinen Wetterdienst zu modernisieren; das Königreich möchte nämlich auf diese Weise die Agrarflächen erweitern und effektivere Anbaumethoden entwickeln.

Das Wetter macht an den Staatsgrenzen nicht Halt, also spielt die internationale Zusammenarbeit der nationalen Wetterdienste eine wichtige Rolle. Bei Wettervorhersagen für die Staaten der USA muss man die aktuelle Wettersituation in Europa kennen – und umgekehrt natürlich auch.

Die weltweite Zusammenarbeit wird von der WMO, der Weltorganisation für Meteorologie, einer Unterorganisation der Vereinten Nationen, gefördert (s. S. 80). Dem 1947 gegründeten Gremium gehören heute über 180 Staaten an, die über ein globales Kommunikationsnetz ständig mit den neuesten Wetterdaten von der Erde und aus dem Weltraum versorgt werden.

Der Zugang zu diesen Daten hat die Qualität der Wettervorhersagen zweifellos verbessert; hinzu kommen die in ihrer Technik ausgereifteren Wettersatelliten, genauere mathematische Methoden und nicht zuletzt ein besseres Verständnis der physikalischen

WELTWEITE ZUSAMMENARBEIT *ist entscheidend für die exakte Prognose. Mit den Daten, die z. B. in England (rechts) gesammelt werden, kann man den Kurs von Orkanen in der Karibik abstecken, wo der Hurrikan Andrew 1992 ein Trümmerfeld hinterließ (ganz rechts).*

Vorgänge innerhalb der Erdatmosphäre. Die Flut von Daten, die bei der Beobachtung des Wetters täglich anfällt, lässt sich nur noch mithilfe leistungsfähiger Computer bewältigen.

Jeder redet über das Wetter, aber keiner ändert was dran!

MARK TWAIN (1835–1910), amerikanischer Schriftsteller

WEITERE AUSSICHTEN

Die Wettervorhersage in den Radio- oder Fernsehnachrichten ist die bekannteste, doch keineswegs die einzige Art meteorologischer Prognosen. Je nach der Gültigkeitsdauer der Vorhersage unterscheidet man mindestens drei oder vier Prognosearten, wobei allgemein der Zuverlässigkeitsgrad mit zunehmender Gültigkeitsdauer abnimmt. Kurzfristige Prognosen gelten in der Regel bis zum Abend des nächsten Tages, also je nach Ausgabetermin für 24–36 Stunden. Sie enthalten detaillierte Angaben über Temperatur, Bewölkungsgrad, Windrichtung und -geschwindigkeit sowie Niederschlag. Noch kurzfristigere Vorhersagen für höchstens 12 Stunden werden als Kürzestfristprognosen (engl. *nowcasting*, d. h. Sofortvorhersage) bezeichnet. Mittelfristprognosen gelten für einen Zeitraum von 36 Stunden bis 10 Tagen; sie informieren über den allgemeinen Wettercharakter, ergänzt durch Hinweise auf die voraussichtlich zu erwartenden Temperaturen und Niederschläge. Bei Langfristprognosen für Zeiträume von etwa einem Monat bis zu einem Vierteljahr beschränkt man sich auf sehr vage Aussagen, beispielsweise ob Temperaturen und Niederschläge voraussichtlich über bzw. unter dem langjährigen Durchschnitt liegen werden.

WETTERSATELLITEN *liefern Bilder der Erde (etwa vom indischen Subkontinent), messen aber auch Bodentemperaturen, Feuchtewerte und Windgeschwindigkeiten innerhalb der Erdatmosphäre.*

DIE ZUVERLÄSSIGKEIT VON PROGNOSEN

Wettervorhersagen stoßen in zwei Bereichen an ihre Grenzen: bei den Kürzestfristprognosen, die aus praktischen Gründen ohne breite Datengrundlage und aufwendige Berechnungsverfahren auskommen müssen, und bei den Langfristprognosen, die trotz intensiver Forschungen noch immer mit einem Hauch von Hundertjährigem Kalender verbunden sind. Mit ihren Kurz- und Mittelfristprognosen erzielen die Meteorologen heute dagegen beachtliche Erfolge. Bei den Voraussagen bis zum Abend des nächsten Tages z. B. beträgt die Trefferquote über 85 % und die Vorhersagen für die nächste Woche werden auch zuverlässiger. Eine Eigenart des Wetters erleichtert den „Wetterfröschen" allerdings ein wenig ihre schwierige Arbeit: Von einem zum andern Tag bleibt es meist (an etwa zwei Dritteln der Tage) so, wie es ist. Unerwartete Wetterstürze gehören zu den Kunstfehlern.

Ich peitsche die Erde mit Hagelschlag,
Und färbe sie weiß mit Schnee,
Und weiche ihren Boden im Regen auf,
Und ziehe davon mit lachendem Donner.

Die Wolke,
Percy Bysshe Shelley (1792–1822), englischer Dichter

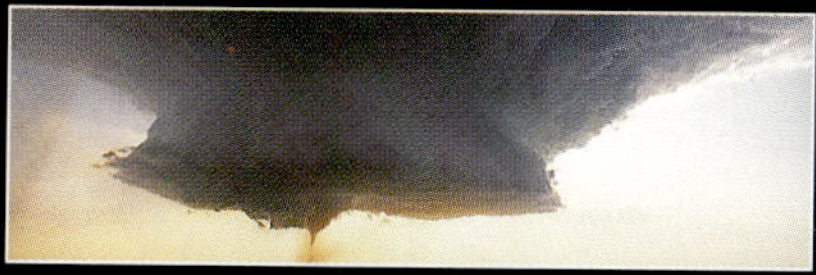

KAPITEL 2

DIE GRUNDGESETZE DES WETTERS

Die Atmosphäre

Die Erde wird schalenförmig von einem Gasgemisch umschlossen. Diese äußerste Hülle unseres Planeten, die man Atmosphäre nennt, ist die Bühne, auf der sich die Wetterphänomene abspielen.

Die Erdatmosphäre enthält den freien Sauerstoff, ohne den fast alle Lebewesen nicht existieren können, und den gasförmigen Wasserdampf, ohne den unsere Erde ein völlig anderer Planet wäre. Sie ist der Schauplatz der physikalischen Prozesse, die wir zusammenfassend als Wetter bezeichnen.

Die Lufthülle

Ähnlich der Haut, die den Körper vor schädlichen Einflüssen der Umwelt bewahrt, schützt die Atmosphäre die Erde vor der Hitze und Kälte des Weltraums, vor Bruchstücken fremder Himmelskörper, die durch das All rasen, und vor schädlichen Strahlen. Und im Vergleich zum Durchmesser des Erdkörpers ist die Atmosphäre auch nur eine dünne Haut. Wenn der Erdball die Größe eines Luftballons hätte, wäre die Atmosphäre nicht dicker als die Gummihaut des Ballons.

Die Erkenntnis, dass dieser zerbrechliche Schutzschild aus mehreren deutlich voneinander getrennten Schichten besteht, ist relativ neu. Erst im 19. Jahrhundert entdeckten Heißluftballonfahrer, dass die Temperatur über der Erde mit zunehmender Höhe allmählich abnimmt. Die Hypothese, sie würde bis zum äußersten Rand der Atmosphäre stetig weiter fallen, erwies sich freilich als falsch. Der französische Meteorologe Teisserenc de Bort (s. S. 73) fand 1899 nämlich heraus, dass der Temperaturrückgang in etwa 10 km Höhe über dem Erdboden plötzlich in einen Temperaturanstieg umschlägt und dort ein neues Stockwerk der Atmosphäre beginnt. In den folgenden Jahrzehnten wurden vier

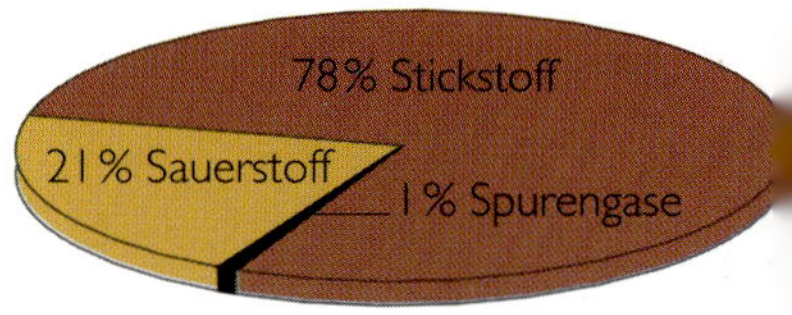

DIE LUFT, DIE WIR ATMEN, *setzt sich innerhalb der Troposphäre und der Stratosphäre zu 99 % aus Stickstoff und Sauerstoff zusammen. Der Anteil der Spurengase – Argon, Kohlendioxid, Neon, Helium, Krypton, Wasserstoff, Ozon u. a. – beträgt insgesamt nur 1 %. In den höheren Stockwerken der Atmosphäre verschieben sich die Anteile der Gase. Wasserdampf ist meist mit 1–4 % in der Luft vertreten.*

weitere Stockwerke entdeckt, die jedoch für das Wettergeschehen weniger wichtig sind als das unterste, die Troposphäre. In ihr spielen sich 99 % der Wettervorgänge ab.

Die Stockwerke der Erdatmosphäre

Die Troposphäre reicht vom Erdboden bis in 8–16 km Höhe. Ihre Obergrenze, die Tropopause, verläuft über den äquatorialen Regionen am

GEWITTERWOLKEN *im Licht der aufgehenden Sonne, so wie man sie aus den Fenstern der Raumfähre Atlantis sieht (links). Die flachen ambossförmigen Gipfel der Wolken markieren die obere Grenze der Troposphäre. Ballonaufstieg im 19. Jahrhundert über der englischen Stadt Oxford (oben)*

höchsten, über den Polargebieten dagegen am niedrigsten. Die Lufttemperatur nimmt in der untersten Etage zur Höhe hin um durchschnittlich 6–7 °C pro 100 m ab, an der Obergrenze schwanken die Temperaturen zwischen –50 und – 60 °C. Das nächste Atmosphärenstockwerk, die Stratosphäre, in der die Temperatur wieder allmählich auf etwa 4 °C ansteigt, endet in 50 km Höhe. In ungefähr 24 km Höhe verläuft innerhalb der Stratosphäre die Ozonschicht (s. S. 122), die den größten Teil der gefährlichen ultravioletten Strahlung der Sonne absorbiert.

Oberhalb der Stratosphäre schließt sich die Mesosphäre an. Hier beobachtet man wieder einen Temperaturrückgang bis auf –90 °C nahe der Obergrenze, der Mesopause, die in 80 km Höhe liegt. Jenseits der Mesopause, in der Thermosphäre, erfolgt ein rascher Temperaturanstieg auf Werte über 1400 °C. Die Thermosphäre ist auch als Ionosphäre bekannt, weil die energiereiche Sonnenstrahlung die Luftmoleküle dort in Ionen und Elektronen aufspaltet.

Im obersten Stockwerk, der Exosphäre, sind die Luftgase schließlich nur noch in sehr geringen Anteilen vertreten. Die in den Höhen über 190 km schwache Anziehungskraft der Erde kann nicht verhindern, dass ungeladene Partikel in den Weltraum entweichen und sich gewissermaßen verflüchtigen. Die Exosphäre wird deshalb auch als Dissipationssphäre (lat. *dissipare* = zerstreuen) bezeichnet. Hier werden elektrisch geladene Teilchen vom Magnetfeld der Erde festgehalten.

DIE STOCKWERKE DER ERDATMOSPHÄRE *werden nach dem Temperaturverlauf (farbige Linie) abgegrenzt. Um mehr Details darzustellen, ist der Querschnitt im unteren Teil stark überhöht. Die tatsächlichen Dimensionen der verschiedenen Stockwerke sind in dem blauen Band (rechts) wiedergegeben.*

Die Kräfte des Wetters

Der Zustrom von Sonnenenergie und die Schwerkraft sind die Hauptkräfte, die das Wetter antreiben.

Wer nach den Ursachen von Wind, Regen, Gewitter oder Hagelschlag sucht, wird schließlich immer bei der Sonne fündig, die mit ihrer unerschöpflich scheinenden Energie das gesamte Wettergeschehen in Gang hält. Doch ohne die Erdatmosphäre würde der Anteil von Sonnenenergie, den unser Planet erhält, wirkungslos verpuffen, denn wie sein nächster Begleiter – der Mond – zeigt, gibt es ohne Atmosphäre auch kein oder nur ein sehr eintöniges Wetter. So aber treibt die Sonnenenergie ständig den großen Kreislauf der atmosphärischen Zirkulation an und sorgt für die faszinierende Vielfalt von Wettererscheinungen.

Luftdruck

Die Luft besteht aus Aberbillionen von Gasmolekülen, die sich ständig wie ein aufgescheuchter Bienenschwarm in alle Richtungen bewegen, im allgemeinen Verkehrschaos häufig aufeinander und auf benachbarte Objekte stoßen und so in der Summe eine mehr oder weniger große Kraft, den Luftdruck, ausüben. An diese unsichtbare Last haben wir uns gewöhnt, wir spüren sie meist nicht, obwohl sie mit durchschnittlich 1 kg/cm^2 einen beachtlichen Druck ausübt. Probleme bereiten uns nur plötzliche Änderungen des Luftdrucks.

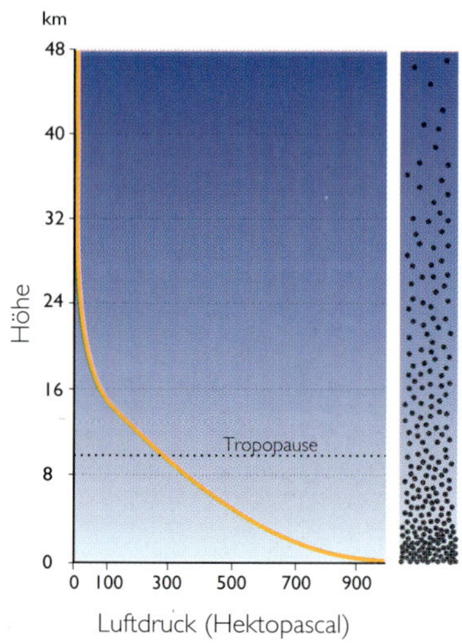

DER LUFTDRUCK *nimmt innerhalb der Atmosphäre zur Höhe hin rasch ab, denn unter dem Einfluss der Schwerkraft der Erde sammeln sich die Gasmoleküle wie Sandkörner am Grund des „Luftmeeres" an.*

BAROMETER *sind Instrumente zur Messung des Drucks. Dieses Modell (links) stammt aus dem 18. Jahrhundert. Niedriger Druck in großen Höhen bedeutet auch weniger Sauerstoff (oben); Druckgefälle erzeugt Wind (ganz links).*

Der Luftdruck wird heute in Hektopascal (hPa; früher Millibar) gemessen. Auf Meeresspiegelniveau schwanken die Werte zwischen etwa 980 und 1040 Hektopascal und zur Höhe hin nimmt der Luftdruck im Bereich der unteren Troposphäre pro 8–16 m Höhenunterschied um 1 Hektopascal ab.

Die Luftdruckabnahme zur Höhe hin lässt sich mit der barometrischen Höhenformel genau berechnen. Sie berücksichtigt neben dem Höhenunterschied und der nicht an jedem Punkt des erdballs gleichen Schwerkraft vor allem die Dichte der Luft, die wiederum von der Temperatur abhängig ist. Danach nimmt der Luftdruck umso schneller mit der Höhe ab, je niedriger die Temperatur in der Atmosphäre ist.

Alle Dinge und Wetterarten müssen zusammen gesehen werden, um einen Jahreslauf zu formen.

The Mountain and the Squirrel,
RALPH WALDO EMERSON
(1803–82), amerikanischer Autor

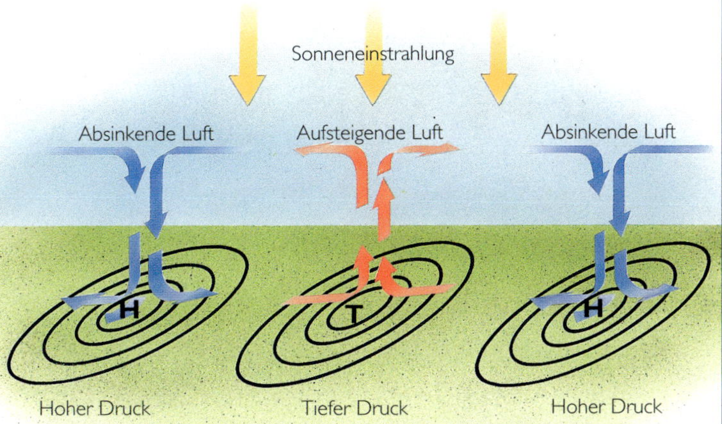

KONVEKTION *Warme Luftmassen, die aufsteigen, erzeugen am Erdboden ein kleines Tiefdruckgebiet. Wo die abgekühlte Luft wieder herabsinkt, entsteht hoher Druck.*

KONVEKTION

Die Geschwindigkeit, mit der sich die Luftmoleküle bewegen, hängt von der Temperatur ab. Wenn sich eine Luftmasse erwärmt, bewegen sich die Moleküle schneller, halten größere Abstände ein und die Luft dehnt sich folglich aus. Mit zunehmendem Rauminhalt verringert sich gleichzeitig die Dichte eines bestimmten Luftpakets, es wird leichter, erhält wie ein Schiff, das entladen wird, Auftrieb und steigt auf. Dieses Aufsteigen warmer Luft (bei gleichzeitigem Absinken kühlerer, schwererer Luft in der Umgebung) wird als Konvektion bezeichnet.

Ursache ist meist die Erwärmung der Erdoberfläche und der bodennahen Luftschichten durch Sonneneinstrahlung. Danach steigen mehr oder weniger große Warmluftpakete wie Blasen in höhere Etagen der Atmosphäre auf und kühlen dort ab. Manchmal bilden sie Wolken und sinken wieder zur Erde hinab, wo der Kreislauf erneut beginnt.

HOCH UND TIEF

Die warmen aufsteigenden Luftmassen hinterlassen an ihrem Ursprungsort quasi ein Luftloch, ein Gebiet, in dem der Luftdruck durch den Masseverlust abnimmt. Dafür lastet die abgekühlte, durch ihre eigene Masse absinkende Luft auf den benachbarten Gebieten und erzeugt hohen Luftdruck. Das Gefälle zwischen den Arealen mit hohem und denen mit tiefem Druck führt zu Luftströmungen, die früher oder später die Druckunterschiede ausgleichen. Je größer das Gefälle ist, umso stärker ist in der Regel auch der Wind und wer eine Wetterkarte zu lesen versteht, kann schon am Abstand der Isobaren (Linien, die Punkte mit demselben Luftdruck verbinden) das jeweilige Druckgefälle und die Intensität der Ausgleichsströmungen abschätzen.

Sichtbar wird der Kreislauf der unsichtbaren Luftmassen durch die Kondensation des Wasserdampfs (die übrigens die Konvektion durch die frei werdende Verdunstungswärme kräftig anheizt) auf der einen und durch die Verdunstung der Wolkentröpfchen bzw. die Wolkenauflösung auf der anderen Seite. Tiefer Druck wird daher allgemein mit schlechtem regnerischem Wetter, hoher Druck jedoch mit Wolkenauflösung und einem sonnig-trockenen Wetter verbunden.

HOHER LUFTDRUCK *bringt meist Schönwetter (rechts). Aufsteigende Luftmassen erzeugen Tiefdruck und durch Kondensation entstehen Wolken (ganz rechts).*

TAGES- UND JAHRESZEITEN

Mit den Tages- und Jahreszeiten schwankt der Zustrom von Sonnenenergie zur Erde und damit auch das Wetter.

SONNENGÖTTER, *hier eine Darstellung aus dem 15. Jahrhundert, symbolisieren die überragende Rolle der Sonne.*

Als Solarkonstante wird der durchschnittliche Zustrom von Sonnenenergie an der Obergrenze der Erdatmosphäre bezeichnet. Er gilt für eine Fläche bestimmter Größe, die senkrecht zu den einfallenden Sonnenstrahlen stehen muss. Diese Bedingung ist am Erdboden selten einmal erfüllt, denn je nach Tages- und Jahreszeit sowie dem Gefälle der Erdoberfläche trifft die Strahlung nur ausnahmsweise senkrecht auf den Boden und beschert ihm sowie der Flora und Fauna den maximalen „Energiegenuss".

„HALBERDE" *Der Winkel, in dem die Sonnenstrahlen die Erde erreichen, variiert stark in den mittleren und höheren Breiten im Lauf des Jahres und ruft das typische Jahreszeitenklima hervor. Auch die veränderte Laubfarbe (rechts) weist auf eine neue Jahreszeit hin.*

DER ERDUMLAUF

Die Erde ist, vom Mittelpunkt aus gesehen, der dritte Planet des Sonnensystems, ungefähr 149 Mio. km von der Sonne entfernt. Das Erdjahr dauert so lange, wie die Erde für einen Umlauf um das Zentralgestirn benötigt: etwas mehr als 365 Tage. Unser Planet folgt dabei einer ellipsenförmigen Umlaufbahn um die Sonne. Er kommt daher der Sonne in bestimmten Jahreszeiten ein wenig näher und erhält dadurch mehr Sonnenenergie, doch die damit verbundene Zunahme der Solarkonstante ist nicht die Hauptursache für die Entstehung der Jahreszeiten. Entscheidend ist vielmehr die Tatsache, dass die Achse, um die sich die Erde während des Umlaufs zusätzlich wie ein Kreisel dreht, um etwa 23,5° von der Senkrechten abweicht. Die Erdhälfte, die sich beim Umlauf um die Sonne dem Energie spendenden Gestirn mehr zuneigt und auf die die Sonnenstrahlen in steilerem Winkel auftreffen, wird stärker erhitzt als die von der Sonne abgewandte Hälfte. Die Nordhalbkugel gerät auf diese Weise ab Ende September, wenn die Sonne über dem Äquator im Zenit steht und wenn zur Zeit der herbstlichen Tagundnachtgleiche der helle Tag überall auf der Erde etwa 12 Stunden dauert, immer mehr auf die Schattenseite: Die Tage werden kürzer, die Zufuhr von Sonnenenergie nimmt ab, es wird Herbst und schließlich Winter. Dann jedoch, ab Ende Dezember, neigt sich die Nordhalbkugel wieder mehr der Sonne zu: Die Sonne steigt höher über den Horizont, die Tage werden länger und irgendwann im Februar/März zeigen sich in der Flora die ersten Frühlingsboten.

Bis zur Sommersonnenwende am 21. Juni nimmt die Tageslänge auf der Nordhalbkugel kontinuierlich zu; an diesem Termin ist die Sonnenhöhe zur Mittagszeit am höchsten. Bei uns steht die Sonne dann etwa 70° über dem Horizont, am Wendekreis des Krebses bei 23,5° nördlicher Breite sogar im Zenit; jenseits des Nördlichen Polarkreises (66,5° nördlicher Breite) geht die Sonne in den Sommerwochen für einige Zeit nachts überhaupt nicht unter: Es ist Polartag. Im Juli und August, den wärmsten Sommerwochen, kündigen sich auf der Nordhalbkugel jedoch schon wieder Herbst und Winter an: Mit dem weiteren Umlauf um die Sonne gerät diese Hemisphäre von Tag zu Tag zunehmend auf die Schattenseite unseres Planeten, die Tageslänge nimmt ab, die mittägliche Sonnenhöhe ebenfalls. Dadurch schwindet die Zufuhr von Sonnenenergie und zur Zeit der Wintersonnenwende am 21. oder 22. Dezember ist man auf der Nordhalbkugel bezüglich der Tageslänge am Tiefpunkt angelangt.

DIE VIER JAHRESZEITEN *unterscheiden sich außer in der Tageslänge auch durch den Witterungscharakter. Zum Winter gehören bei uns Frost und Schnee, so wie es auch in dieser Miniatur des 15. Jahrhunderts aus dem Stundenbuch des Herzogs du Berry zum Ausdruck kommt.*

TAGESZEITENKLIMA

In den mittleren und hohen Breiten, wo die Sonnenenergiemenge im Jahreslauf am stärksten schwankt, sind die Jahreszeiten thermischer Art, d. h. mit kräftigen Temperaturschwankungen verbunden. In den Tropen sind die jahreszeitlichen Temperaturgegensätze nur relativ gering. Dort herrscht ein Tageszeitenklima: Die tageszeitlichen Temperaturschwankungen übertreffen die jahreszeitlichen und die Jahreszeiten sind vor allem mit stärkeren oder geringeren Niederschlägen verbunden. Oft ist dort der Winter die wärmste Zeit im Jahr.

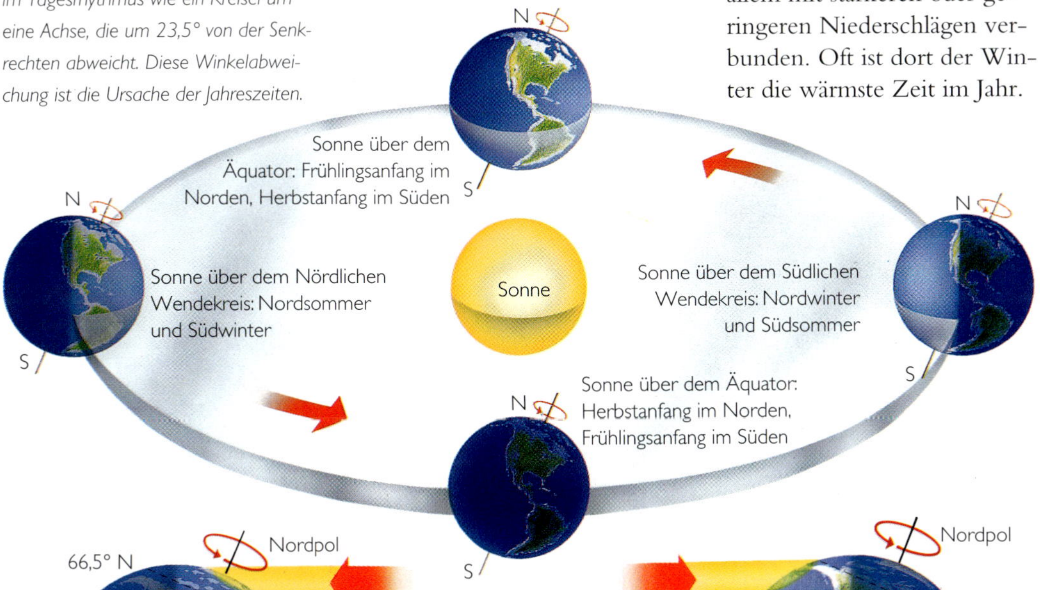

DIE ERDE UMRUNDET DIE SONNE *einmal im Jahr und dreht sich zusätzlich im Tagesrhythmus wie ein Kreisel um eine Achse, die um 23,5° von der Senkrechten abweicht. Diese Winkelabweichung ist die Ursache der Jahreszeiten.*

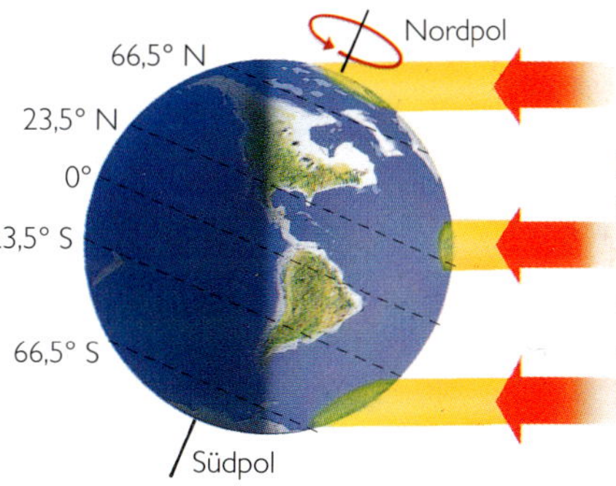

NORDSOMMER *und Südwinter sind die Jahreszeiten, in denen sich die Nordhalbkugel mehr der Sonne zuneigt.*

DIE SONNENEINSTRAHLUNG *ist in den Tropen am intensivsten, weil die Sonne dort mittags meist am bzw. genau im Zenit steht.*

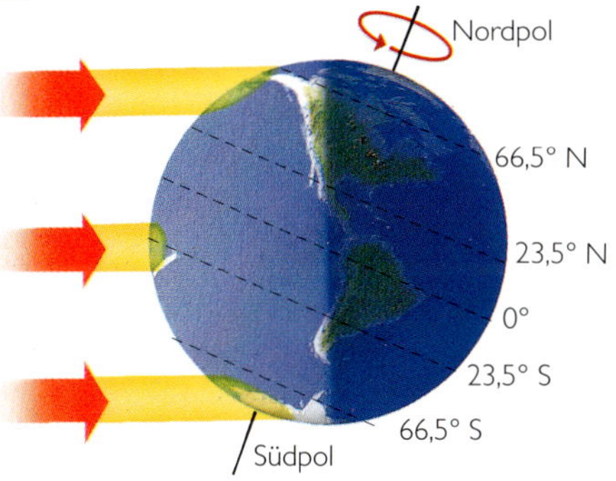

NORDWINTER *und Südsommer herrschen in der Zeit, in der sich die Nordhalbkugel am stärksten von der Sonne abwendet.*

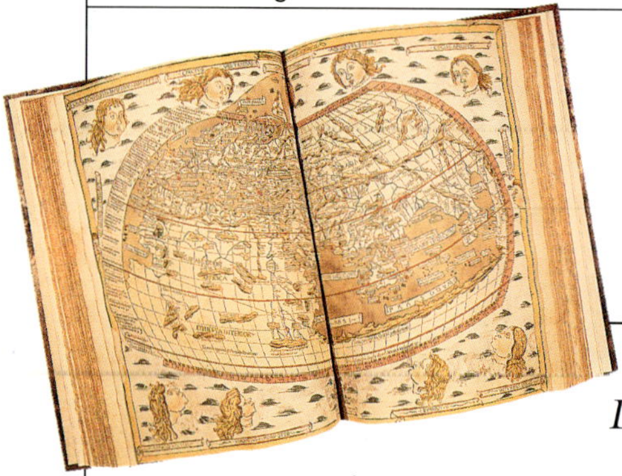

Atmosphärische Zirkulation

Die ungleiche Verteilung der Sonnenenergie über de
Erde erzeugt Druckunterschiede und damit großräumige Luftströmunge

Der starke Zustrom von Sonnenenergie in die niederen, tropischen Breiten der Erde führt dort zu kräftiger Konvektion (s. S. 26): In der äquatorialen Zone steigen warme, feuchte Luftmassen auf und erzeugen auf der Erdoberfläche einen Tiefdruckgürtel mit dichter Bewölkung und ganzjährigen Niederschlägen.

Die aufsteigenden Luftmassen treffen in der Höhe schließlich auf die Tropopause (s. S. 24), eine Sperrschicht, die sie nicht durchbrechen können. Sie breiten sich deshalb seitlich zu den Polen hin aus, kühlen in den äquatorferneren Zonen allmählich ab, werden dadurch dichter und schwerer und sinken in einem Streifen beiderseits des 30. Grades nördlicher bzw. südlicher Breite zur Erde hinunter. Absteigende Luftströmungen erzeugen in den bodennahen Schichten hohen Luftdruck, die wenigen vorhandenen Wolken lösen sich beim Abstieg in die wärmeren Atmosphärenschichten auf, es regnet kaum. In den beiden subtropischen Hochdruckgürteln erstrecken sich daher die größten Hitzewüsten der Erde.

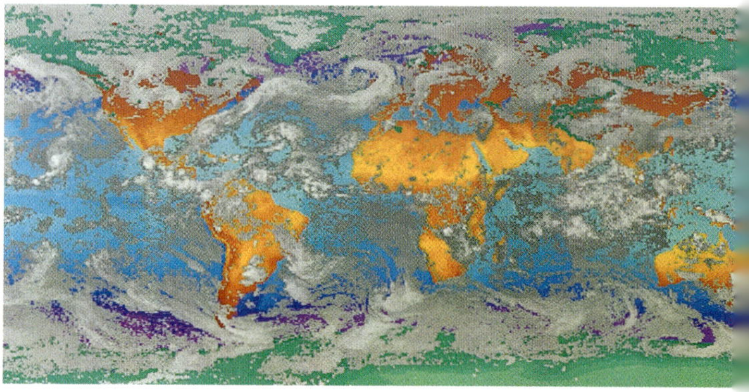

DIESES SATELLITENBILD *zeigt die wolkenarmen Zonen in den Subtropen, die dicht bewölkte äquatoriale Tiefdruckrinne sowie die Wolkenwirbel in den höheren Erdbreiten.*

Windzellen

Ein Teil der Luftmassen fließt mit den Passatwinden aus den subtropischen Hochdruckgürteln zurück in die äquatoriale Tiefdruckrinne, in der die Luftströmungen zur Ruhe kommen bzw. in aufwärts gerichtete Strömungen übergehen. Im Zeitalter der Segelschiffe war dieser Gürtel wegen der oft tagelangen

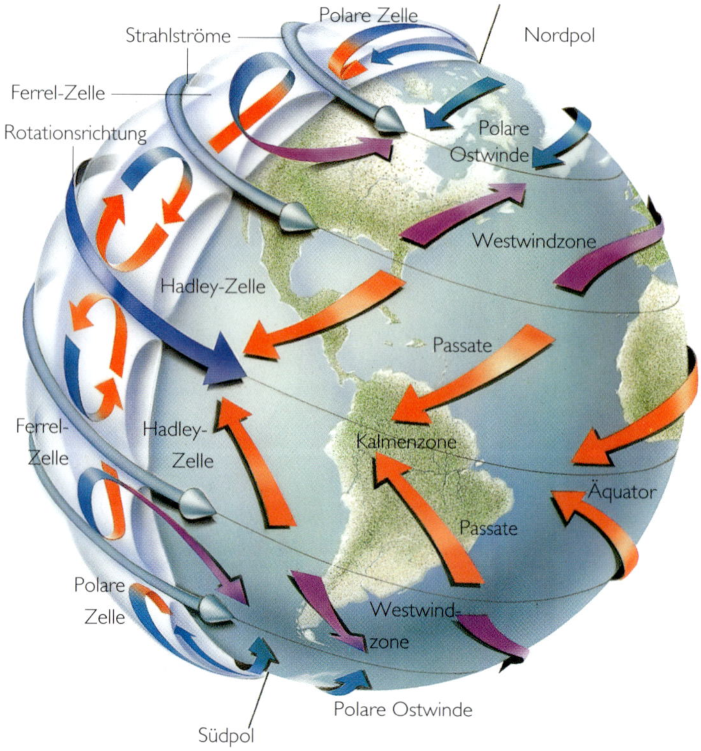

WELTWINDE *Ptolemäus hat die Winde der Erde geordnet (oben in einer Karte aus dem 15. Jahrhundert dargestellt). Das tatsächliche Zirkulationsmuster (rechts) ist etwas komplizierter.*

Kalmen (Windstillen) bei den Seeleuten gefürchtet, genauso wie die windschwachen Zonen im Kern der beiden Hochdruckgürtel, die Rossbreiten genannt werden, weil bei den Flauten die Segelschiffe nur langsam vorankamen, Wasser und Proviant knapp wurden und die Pferde an Bord oft verdursteten und verhungerten.

Die tropisch-subtropischen Luftmassenkreisläufe gehören zu den vielen Kreisläufen oder Zellen, aus denen sich die atmosphärische Zirkulation wie ein riesiges Räderwerk zusammenfügt. Nach dem englischen Naturforscher George Hadley (1686–1768), der den Kreislauf 1753 erstmals beschrieb, wird eine einzelne solche Zelle als Hadley-Zelle bezeichnet.

Ein kleinerer Teil der Luftmassen fließt polwärts aus den Hochdruckgürteln aus, trifft bei ungefähr 60° nördlicher bzw. südlicher Breite auf kalte Polarluft, die sich im Bereich der Polarfronten unter die wärmere Luft schiebt und sie größtenteils zum Rückzug in ihr Herkunftsgebiet zwingt. Die subtropisch-tropische Luft strömt in der Höhe in Äquatorrichtung, kühlt dabei ab, sinkt über den subtropischen Hochdruckgürteln wieder zur Erde herab und verstärkt dort den Hochdruckeinfluss. Dieser Kreislauf wurde von William Ferrel (1817–91), einem amerikanischen Meteorologen, 1856 entdeckt und nach ihm benannt.

Schließlich strömt ein kleiner Teil der im Bereich der Polarfronten aufgestiegenen Warmluft weiter polwärts, kühlt dabei ab und erzeugt beim Absinken in den Polargebieten bodennahe Hochdruckgebiete, aus denen die Luft wiederum zu den Polarfronten zurückströmt: Es entsteht eine neue polare Windzelle.

STRAHLSTRÖME

Im Grenzbereich zwischen der Troposphäre und der Stratosphäre entwickeln sich über beiden Halbkugeln der Erde in Zonen mit großen horizontalen Temperatur- und Druckunterschieden bandförmige Luftströme mit außerordentlich hohen Windgeschwindigkeiten: die Strahlströme, auch Jetstreams genannt. Sie nehmen nur ein schmales Stockwerk der Atmosphäre ein, erreichen jedoch Längen von mehreren Tausend Kilometern und Höchstgeschwindigkeiten von schätzungsweise 600 km/h – Superorkane, die der Luftfahrt vor allem im Winter große Probleme bereiten.

STRAHLSTROMWOLKEN *(oben) über Ägypten mit der dunkelgrünen Stromoase des Nil im Vordergrund und dem Roten Meer im Hintergrund*

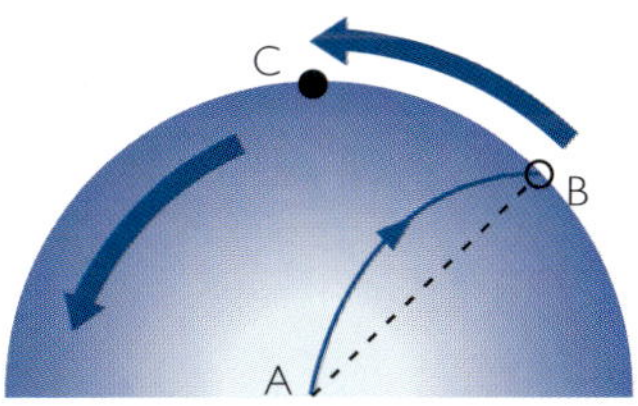

DIE CORIOLISKRAFT, *benannt nach dem französischen Physiker Gustave-Gaspard de Coriolis (rechts oben), kompliziert zusätzlich das Muster atmosphärischer Zirkulation, da sie die Luftströmungen unterschiedlich stark ablenkt. Man kann das Phänomen am besten mit einem Modell darstellen: Eine Person im Mittelpunkt einer rotierenden Scheibe (Punkt A, oben) wirft einer zweiten Person am Rand der Scheibe (B) einen Ball zu. Wenn der Ball Punkt B erreicht, hat sich die Person am Rand bereits zu Punkt C weiterbewegt. Für sie wird die Flugbahn des Balls bei Drehung gegen den Uhrzeigersinn auf der Nordhalbkugel scheinbar nach rechts und auf der Südhalbkugel scheinbar nach links abgelenkt. Diese Kraft fehlt am Äquator und ist am stärksten an den Polen.*

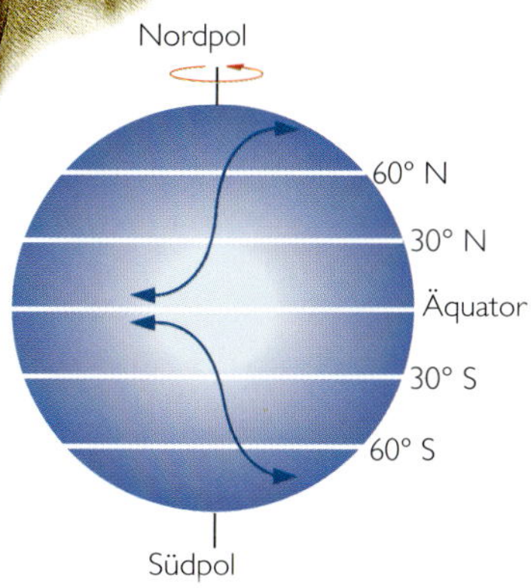

Die Winde

Neben den globalen Windsystemen kennt man zahlreiche regionale und lokale Winde, die den Wettercharakter prägen.

Zu den globalen Windsystemen, den wichtigsten Gliedern der atmosphärischen Zirkulation, zählen z. B. die Passate, die außertropischen Westwinde und die polaren Ostwinde (s. S. 30). Sie beeinflussen auch die regionalen Systeme des Luftaustauschs, wie die Monsune.

Monsunzeiten

Jahreszeitlich wechselnde Luftströmungen mit einer Änderung der Windrichtung um mindestens 120° gibt es nicht nur in Süd- und Südostasien, dem klassischen Verbreitungsgebiet der Monsune, sondern als monsunähnliche Winde z. B. auch im Südwesten der USA oder in Chile. Die großräumige Luftströmung aus westlicher Himmelsrichtung, die sich nicht selten Ende Juni/Anfang Juli

über Mitteleuropa einstellt und uns mit feuchten atlantischen Luftmassen gemäß der Siebenschläferregel einen verregneten Sommer beschert, wird mitunter ebenfalls zu den Monsunen gerechnet. Von der Entstehungsweise her gehören jedoch nur die Windpaare in „Monsunasien“, Nordaustralien und Ostafrika zu den echten Monsunen.

DER CHINOOK, *ein nordamerikanischer Vetter unseres Föhns und berüchtigter „Schneefresser“, macht sich durch spektakuläre Wolkenformen bemerkbar.*

Der Sommermonsun (über dem indischen Subkontinent: Südwestmonsun) bringt starke, anhaltende Regenfälle, welche die Flüsse mächtig anschwellen lassen und durch Überschwemmungen vor allem in Indien und Bangladesch oft Tausende von Menschenleben fordern. Der Wintermonsun (Nordostmonsun) hat einen ganz anderen Charakter. Er führt vom tibetischen Hochland trockene, kalte Luft heran, die sich beim Abstieg an der Südflanke des Himalaya erwärmt, dadurch immer trockener wird, die Wolken aufzehrt und im Winterhalbjahr in Südasien für wochen- bis monatelange Trockenheit sorgt.

DER SÜDASIATISCHE SOMMERMONSUN *zieht meist im Mai/Juni mit sintflutartigen Regengüssen in Indien ein.*

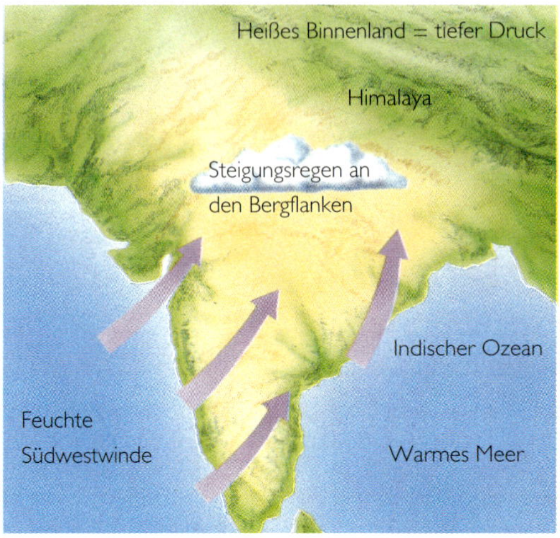

IM WINTER *wehen frische nordöstliche Winde über Südasien und halten die feuchtwarmen ozeanischen Luftmassen fern.*

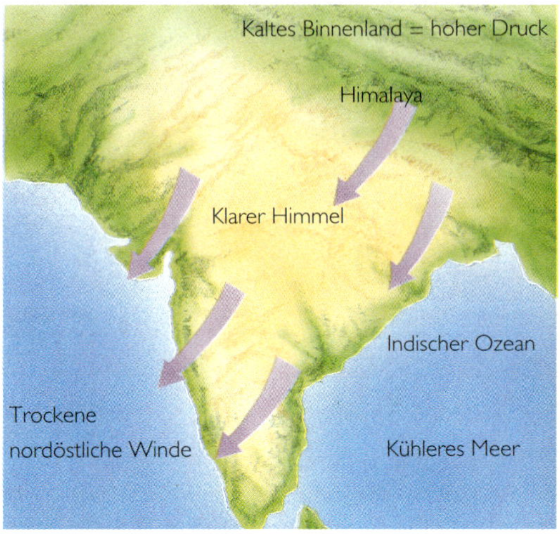

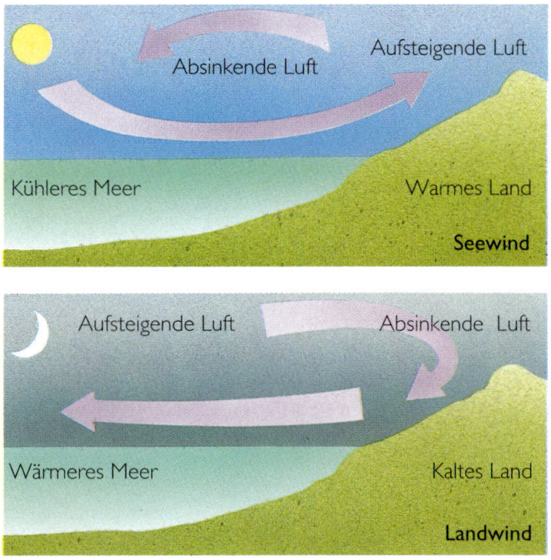

DIE SEE-LANDWIND-ZIRKULATION *ist das Ergebnis von Temperatur- und Druckunterschieden zwischen Land und Meer.*

EIN WOLKENFREIES BAND *umgibt auf diesem Satellitenbild bei Nordostmonsun die Vorderindische Halbinsel.*

Der Wind ist die älteste Stimme in der Welt.

DONALD CULROSS PEATTIE (1898–1964), amerikanischer Schriftsteller und Biologe

Der klassische Monsun wird durch die unterschiedlich starke Erwärmung bzw. Abkühlung der Landmassen und der Meere erzeugt: Beim südasiatischen Monsun durch die extreme Aufheizung des nordindischen Festlandes im Frühjahr und Sommer, die ein Hitzetief entstehen lässt, das wiederum feuchte Luft vom Indischen Ozean ansaugt; umgekehrt bildet sich im Winter über Zentralasien ein kräftiges Kältehoch, aus dem die Luftmassen über den Himalaya hinweg nach Südwesten strömen. Ganz ähnliche Ursachen hat der tageszeitliche Wechsel von See- und Landwind (gewissermaßen Miniaturmonsune), den man bei ruhigem Hochdruckwetter an unseren Küsten oder auch am Bodensee erleben kann.

LOKALWINDE

Die See-Landwind-Zirkulation ist das wohl bekannteste Beispiel kleinräumig auftretender Winde bzw. Windsysteme. Ein anderes ist die Berg-und-Talwind-Zirkulation in den Alpen und den außereuropäischen Hochgebirgen. Im Alpenraum macht sich freilich der Föhn an manchen Tagen viel stärker bemerkbar, ein warm-trockener Fallwind, von dem behauptet wird, er könnte Feuer entfachen. Der Chinook, das nordamerikanische Gegenstück, ist den Teilnehmern der Olympischen Winterspiele von 1988 aus Calgary in den kanadischen Rocky Mountains noch in unguter Erinnerung, weil er die mühsam präparierten Skipisten wiederholt in kürzester Zeit unbrauchbar machte.

Zu den kalten Fallwinden gehört die berühmt-berüchtigte Bora, die sich über der dalmatinischen Küste und der Adria austobt, oder der Papagayo an der pazifischen Küste Mittelamerikas. Ausgesprochen heiße, häufig mit Flugstaub beladene Winde sind der Kamsin in Ägypten, der Gibli in Libyen, der Harmattan im Sudan oder der italienische Schirokko, der hin und wieder mit Staubfall und heißer Luft über die Alpen nach Norden vorstoßen kann.

DER SOMMERMONSUN *führt in Indien oft zu Hochwasser, wie hier in Kalkutta.*

Wetterfronten

Der tägliche Wetterwechsel, von der allmählichen Wetterbesserung bis zum plötzlichen Wettersturz, spielt sich meist an Luftmassengrenzen ab.

CIRRUSWOLKEN *sind oft die ersten Vorboten einer Warmfront, besonders die Hakencirren (links oben); an Kaltfronten sind die Wolken meist kompakter (oben).*

Die kalten und warmen, trockenen und feuchten Luftmassen, die sich in einem endlosen Kreislauf um den Erdball bewegen, machen das Wetter. Wenn eine solche Luftmasse auf eine anders geartete trifft, kann sie diese Meter um Meter entlang einer Front, einer mehr oder weniger breiten Übergangszone, verdrängen, bis sie selbst wieder durch eine nachfolgende Luftmasse ersetzt wird. An einer Kaltfront verdrängt kalte Luft wärmere, an einer Warmfront schiebt sich dagegen eine warme, leichtere Luftmasse über die vorhandene Kaltluft. Nur selten verläuft der großräumige Luftmassenaustausch ohne Komplikationen, ohne markante Wettererscheinungen wie Regen, Sturm und Gewitter. Besonders turbulent entwickelt sich das Wettergeschehen, wenn subtropische und polare Luftmassen an der Polarfront wie feindliche Heere aufeinander treffen. Dann wirbeln im Kampfgetümmel die Truppen durcheinander, neue verwickelte Fronten entstehen und verlagern sich auf neue Kriegsschauplätze.

Warmfronten und Kaltfronten

Wenn eine warme Luftmasse in das Territorium einer kalten eindringt, verläuft der Luftmassenaustausch meist in ruhigen Bahnen: Warme Luft ist leichter als kalte Luft und schiebt sich daher in einer Keilformation über die Kaltluft am Erdboden. An der Grenzfläche zwischen den beiden Luftmassen kühlt die warme Luft ab, der Wasserdampf kondensiert und Wolken tauchen auf: zuerst dünne hohe Schicht- und Federwolken, dann oft ein mächtigerer Stratus im mittleren Wolkenstockwerk und schließlich in der untersten Etage ein Nimbostratus, eine Regenwolke, aus der anhaltender, ergiebiger Niederschlag fällt.

Lebhafter geht es an einer Kaltfront zu, denn die kalte, relativ schwere Luft gibt der vorhandenen Warmluft starken Auftrieb. Diese steigt blasenförmig auf, kühlt in der Höhe ab, der Wasserdampf kondensiert, setzt zusätzliche Energie frei, welche den Auftrieb noch verstärkt und

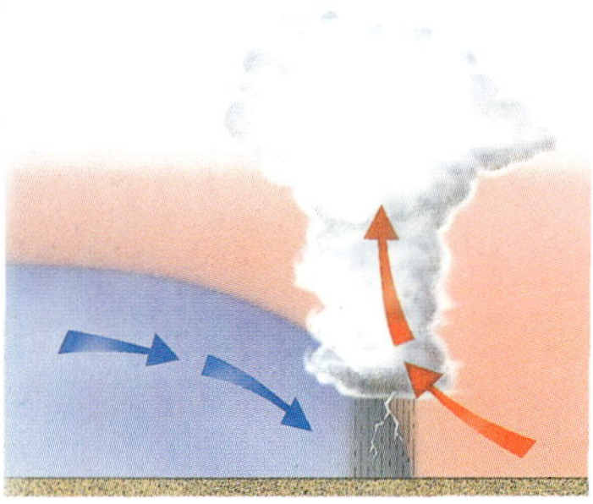

KALTFRONT: *Kältere Luft schiebt sich unter warme, zwingt sie zum raschen Aufstieg, oft verbunden mit Gewittern.*

WARMFRONT: *Wärmere Luft überflutet bodennahe Kaltluft, kühlt bei Kontakt mit ihr ab und bildet Regenwolken.*

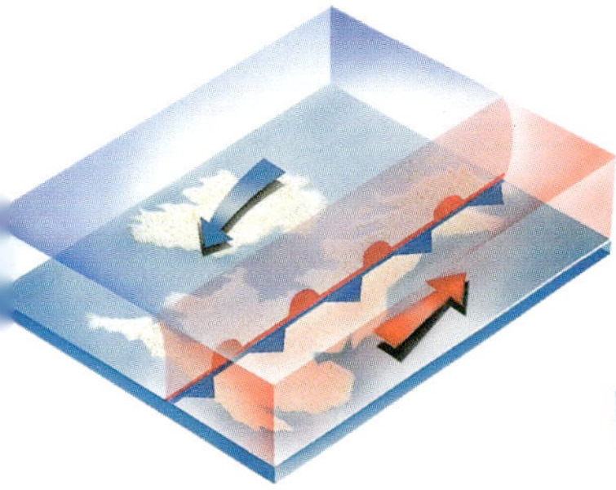

❶ Kalte und warme Luft treffen aufeinander.

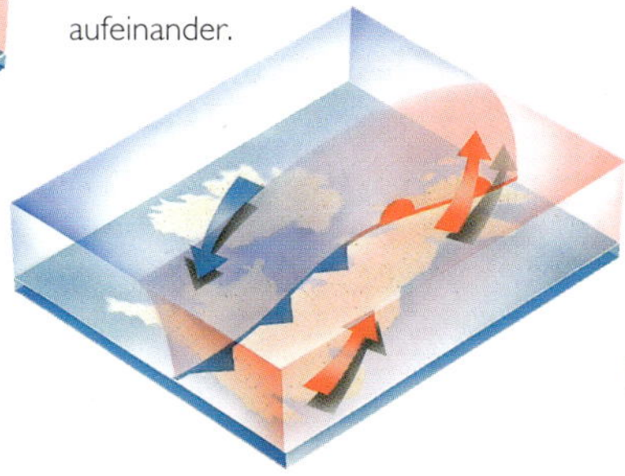

❷ Warme Luft schiebt sich allmählich über die kalte Luft und hinterlässt ein Tief, in das die Kaltluft strömt.

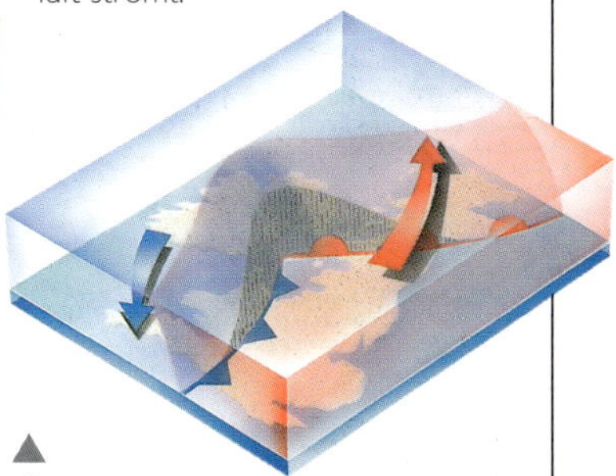

❸ Beim Aufstieg der Luft entstehen Regenwolken; die Fronten beginnen sich zu drehen.

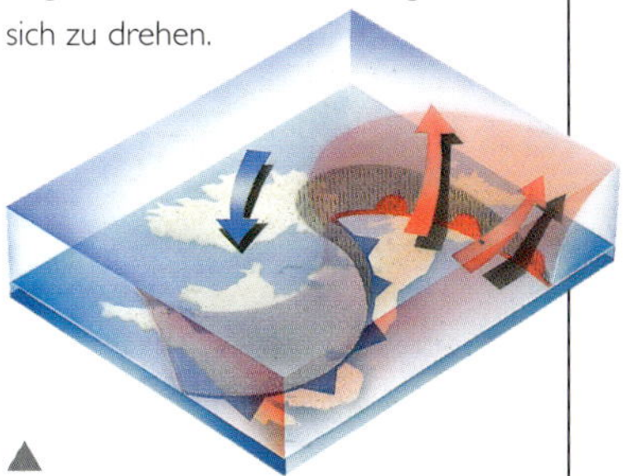

❹ Die Kaltfront kommt schneller voran und holt die Warmfront ein; der Luftdruck sinkt und der Niederschlag wird stärker.

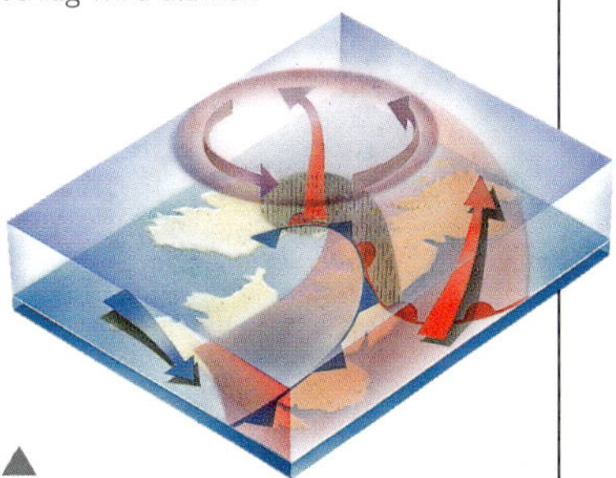

❺ Wenn sich Warm- und Kaltfront vereinigt haben, entsteht eine okkludierte Front mit wechselhaftem, windigem Wetter.

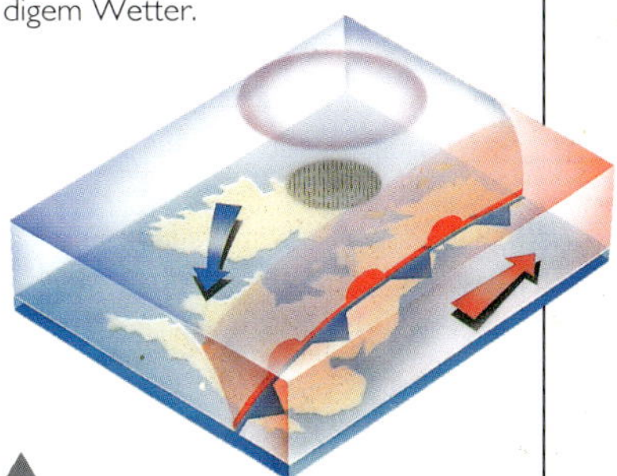

❻ Im Endstadium kappt die okkludierte Front den Nachschub warmer Luft; Winde und Niederschläge lassen nach und vor allem über dem Festland lösen sich die Wirbel rasch auf.

TIEFDRUCKGEBIETE *haben meist einen typischen Lebenslauf, der an der Polarfront beginnt und auf dem Frontenfriedhof endet.*

OKKLUDIERTE FRONTEN *entstehen durch die Vereinigung von Kalt- und Warmfronten innerhalb der Tiefdruckwirbel (Nr. 5, rechts), wie hier über den Britischen Inseln.*

die Haufenwolken zu hohen Wolkentürmen aufquellen lässt. In ihnen entladen sich Gewitter, kräftige Regen-, Schnee- und Hagelschauer gehen nieder, der Wind frischt vielfach bis zu Sturmstärke auf.

Zyklonen und Antizyklonen

Ursprünglich verlaufen die Luftmassengrenzen meist annähernd geradlinig mit kleineren Einbuchtungen. Es genügt jedoch nur ein geringer Anstoß, um die Luftmassen durcheinander zu wirbeln und eine Zyklone, einen Tiefdruckwirbel, entstehen zu lassen, die Luft aus der Umgebung ansaugt und dadurch immer energiereicher wird. In solchen Wirbeln kreisen die durch Fronten voneinander getrennten Luftmassen um den Tiefdruckkern, auf der Nordhalbkugel entgegen dem Uhrzeigersinn, auf der Südhalbkugel im Uhrzeigersinn. Dabei kommen die Kaltfronten schneller voran, erreichen nach etwa 24 Stunden, oft aber auch schon früher, die vorauseilenden Warmfronten und vereinigen sich mit ihnen zu okkludierten Fronten (lat. *occludere* = verschließen), welche die eingeschlossene Warmluft vom Boden abschnüren.

Bei Antizyklonen, in denen sich die Luftmassen gegen (griech. *antios* = entgegen) die zyklonale Drehrichtung (auf der Nordhalbkugel also im Uhrzeigersinn) bewegen, sind die Luftströmungen abwärts gerichtet. In ihrem Kern ist der Luftdruck daher stets höher als in der Umgebung, die Wolken lösen sich auf und in der warmen Jahreszeit herrscht sonniges Wetter.

Wetter und Erde

Die Erdteile und die Form der Erdoberfläche haben einen enormen Einfluss auf das Wetter.

INSELN *sind oft schon aus der Ferne an hoch aufgetürmten Wolken zu erkennen (oben); manche Wolkenarten kommen nur in den Gebirgen vor (unten).*

Die Landmassen sind sehr ungleichmäßig über den Erdball verteilt; auf der Südhalbkugel z. B. nehmen die Meere den weitaus größten Teil der Erdoberfläche ein, während die mittleren und höheren Breiten der Nordhalbkugel von den Landmassen Eurasiens und Nordamerikas beherrscht werden. Und dieses Ungleichgewicht spiegelt sich auch in den Klimazonen deutlich wider: Manche Klimate, wie die kalt-gemäßigten borealen, gehören ausschließlich zu den klimatischen Eigenarten der Nordhalbkugel; dafür können sich die von den Westwinden geprägten kühl-gemäßigten Klimate auf den Ozeanen der Südhalbkugel ohne den störenden Einfluss der Kontinente und Hochgebirge rund um den Erdball im Westwindgürtel ausbreiten.

Zwei Unterschiede zwischen Land und Meer sind für das so verschiedene Wetter und Klima bestimmend: die Oberflächenform und der Wärmehaushalt. Das Meer nimmt die Wärme langsam auf und gibt sie auch wieder langsam ab, während sich der Erdboden bei Sonneneinstrahlung tagsüber rasch erhitzt, nachts aber genauso rasch wieder abkühlt. Starke tageszeitliche Temperaturschwankungen sind deshalb charakteristisch für das Wetter im Innern der Kontinente. Das Meer, aber auch ein größerer See mildern die Extreme, machen die Temperaturkurve ausgeglichener. Außerdem ist das Meer buchstäblich spiegelglatt, das Land dagegen nur ausnahmsweise völlig eben. Die Festlandmassen besitzen eine größere Rauheit und verstärken dadurch die Reibung der Luftmassen an der Erdoberfläche. Wenn Winde vom Meer her auf Festland treffen, nimmt die Windstärke in der Regel ab, der Niederschlag hingegen durch den Stau zu. Im Norddeutschen Tiefland z. B. steigen die mittleren Niederschläge in einiger Entfernung von der Küste kräftig an, die Winde lassen jedoch nach.

VIELE TROCKENGEBIETE, *wie die Mojavewüste im südlichen Kalifornien (links), liegen im Regenschatten höherer Gebirge, die sich den feuchten ozeanischen Luftmassen in den Weg stellen.*

TALNEBEL *füllt den Grand Canyon fast bis zum Rand, wenn sich die Kaltluft in der Schlucht sammelt und dort weiter abkühlt, sodass der Wasserdampf kondensiert.*

Gebirgswetter

Am stärksten verändern Hochgebirge das Wetter, vor allem jene, die ungefähr senkrecht zur vorherrschenden Windrichtung verlaufen. In den außertropischen Westwindgürteln sind es also die in nordsüdlicher Richtung angeordneten Ketten wie die Rocky Mountains. Die mit Feuchtigkeit beladenen Westwinde, die auf die Gebirgsbarrieren treffen, müssen in kühlere Stockwerke der Atmosphäre aufsteigen. Ab einer gewissen Höhe kondensiert der Wasserdampf und bald türmen sich auf der Luvseite dichte Wolken auf, aus denen Steigungsregen fällt. Wegen der orographischen Niederschläge (griech. *óros* = Berg) gehören in den mittleren Breiten die Westflanken der Gebirge zu den niederschlagsreichsten Gegenden. In Europa erhalten deshalb z. B. die Gebirge an der Westseite Skandinaviens, das schottische Hochland oder die Westflanke des Dinarischen Gebirges Rekordniederschläge von mehr als 2000 mm. Noch weit höher, teilweise über 10 000 mm, sind die Jahresniederschläge in tropischen Gebirgen, an denen sich Monsune oder Passate stauen. In außertropischen Gebirgen nimmt der Niederschlag allgemein zur Höhe hin zu, und die höchsten Alpengipfel erhalten auch die meisten Niederschläge. In den Tropen und Subtropen steigen die Regenmengen jedoch oft nur bis zu einem bestimmten Niveau; darüber wird es dann allmählich wieder trockener und auf den höchsten Gipfeln herrscht mitunter ein typisches Wüstenklima.

Auch in einem bestimmten Gebirgsstockwerk kann das Klima auf engstem Raum von extrem feucht bis extrem trocken reichen. Die (dem Wind abgewandte) Leeseite der Gebirge erhält meist nur einen Bruchteil der Niederschläge, die an der Luvseite fallen. Die Bergketten bilden markante Wetterscheiden, werfen einen Regenschatten, der im Lee weit in das Gebirgsvorland reicht, etwa im Osten der Anden oder auch im östlichen und südöstlichen Harzvorland, wo in Deutschland der geringste Niederschlag (stellenweise unter 450 mm) fällt.

Das Gebirgswetter zeichnet sich darüber hinaus durch etliche andere Eigenarten aus: etwa durch den meist höheren Bewölkungsgrad wegen der orographischen Wolken (s. S. 192) bzw. der Berg- und Hangnebel (s. S. 183) und damit verbunden durch die geringere Sonnenscheindauer. Die Sonne versteckt sich hier jedoch nur im Jahresdurchschnitt häufiger hinter den Wolken als in den Tälern. Im Winter, wenn sich die kalte Luft in den Tälern sammelt, dort Nebel und in den städtischen Ballungsgebieten Smog bildet, haben hingegen gerade die höchsten Berggipfel mehr Sonnenschein und bieten in der reinen Gebirgsluft grandiose Fernblicke.

LUV- UND LEE-EFFEKTE *Gebirge zwingen die vom Wind herangeführten Luftmassen zum Aufstieg, verstärken so auf der Luvseite die Wolkenbildung und den Niederschlag; im Lee der Kämme lösen sich die Wolken dagegen auf, es fällt kaum Regen.*

Wetter und Meer

Zwischen der Atmosphäre und der Hydrosphäre, der Wasserhülle unseres Planeten, bestehen vielfältige und enge Wechselbeziehungen.

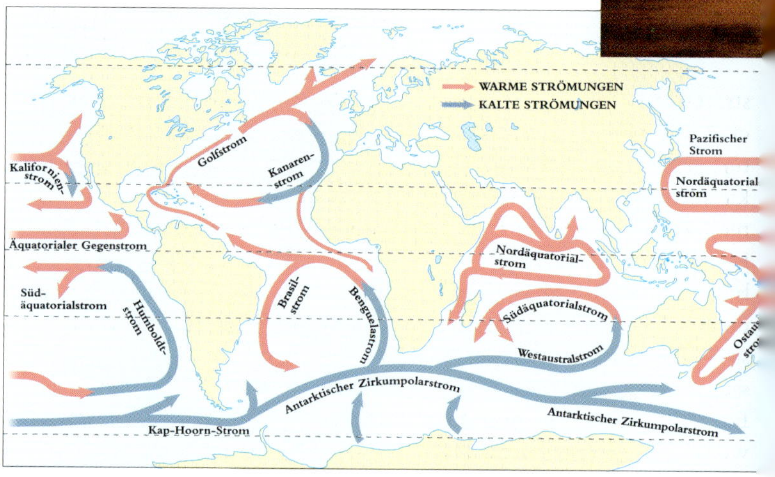

MEERESSTRÖMUNGEN *sind vielfach Spiegelbilder der atmosphärischen Zirkulation, welche die größten Strömungen mit den Windsystemen antreibt.*

Die Ozeane und ihre Nebenmeere nehmen mehr als 70 % der Fläche unseres Planeten ein. Sie enthalten fast die gesamten irdischen Wasserreserven – Hydrosphäre ist daher praktisch gleichbedeutend mit Weltmeer. Es speichert riesige Mengen von Wärmeenergie, transportiert die Wärme aus den tropischen und subtropischen Zonen mit den Meeresströmungen über Tausende von Kilometern in kältere Gegenden und sorgt so dafür, dass die von der Sonne sehr unregelmäßig über den Planeten ausgestrahlte Energie gerechter verteilt wird. Im Gegenzug strömen aus den Polargebieten kalte Wassermassen an der Meeresoberfläche oder am Meeresgrund in die mittleren und niederen Breiten der Erde. Beide Arten von Meeresströmungen, die warmen wie die kalten, haben auf Wetter und Klima von Küstengebieten und Inseln enorme Auswirkungen. Mitunter reichen die klimatischen Einflüsse der Meeresströmungen jedoch auch Hunderte von Kilometern weit ins Binnenland.

Die pazifische Küste der USA wird z. B. vom kühlen Kalifornienstrom umspült, der die heißen kalifornischen Sommer an der Küste mit frischen Seebrisen erträglicher macht. An der Küste verzeichnet man dann frühlingshafte 20–25 °C, während ein paar Kilometer landeinwärts die Temperaturen mitunter auf über 38 °C steigen können. Die Länder West- und Nordeuropas profitieren andererseits von den Ausläufern des warmen Golfstroms, der ununterbrochen warmes Wasser aus der Karibik heranführt und wie eine natürliche Warmwasserheizung bis zum Nordkap hinauf im Winter an den Küsten den Frost mildert und das Meer eisfrei hält.

Meeresströmungen beeinflussen auch die Niederschläge, und zwar sowohl positiv wie negativ. Einige der trockensten Wüsten liegen an Küsten, die von kalten Meeresströmungen umspült werden. Warme Strömungen verstärken dagegen die Niederschläge, indem sie die Konvektion anheizen und so die Bildung von mächtigen Regenwolken fördern. Wo sich kalte und warme Meeres-

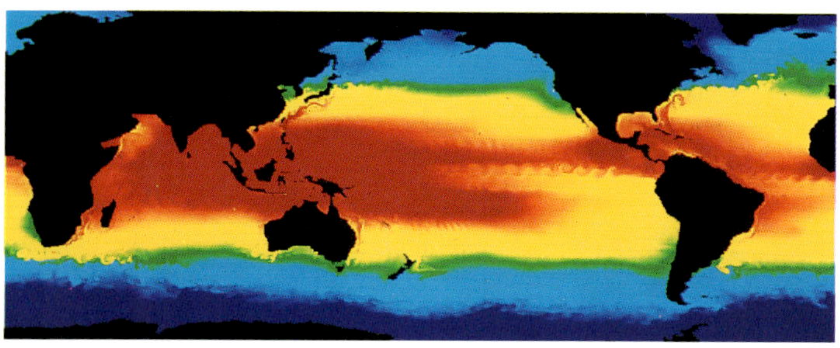

MEERESTEMPERATUREN *Dieses Satellitenbild zeigt warme Meeresgebiete in Rot und kalte in Blau. Der kühle Kalifornienstrom reicht wie eine blaue Zunge nach Süden.*

MEERNEBEL *ist der sichtbare Ausdruck der Temperaturunterschiede zwischen Wasser und Luft. Sehr häufig tritt er im Mischungsgebiet von Meeresströmungen auf.*

strömungen treffen, entwickelt sich das Wetter oft sehr turbulent. Vor der Nordostküste der USA, wo der warme Golfstrom dem kalten Labradorstrom begegnet, bildet sich nicht nur häufig dichter Nebel, sondern die schroffen Temperaturgegensätze beschleunigen auch die Entwicklung von Tiefdruckwirbeln, die meist Sturm- und nicht selten sogar Orkanstärke erreichen.

Ein träges Element

An und für sich schüren die Ozeane jedoch nicht atmosphärische Konflikte, vielmehr mildern sie sie, denn Wasser ist vom Wärmeverhalten her ein sehr träges Element. Die Meere geben die im Sommer gespeicherte Wärme im Herbst nur sehr langsam ab, erwärmen sich dafür im folgenden Frühjahr ebenfalls nur sehr zögernd. Bei den Maximal- und Minimalwerten der Wasser- bzw. Lufttemperatur hinken die Meere den Festlandmassen deshalb stets um einige Wochen hinterher und übertragen ihre Trägheit zum Teil auch auf das Klima der Küstenregionen. Während im mitteleuropäischen Binnenland überall der Juli der im statistischen Durchschnitt wärmste Monat des Jahres ist, verschiebt sich der Gipfel der Temperaturkurve an der Nordseeküste und den vorgelagerten Inseln in den August hinein. Hier lädt das Meer oft noch im Herbst mit angenehmen Badetemperaturen ein, wenn im Binnenland schon längst die Heizperiode begonnen hat.

Die Trägheit ist freilich nicht nur für Badeurlauber ein Vorteil; die im Weltmeer gespeicherte Wärme verstärkt vielmehr die Verdunstung von den Ozeanen und versorgt so die Festlandmassen über den Wasserkreislauf mit dem lebensnotwendigen Wasser. Fast 40 % des gesamten Niederschlags, also rund 300 l/m² jährlich, sind z. B. in Deutschland ein Geschenk der Meere.

IM IRDISCHEN WASSERKREISLAUF *zirkuliert das Wasser zwischen Land, Weltmeer und Atmosphäre.*

Wasser in der Luft

Wasser ist ein wichtiges Element der Atmosphäre und kommt darin in vielen Formen vor – vom unsichtbaren Wasserdampf bis zum dicken Eisklumpen

Wir kennen Wasser hauptsächlich im flüssigen Zustand oder im festen Zustand als Eis. In der Luft, die uns umgibt, kommt es aber auch als unsichtbares Gas vor, das man Wasserdampf nennt.

Verdunstung

Etwa 90 % des Wasserdampfs in der Atmosphäre stammen von den Ozeanen (s. S. 39). Wasser verdunstet dort und geht vom flüssigen Zustand in Wasserdampf über – ein physikalischer Prozess, der eine extrem hohe Menge an Wärmeenergie voraussetzt. Diese ist aber in latenter Form (s. S. 43) im Wasserdampf enthalten und kann wieder freigesetzt werden.

Die Wassermenge, die in einem bestimmten Zeitraum von den Wasser- und Landflächen verdunstet, ist von der Sonnenstrahlung, der Windgeschwindigkeit und dem bereits in der Luft enthaltenen Wasserdampfanteil abhängig. Außerdem spielt die Art der Pflanzendecke eine wichtige Rolle, denn auf dem Land wird die Verdunstung von der nackten Bodenoberfläche durch die Wasserabgabe der Pflanzen bei weitem übertroffen. In Mitteleuropa z. B. beträgt die im Jahresdurchschnitt verdunstete Wassermenge etwa 500 l/m² Bodenoberfläche, während auf dem Atlantischen oder dem Pazifischen Ozean verdunsten jährlich zwischen 1200 und 1300 l Wasser von jedem Quadratmeter der riesigen Wasserflächen.

ATMOSPHÄRISCHES WASSER *tritt sowohl als Nebel in den Tälern (oben) wie auch als Eis (links oben) auf.*

Kondensation

Darunter versteht man den Übergang des atmosphärischen Wasserdampfs in den flüssigen Zustand, also ein Vorgang, der die Verdunstung gewissermaßen wieder rückgängig macht. Meist setzt die Kondensation (lat. *condensatio* = Verdichtung) ein, wenn die Luft bis unter die Sättigungstemperatur oder die Taupunkttemperatur (den Taupunkt) abkühlt. Es kommt

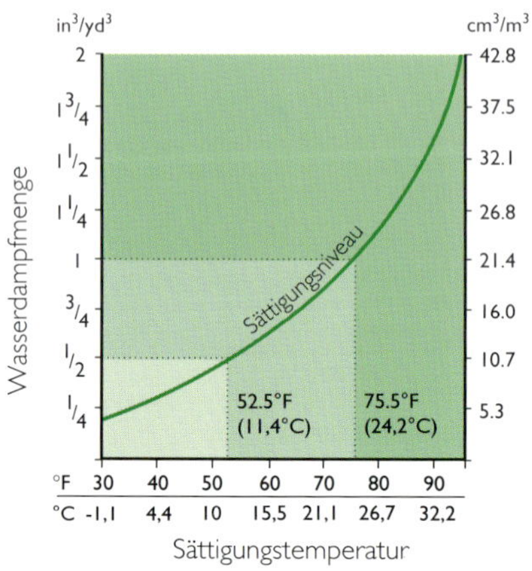

DIE SÄTTIGUNGSFEUCHTE *ist die Höchstmenge an Wasserdampf, die 1 m³ Luft bei einer bestimmten Temperatur aufnehmen kann. Sie wächst mit steigender Temperatur. Die Sättigungstemperatur ist die Temperatur, bis zu der feuchte Luft abgekühlt werden muss, damit Sättigung eintritt: Bei 10 cm³ Wasserdampf pro m³ beträgt die Sättigungstemperatur z. B. 11 °C.*

…Unter dem Frühlingsnebel
vergessen Eis und Wasser
ihre uralte Feindschaft.

Teitoku Matsunaga (1571–1653), japanischer Dichter

REIF *auf Eichenblättern mit Galläpfeln (oben); Tauperlen auf einer Spinne und ihrem filigranen Netz (rechts)*

auch vor, dass die Sättigung durch Zunahme der Wasserdampfmenge erreicht wird.

In beiden Fällen verwandelt sich der nicht wahrnehmbare gasförmige Wasserdampf in flüssiges Wasser, das häufig (als Nebel) sichtbar wird, andere Objekte jedoch verdeckt, da sie im Nebel verschwinden. Wenn der Wasserdampf in der Nähe der Erdoberfläche kondensiert und sich als Wassertropfen an Pflanzen oder Gegenständen absetzt, spricht man von Tau (s. S. 180). Falls die Temperaturen dort unter dem Gefrierpunkt liegen und der Taupunkt niedriger als 0 °C ist, geht der Wasserdampf direkt – ohne den Umweg über den flüssigen Zustand – durch Sublimation (lat. *sublimare* = erhöhen) in Eiskristalle über: Es entsteht Reif (s. S. 186).

Der größte Teil des Wasserdampfs kondensiert allerdings durch Abkühlung in höheren Schichten, wo zuweilen die Luft mit gasförmigem Wasser übersättigt sein kann, weil im Unterschied zu den bodennahen Schichten Salzpartikel, Staubteilchen und andere feste Bestandteile fehlen. Sie bilden die Kondensationskerne, an denen bei Sättigung die Kondensation beginnt.

ABSOLUTE UND RELATIVE FEUCHTE

Der Wasserdampfgehalt der Luft ist die Luftfeuchte oder -feuchtigkeit, die in verschiedenen Einheiten gemessen und mit unterschiedlichen Begriffen ausgedrückt werden kann. Absolute Feuchte, gemessen in Gramm Wasserdampf pro Kubikmeter, ist das Maß für die zum Zeitpunkt der Messung in dem Luftpaket enthaltene Wasserdampfmenge. Da die Aufnahmefähigkeit der Luft von der Lufttemperatur abhängt und man die absoluten Mengen sinnvollerweise nicht miteinander vergleichen sollte, wird die Feuchte meist als relative Feuchte im Prozentanteil der bei der jeweiligen Temperatur maximalen Wasserdampfmenge angegeben. Mit Wasserdampf gesättigte Luft hat eine relative Feuchte von 100%, bei 75% ist die Aufnahmefähigkeit nur zu drei Vierteln ausgeschöpft. Bei unverändertem Wasserdampfgehalt nimmt die relative Feuchte mit steigender Temperatur ab.

Ein ungefähr 11 °C warmes Luftpaket, das pro Kubikmeter etwa 10 g Wasserdampf enthält, besitzt z. B. eine relative Feuchte von 100 %. Wenn die Lufttemperatur jedoch auf ungefähr 24 °C ansteigt, dann geht die relative Feuchte auf die Hälfte, also auf 50 %, zurück.

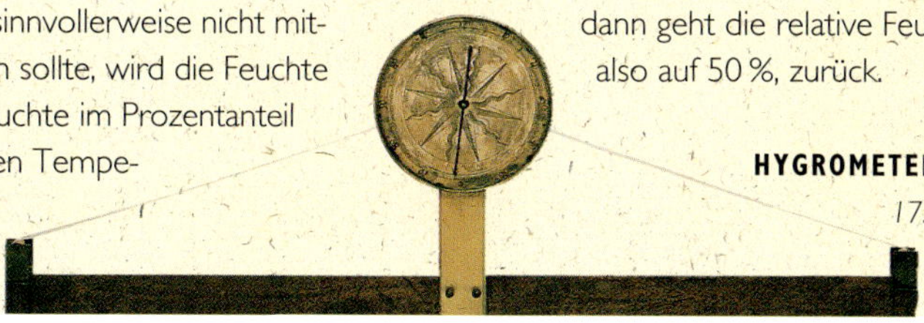

HYGROMETER, *wie dieses aus dem 17. Jahrhundert, messen die Luftfeuchtigkeit.*

WOLKENBILDUNG

Wolken aller Größen und Formen entstehen und vergehen nur durch zwei Vorgänge: Kondensation und Verdunstung.

EINE WETTERFRONT *kann die Luftmassen bis zum Kondensationsniveau anheben und Aufgleitwolken bilden.*

Durch Kondensation, d. h. durch Umwandlung des gasförmigen Wasserdampfs in flüssiges Wasser, entstehen die Wolken. Wenn dieser Vorgang bei Lufttemperaturen über 0 °C stattfindet, bilden sich winzige schwebende Wassertröpfchen; bei tieferen Temperaturen dagegen sublimiert der Wasserdampf und scheidet sich in Form von Eiskristallen aus. Manchmal bleibt jedoch das Wasser auch bei Temperaturen unter dem Gefrierpunkt als unterkühltes Wasser im flüssigen Zustand.

Normalerweise nimmt die Lufttemperatur in der Erdatmosphäre zur Höhe hin ab (s. S. 24). Wolken, die sich in den obersten Stockwerken der Troposphäre bilden, bestehen daher meist aus Eiskristallen: Dies sind die Eiswolken. Die in den unteren Etagen entstandenen Wolken sind dagegen Wasserwolken, da sie aus Wassertröpfchen bestehen. In den mittleren Stockwerken kommen Mischwolken vor, die sich oft aus Eis, Wasser und unterkühltem Wasser zusammensetzen. Jeder Kubikmeter Wolkenluft enthält Millionen solcher flüssigen und/oder festen Teilchen. Von der Art der Bestandteile hängen auch Form und Größe der Wolke ab, stärker wirken sich jedoch der Feuchtigkeitsgehalt, das Ausmaß der Hebung sowie die vertikale Schichtung der Atmosphäre aus.

DER TAUPUNKT

Eine Luftmasse, die aufsteigt und sich dabei abkühlt, erreicht früher oder später eine Temperatur, bei der sie mit Wasserdampf gesättigt ist – die Taupunkttemperatur oder den Taupunkt (auch Sättigungstemperatur und Sättigungspunkt). Ihre relative Feuchte beträgt dann 100 %. Wenn die Temperatur weiter sinkt, kommt es zur Kondensation. Das Höhenniveau, in dem der Wasserdampf kondensiert, wird als Kondensationsniveau bezeichnet. Es befindet sich bei sehr feuchten Luftmassen gewöhnlich in tieferer Lage als bei trockeneren. Die Luftmassen werden durch drei Vorgänge in dieses Niveau befördert (unten): durch Konvektion, durch Aufgleiten an Luftmassengrenzen sowie durch den Aufstieg der Luft an Gebirgshängen.

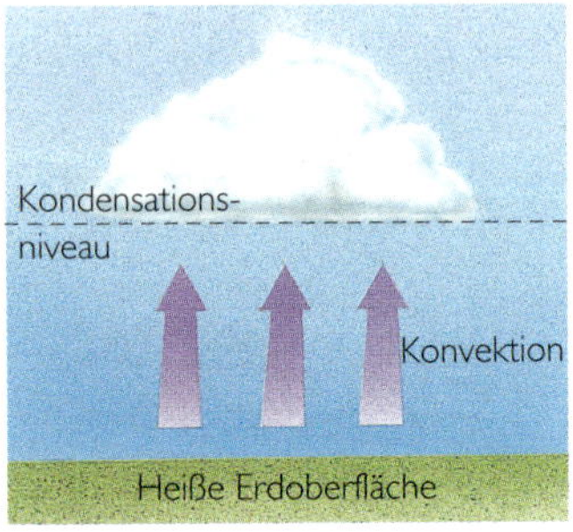

BEI DER KONVEKTION *steigen Pakete aus warmer Luft vom Erdboden bis zum Kondensationsniveau auf.*

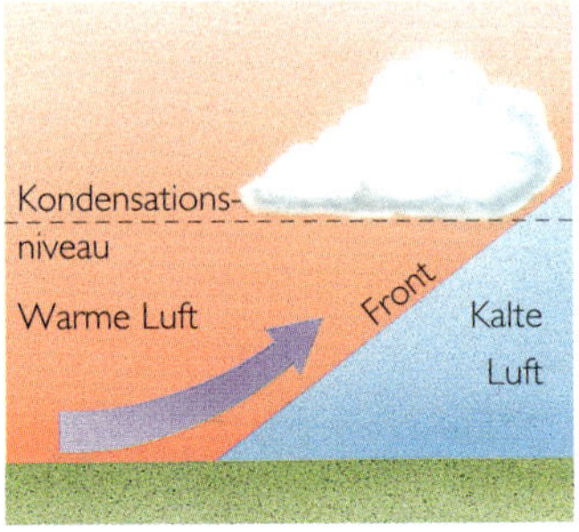

BEIM AUFGLEITEN *feuchtwarmer Luftmassen auf kältere bilden sich an den Luftmassengrenzen Wolken.*

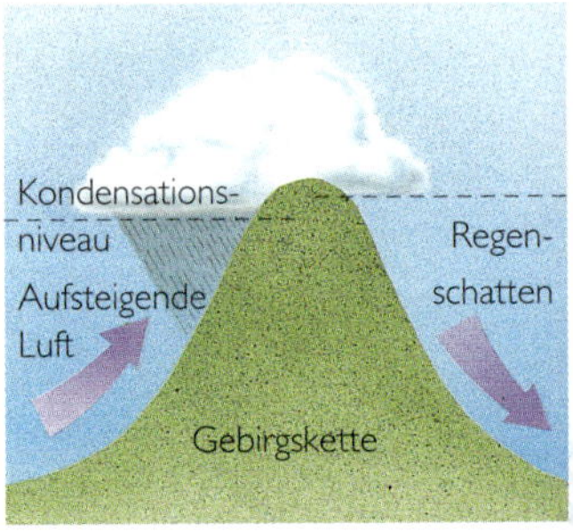

OROGRAPHISCHE WOLKEN *entstehen, wenn Luft an Gebirgshängen bis zum Kondensationsniveau aufsteigt.*

HAUFENWOLKEN *(oben) entstehen durch Konvektion; die „Föhnfische" (links) sind typische orographische Wolken.*

Dann sinkt die Luftfeuchte unter 100 %, die Luftmasse wird also an Wasserdampf untersättigt, sofern sie sich z. B. beim Abstieg in die unteren Etagen der Atmosphäre erwärmt oder aber Niederschlag aus ihr fällt.

LATENTE WÄRME

Die Natur verhindert auf ihre Weise, dass die Wolken gewissermaßen in den Himmel wachsen. Sie steuert der Abkühlung beim Aufstieg in höhere Schichten dadurch entgegen, indem sie bei der Kondensation des Wasserdampfs exakt die Menge an Wärmeenergie wieder freisetzt, die notwendig war, um flüssiges Wasser in Wasserdampf zu verwandeln. Andererseits heizt der Zustrom von Wärmeenergie die Konvektion weiter an. Der Aufstieg der warmen, leichteren Luftmassen beschleunigt sich, treibt feuchtwarme Luft in die Höhe, entwickelt Gewitterwolken, in denen sich elektrische Spannungen aufbauen.

Solange der Wasserdampf nicht kondensiert, wird seine latente, d. h. verborgene Energie nicht wirksam. Die Temperatur nimmt Luftschicht um Luftschicht zur Höhe hin gleichmäßig um etwa 1 °C pro 100 m Höhenunterschied ab, die Schichtung bleibt stabil und verschiedene Luftmassen finden je nach ihrer Temperatur die passende Nische. Ist das Temperaturgefälle aber größer, gerät die stabile Schichtung ins Wanken: Der Zustand der Atmosphäre wird labil, d. h., die Luftmassen geraten in Bewegung, steigen je nach Temperatur auf oder ab, Wolken entstehen und vergehen.

WOLKENAUFLÖSUNG

Auf unserem Planeten sähe es schlimm aus, wenn sich die Wolken nicht genauso schnell wieder auflösen würden, wie sie entstehen. Sie verschwinden vom Himmel, wenn eine Untersättigung eintritt, d. h., wenn die winzigen Tröpfchen, die die Wolke bilden, verdunsten, sich also in Wasserdampf zurückverwandeln.

STABILITÄT *Eine aufsteigende Luftmasse kühlt meist um etwa 10 °C pro Höhenkilometer ab. Solange sie wärmer als ihre Umgebung ist, wird sie in größere Höhen der Atmosphäre aufsteigen.*

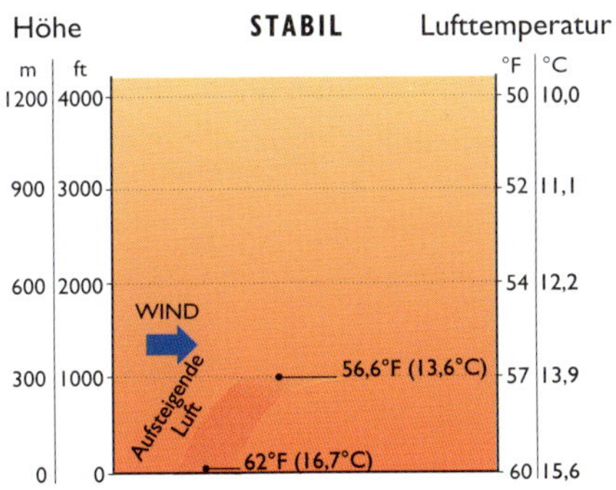

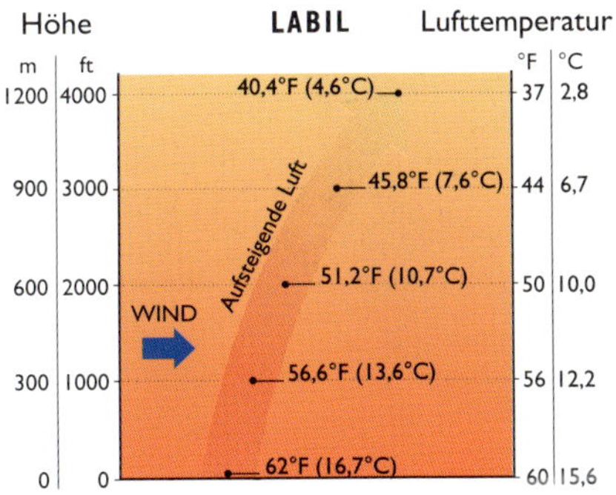

Die Wolkennamen

Die Wolken werden je nach Form und Höhe über dem Meeresniveau in mehrere Arten eingeteilt, die lateinische Namen tragen.

Flauschige, weiße Gebilde, die wie Wattebälle über den Sommerhimmel treiben, oder dunkelgraue Massen, die sich bedrohlich über der Landschaft auftürmen – die endlose Vielfalt der Wolkenformen hat den Menschen wohl schon seit Urzeiten fasziniert. Doch erst im frühen 19. Jahrhundert stellte Luke Howard (s. unten) die erste wissenschaftliche Wolkeneinteilung auf und entwickelte ein System, die verschiedenen Formen zu benennen. Dieses System bildete die wichtigste Grundlage für die später eingeführte, international gültige Wolkenklassifikation.

WOLKENFAMILIEN: *Stratocumulus (oben), eine tiefe Wolke; Altocumulus (rechts), der im mittleren Stockwerk vorkommt; Cirrus (rechts oben), eine hohe Wolke*

Die Grundformen

Es gibt zwei Grundformen von Wolken: die Haufenwolke und die Schichtwolke. Nach dem lateinischen Wort *cumulus* (Haufen) nennt man eine Haufenwolke Cumulus (Mehrzahl: Cumuli). Sie entsteht meist durch Konvektion oder den Aufstieg feuchter Luftmassen an Gebirgshängen (s. S. 42). Die Schichtwolke, ein ausgedehntes schichtartiges Gebilde, trägt den lateinischen Namen *stratus* (Schicht). Solche Wolken entstehen in der Regel an Fronten beim Aufgleiten warmer Luft auf kältere (s. S. 42). Im Unterschied zum Cumulus ist der Stratus ein Hinweis auf stabile Schichtung.

Wolkenfamilien

Nach dem Höhenbereich, dem Stockwerk der Atmosphäre, in dem die Wolken bevorzugt auftreten, unterscheidet man vier Wolkenfamilien: Die hohen Wolken, zu erkennen an den Bezeichnungen Cirrus bzw. Cirro-, nehmen den Bereich zwischen 5 km Höhe und der Tropopause ein, die in den mittleren Erdbreiten etwa in 13 km

LUKE HOWARDS WOLKENKLASSIFIKATION

Der englische Gelehrte Luke Howard (1772–1864) gehörte zu den Ersten, die sich mit der Einteilung und Benennung der Wolkenformen beschäftigten. Im Jahr 1803 präsentierte er sein System, das bald viele Anhänger fand, darunter auch Johann Wolfgang von Goethe. Der Dichter war von Howards Klassifikation dermaßen angetan, dass er ihm vier Gedichte widmete. Ähnlich wie das linnésche System, mit dem der schwedische Naturforscher Carl von Linné (1707–78) zuvor Ordnung ins Pflanzenreich gebracht hatte, teilte Howard die Wolken nach ihrer Gestalt und Höhenlage in verschiedene Kategorien (Klassen, Familien, Gattungen, Arten, Unterarten, Sonderformen) ein und gab ihnen lateinische Namen. Man unterscheidet außerdem verschiedene andere Klassifikationen, die jenseits der rein äußerlichen Merkmale auch die Entstehungsweise der Wolken berücksichtigen.

Ferne Federwolken aus Gold,

mit purpurnen Schatten, leuchten

wie Inseln im tiefblauen Meer.

Queen Mab,
PERCY BYSSHE SHELLEY (1792–1822),
englischer Dichter

Höhe verläuft. Mittelhohe Wolken treten in 2–7 km Höhe auf und tragen meist einen Namen, der mit der Vorsilbe *Alto-* beginnt. Tiefe Wolken kommen bis in 2 km Höhe vor. Zur vierten Familie gehören Wolken mit großer vertikaler Ausdehnung, die mitunter quer durch alle Stockwerke von der Erdoberfläche bis zur Tropopause reichen kann.

Feine Unterschiede

Die amtlichen Wetterdienste verwenden heute eine international verbindliche Wolkenklassifikation, die sich zusätzlicher lateinischer Bezeichnungen bedient und eine genauere Einteilung ermöglicht. Zu den gebräuchlichsten Begriffen zählen u. a.:
humilis bescheiden, klein
mediocris mittelmäßig
congestus aufgequollen
undulatus wogenförmig
castellanus türmchenförmig
lenticularis linsenartig
uncinus hakenförmig
fibratus faserig
nebulosus nebelartig

Manche dieser Namen verwendet man für mehrere Wolkengattungen, *undulatus* z. B. für Stratus im tiefen oder für Altocumulus im mittelhohen Bereich, wo solche Wogenwolken vorkommen, oder auch beim Cirrostratus in der obersten Etage. Andere Namen sind für eine einzige Wolkengattung gültig, etwa *humilis* beim Cumulus oder *calvus* (kahl) beim Cumulonimbus, der Gewitter- und Schauerwolke. Die Namen können außerdem aneinander gereiht werden: Eine scharf begrenzte Gewitterwolke, aus der Niederschlag fällt, wird international als *Cumulonimbus calvus praecipitatio* bezeichnet, und bei sehr komplizierten Wolkenformen entstehen zuweilen solche Wortungetüme wie *Altocumulus stratiformis radiatus perlucidus translucidus.* Als Laie genügt jedoch die Zuordnung der Wolken zu einer der zehn Gattungen: *Cirrus, Cirrocumulus, Cirrostratus, Altocumulus, Altostratus, Nimbostratus, Stratocumulus, Stratus, Cumulus und Cumulonimbus.* Eine Unterteilung der Wolken in Arten und Unterarten ist schwieriger.

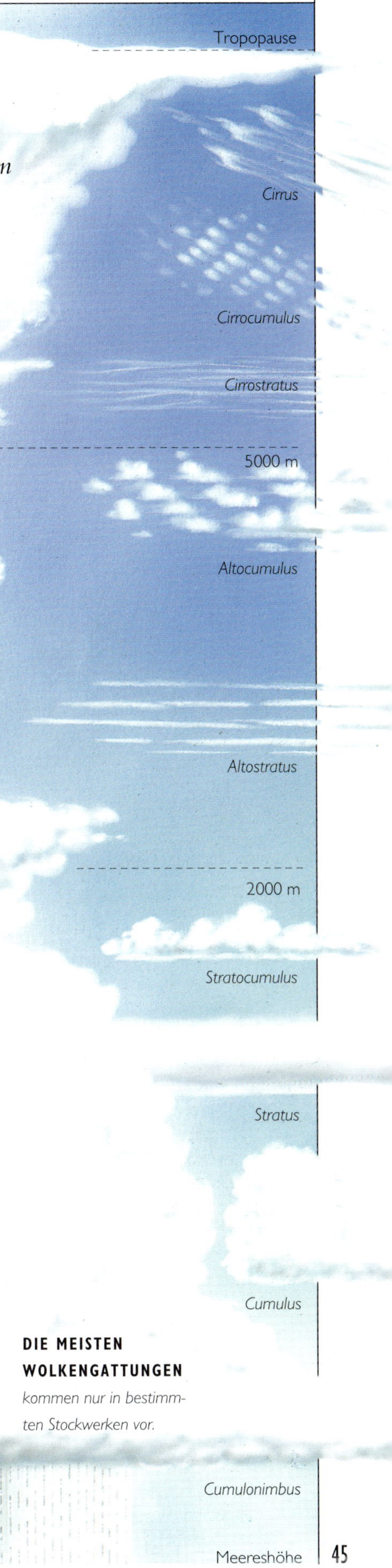

DIE MEISTEN WOLKENGATTUNGEN *kommen nur in bestimmten Stockwerken vor.*

NIEDERSCHLÄGE

Regen, Schnee und die übrigen Niederschläge haben oft eine bewegte Geschichte hinter sich, wenn sie den Erdboden erreichen.

Zu Niederschlägen kommt es, wenn die winzigen Wassertröpfchen und Eispartikel, aus denen die Wolken bestehen, so groß werden, dass sie von den Luftströmungen nicht mehr in der Schwebe gehalten werden und unter dem Einfluss der Schwerkraft zur Erde fallen. Diese Wolkenbestandteile können auf zwei verschiedene Arten so groß heranwachsen, und nicht selten überkreuzen sich ihre Wege oder verlaufen gar in die entgegengesetzte Richtung.

KOALESZENZ UND KOAGULATION

Den ersten Weg bezeichnen Meteorologen als Koaleszenz (lat. *coalescere* = zusammenwachsen). Man findet ihn vor allem in den mächtigen Haufenwolken der tropischen und subtropischen Klimazonen, also in reinen Wasserwolken mit hohem Feuchtigkeitsgehalt und Temperaturen, die überall über dem

Gefrierpunkt liegen. Dort entstehen durch die Kondensation des reichlich vorhandenen Wasserdampfs zahllose Wassertröpfchen, die zusammenstoßen und sich dabei unter dem Einfluss elektrischer Ladungen zu größeren Tropfen vereinigen.

FESTE NIEDERSCHLÄGE *sind beispielsweise Hagel (links oben), Graupel und Schnee (links).*

Der zweite Weg führt immer über die festen Wolkenbestandteile (Eiskristalle, Schneeflocken) und ist deshalb an Mischwolken bzw. Eiswolken gebunden, in denen die Lufttemperaturen unter dem Gefrierpunkt liegen. In Mischwolken wachsen die festen Niederschlagspartikel durch Anlagerung unterkühlter Wassertröpfchen, die beim Zusammenstoß blitzartig gefrieren, bis zu der nötigen Größe heran, schmelzen dann beim Fall durch die unteren, wärmeren Luftschichten zu Regentropfen oder gelangen in fester Form bis zum Erdboden. Diese Art der Niederschlagsbildung heißt Koagulation (lat. *coagulare* = gerinnen) und ist Teil einer sehr umfangreichen Theorie, mit der die Meteorologen Bergeron und Findeisen die Entstehung großtropfigen Regens erklärten.

VOM WOLKENTRÖPFCHEN ZUM REGENTROPFEN: *Der mittlere Durchmesser eines Wolkentröpfchens beträgt etwa 0,02 mm, der eines Regentropfens dagegen ungefähr 2 mm – also 100-mal größer (s. den Größenvergleich links). Die rechts abgebildete Zeichnung von 1835 nimmt das bekannte angelsächsische Sprichwort „Es regnet Katzen und Hunde" (also wolkenbruchartig) einmal beim Wort.*

EIN REGENSCHAUER *geht über der Serengeti in Tansania aus einer mächtigen Haufenwolke (Cumulus congestus) nieder.*

Niederschlagsarten

Die Niederschläge werden hauptsächlich nach dem Zustand eingeteilt, in dem das Wasser die Erdoberfläche erreicht. Dieser Zustand hängt von der Niederschlagsbildung sowie von den Temperaturen innerhalb der Wolke und in den Luftschichten unter ihr ab. Aus einer sehr kalten Wolke können z. B. Regen, gefrierender Regen oder Schnee fallen, je nach den Temperaturen, die in den Luftschichten zwischen der Wolke und der Erdoberfläche herrschen. So wandeln sich Regentropfen beim Fall durch kalte Schichten in unterkühlte Tropfen um und gehen als gefrierender Regen nieder. Ist die Luft unterhalb der Wolke sehr trocken, dann kommt es häufiger vor, dass der fallende Niederschlag in der Höhe vollständig verdunstet und vom Erdboden aus nur an den Fallstreifen (lat. *Virga*, s. S. 220) zu erkennen ist.

Regen und Schauer

Regen, also Niederschlag in flüssiger Form, ist nicht gleich Regen. Er kann aus kleinen oder großen Tropfen bestehen, sich in kurzer Zeit auf die Erde ergießen oder auch tagelang anhalten.

Ganz leichter Regen, oft kaum stärker als nässende Nebelschwaden, wird als Sprühregen oder Nieselregen bezeichnet. Er besteht aus feinen, winzigen Wassertröpfchen mit einem Durchmesser von weniger als 0,5 mm und fällt gewöhnlich aus tiefen Schichtwolken entlang bzw. hinter einer Warmfront. Großtropfiger Regen (bis zu maximal 5 oder 6 mm Durchmesser) ist an mächtigere Wolken der Gattungen Cumulonimbus, Nimbostratus oder in wärmeren Zonen auch Cumulus gebunden. Aus ihnen regnet es meist nur in kurzen, doch dafür umso kräftigeren Schauern. Der Nimbostratus, die eigentliche Regenwolke der mittleren Breiten, bringt den berüchtigten Land- oder Dauerregen, auch treffend Schnürlregen genannt.

NIEDERSCHLÄGE *gelangen je nach Art ihrer Bildung und den Temperaturen inner- bzw. unterhalb der Wolke in verschiedener Form zur Erdoberfläche. Die blauen Tafeln unter der Wolke stellen im Diagramm kalte Luftschichten mit Temperaturen unter 0 °C dar, die roten Tafeln dagegen wärmere Luftschichten.*

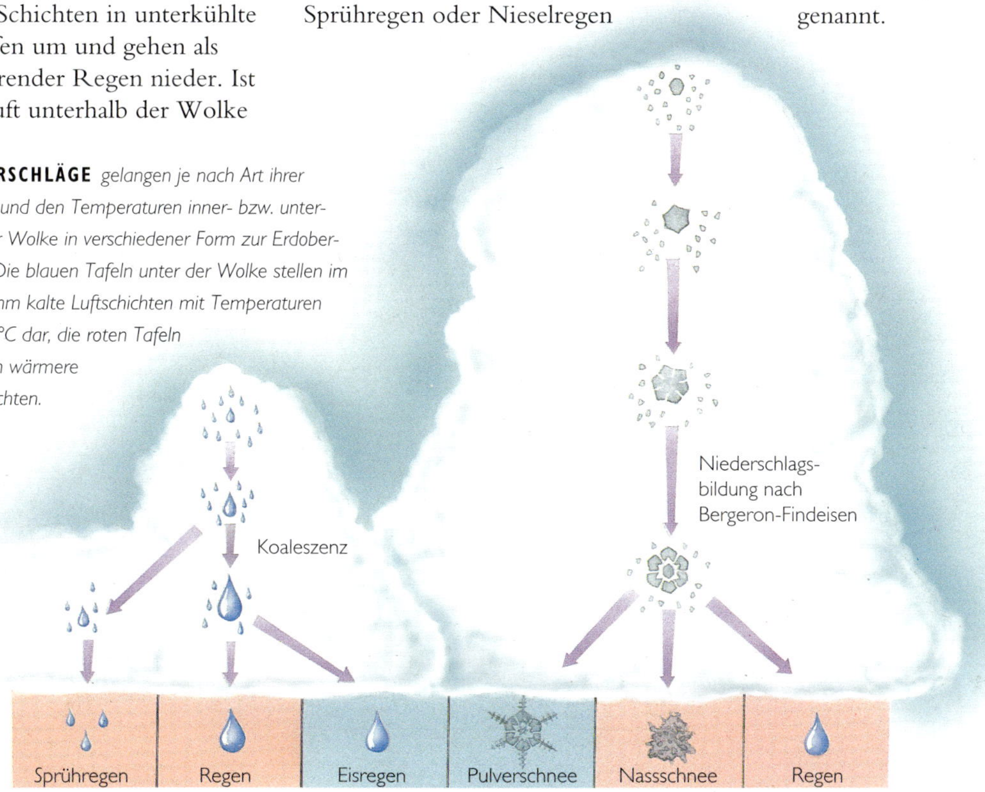

Lebenslauf eines Gewitters

Grelle Blitze am nachtblauen Himmel, ohrenbetäubender Donner, peitschende Regen- und Hagelschauer – ein Gewitter ist faszinierend!

Tag für Tag entladen sich auf der ganzen Erde rund 40000 Gewitter – am häufigsten in den äquatorialen Zonen – mit Regen, Hagel, Sturmböen, Wirbelwinden und natürlich Blitz und Donner.

Drei Hauptzutaten braucht die Natur, um ein Gewitter auszukochen: viel Feuchtigkeit, eine labile Schichtung der Atmosphäre sowie Kräfte, welche die Luftmassen in größere Höhen verfrachten. Dabei spielt sich das elementare Spektakel in drei Akten ab: im Jugendstadium, im Reifestadium und schließlich im Auflösungs- oder Zerfallsstadium.

Quellwolken

Die Entwicklung einer Gewitterwolke beginnt wie die der meisten anderen Wolken auch: mit dem Aufstieg und der Abkühlung feuchter Luft durch Kondensation und Konvektion. Sofern die Konvektion stark genug ist, entwickelt sich eine kleine Haufenwolke in wenigen Stunden zum hoch aufgetürmten *Cumulus congestus* (s. S. 196), vor allem wenn die Luftmassen in den mittleren und oberen Stockwerken der Troposphäre nicht stabil geschichtet sind. Die im Wasserdampf verborgene Wärmeenergie, die bei der Kondensation freigesetzt wird, verstärkt den Auftrieb der warmen Luft und damit die Labilität noch – eine atmosphärische Kettenreaktion, die schließlich zum Cumulonimbus, zur Gewitter- und Schauerwolke (s. S. 200), führt. Ihr Höhenwachstum endet meist erst an der Tropopause, wo sich der Wolkengipfel seitwärts zum Gewitterschirm oder Amboss

LEBENSLAUF EINES GEWITTERS

Feuchtwarme, aufsteigende Luftmassen bilden Wolken. Bei kräftiger Konvektion entstehen Wolken der Art Cumulus congestus *(oben); im Reifestadium breitet sich der Wolkengipfel pilzförmig aus und kalte Luft stürzt herab. Wenn kalte Luftmassen am Boden die Warmluftzufuhr der Gewitterwolke kappen, löst sie sich in harmlose Cirren und Altocumuli auf.*

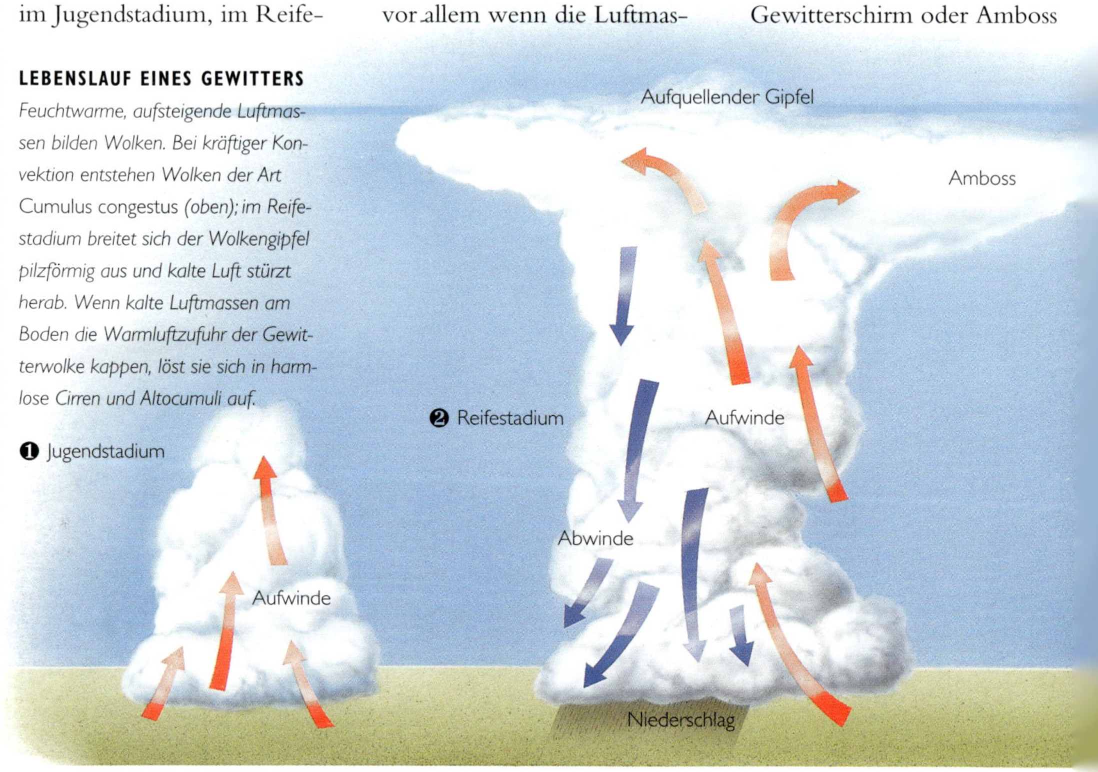

DER AMBOSS *einer voll entwickelten Gewitterwolke (links) wird im Zerfallsstadium häufig durch starke Höhenwinde zerfetzt (oben).*

ausbreitet. Besonders energiegeladenen Gewitterwolken gelingt es sogar, die Sperrschicht an der Obergrenze der Troposphäre zu durchstoßen. Man erkennt diese Wolken, die meist schweren Hagelschlag bringen und gelegentlich auch an der Unterseite eine Trombe (s. S. 246) oder gar einen verheerenden Tornado entwickeln, am kuppelförmig aufgequollenen Gipfel, der innerhalb des Ambosses entsteht.

Auf und Ab

In den obersten Etagen der Wolke kühlt die Luft ab, wird dadurch schwerer und stürzt mit den Abwinden hinunter, während an anderen Stellen Aufwinde weiter warme Luft nach oben befördern. Jetzt ist das Reifestadium erreicht: Starke elektrische Spannungen bauen sich auf, es blitzt und donnert, während die Luftelektrizität die Koaleszenz fördert und so den Niederschlag verstärkt. Aus voll entwickelten Gewitterwolken können sich innerhalb einer Stunde 100 l Regen auf jeden Quadratmeter Boden ergießen und zu schweren Überschwemmungen führen. Der Regen, der aus der Wolke fällt, ist überwiegend geschmolzenes Eis. Da beim Schmelzen der Luft viel Wärme entzogen wird, lässt die Energiezufuhr nach, das Auflösungsstadium ist erreicht und die Wolke zerfällt.

KALTFRONTGEWITTER *treten entlang einer Kaltfront auf, an der sich kalte Luft unter oder über warme Luft schiebt, wie hier über Westafrika (unten).*

Gewitterwolken haben ein kurzes Leben, im Allgemeinen dauert der ganze Zyklus 20–40 Minuten. Wesentlich länger, bis zu 4 Stunden, toben die „Supergewitter", die sich in Regionen der Erde mit starken Temperaturgegensätzen an Kaltfronten bilden. Diese Fronten sorgen in mittleren Höhen für einen ständigen Nachschub an kalter Luft, die verhindert, dass die Luftmassenschichtung allmählich stabiler wird. Entsprechend verheerend sind die Folgen solcher „Supergewitter". Die Frontgewitter in unseren Breitengraden gehören jedoch überwiegend zu den neun Zehnteln aller Gewitter, die keine größeren Schäden anrichten und als „reinigende Gewitter" vom hitzegeplagten Menschen sogar als angenehm empfunden werden. Sie treten im Unterschied zum klassischen „Wärmegewitter", das sich nur während der warmen Jahreszeit und dann fast ausschließlich in den Nachmittags- und Abendstunden entlädt, zu allen Tages- und Nachtzeiten auf und mitunter sogar im tiefsten Winter.

LUFTELEKTRIZITÄT

Blitz und Donner sind zwar die eindrucksvollsten, doch keineswegs die einzigen Phänomene, die zeigen, dass die Erdatmosphäre elektrisch geladen ist.

VULKANAUSBRÜCHE, *wie dieser am Kilauea auf Hawaii (oben), werden oft von Blitz und Donner begleitet.*

Blitze sind elektrische Funken, die durch das enorme Spannungsgefälle innerhalb einer Gewitterwolke, von einer Wolke zur andern oder von der Wolke zum Erdboden ausgelöst werden. Auf welche Weise dieses Spannungsgefälle entsteht, ist noch nicht ganz geklärt, doch anscheinend sind die Eiskristalle, die sich in den oberen Stockwerken der Wolke aus Wasserdampf bilden, grundsätzlich positiv geladen, während die Wassertröpfchen in den unteren Teilen normalerweise eine negative Ladung aufweisen. Vielleicht transportieren Aufwinde die positiv geladenen Partikel nach oben und Abwinde die negativ geladenen nach unten und bewirken so die Ladungstrennung. Gleichzeitig mit dem Aufbau des Spannungsgefälles im Innern der Wolke baut sich auf der Erdoberfläche direkt unterhalb der Wolke eine positive Ladung auf. Außerdem gibt es innerhalb der Wolke nahe ihrer Unterseite oft noch einen kleinen positiv geladenen Bereich, der sich mit der Zone der stärksten Niederschläge deckt.

DIE ART DER BLITZE *ist von der Verteilung entgegengesetzter Ladungen in der und um die Wolke abhängig.*

GEGENSÄTZE ZIEHEN SICH AN

Bei der komplizierten Ladungsverteilung und einem Spannungsgefälle von bis zu 40 Mio. V/m kann die Luft, die bekanntlich ein guter Isolator ist, Funkenüberschläge zum Ladungsausgleich nicht mehr verhindern. Auf zickzackförmigen Bahnen arbeiten sich die Entladungskanäle ruckweise gegenüber dem Widerstand der Luft vor, bis es zum atmosphärischen Kurzschluss kommt. Der Vorgang spielt sich in Bruchteilen von Sekunden mehrmals ab – daher das typische Flimmern der Blitze – und mit z. T. unvorstellbar hohen Geschwindigkeiten.

Ungefähr drei Viertel der Entladungen erfolgen innerhalb der Gewitterwolke, zwischen benachbarten Wolken oder zwischen der Wolke und der Luft in der Umgebung. Wolken-Boden-Blitze, die auf der Erde Feuer entfachen und Menschen und Tiere erschlagen können, kommen seltener

EIN WOLKEN-BODEN-BLITZ *trifft den Rand des Grand Canyon in Arizona, USA (oben). Das Foto (rechts) wurde von der Raumfähre* Discovery *aus aufgenommen und zeigt, wie ein Blitz das Innere einer Cumulonimbuswolke erhellt.*

vor. Besonders gefährdet sind höhere Punkte wie etwa Felsgipfel, Bäume oder hohe Gebäude. Sie werden daher vom Blitz am häufigsten getroffen.

Der Donner

Die Temperatur im Innern eines Blitzkanals steigt während der Hauptentladung bis auf über 20 000 °C an. Dadurch dehnt sich die Luft explosionsartig aus und erzeugt eine Schallwelle, die sich mit Schallgeschwindigkeit ausbreitet: den Donner. Noch viel schneller als der Schall ist das Licht; es erreicht die Augen deshalb immer früher als der knallartige oder polternde Donner die Ohren. In drei Sekunden legt der Schall ungefähr 1 km zurück; man kann also die Entfernung von Blitzen ermitteln, indem man die Zahl der zwischen Blitz und Donner vergangenen Sekunden durch drei teilt. Bei weit entfernten Gewittern (über 20–30 km) ist der Donner allerdings meist nicht mehr zu hören.

Septemberblitz … weiße

Kalligraphie am Himmel,

macht den Berg zum

Scherenschnitt.

Joso (1662–1704),
japanischer Dichter

Kugelblitz und St.-Elms-Feuer

Ein sehr seltenes und rätselhaftes Phänomen ist der Kugelblitz: ein bunt leuchtender Ball, manchmal so groß wie ein Fußball, der sich springend oder auf dem Boden rollend fortbewegt und sein kurzes Leben mit einem lauten Knall beendet.

Still glimmt dagegen das St.-Elms-Feuer, eine büschelförmige elektrische Gasentladung; so benannt nach dem heiligen Erasmus, dem Schutzpatron der Seeleute, weil dieses Wetterphänomen bei gewittrigem Wetter vorwiegend auf See an den Spitzen der Schiffsmasten zu beobachten ist.

GEFÄHRLICHE EXPERIMENTE

Benjamin Franklin (1706–90), amerikanischer Schriftsteller, Erfinder, Wissenschaftler und Diplomat, gelang als Erstem der Nachweis, dass Blitze elektrische Entladungen sind. Im Jahr 1752 führte Franklin dazu ein besonders gefährliches Experiment durch: Er ließ während eines Gewitters einen Drachen aufsteigen, der durch einen Draht mit einem Schlüssel verbunden war – und diesen Schlüssel hielt Franklin in der Hand. Er konnte damit so viel Energie „einfangen“, dass ein Funke zwischen seiner Hand und dem an der Drachenschnur befestigten Schlüssel übersprang.

Franklin, das Universalgenie, gilt auch als Erfinder des Blitzableiters, jener simplen Einrichtung, die seither unsere Häuser vor Blitzschlag schützt. Bereits im Jahr 1753 präsentierte er der Öffentlichkeit die seit jenen Tagen technisch kaum noch verbesserten Drähte, die den Blitz einfangen und ihn im Erdreich unschädlich machen sollen.

Wirbelwinde

Die Luftwirbel reichen vom harmlosen Staubteufel bis zum verheerenden Tornado.

Zu den Luftwirbeln gehören Wirbelwinde und Wirbelstürme, wie Wasserhosen, Staubteufel und nicht zuletzt die Tornados (s. S. 244–248). Sie alle sind Luftströmungen, bei denen die Luft um eine etwa senkrechte Drehachse rotiert, doch unterscheiden sie sich stark voneinander in ihrer Größe und Entstehungsweise. Staubteufel, Sandhosen und die übrigen Kleintromben entstehen, wenn heiße Luft von der Erdoberfläche blasenartig aufsteigt und dabei in eine Wirbelbewegung gerät – ähnlich dem Wasser über der Abflussöffnung einer Badewanne, wenn man den Stöpsel herauszieht. Tornados bilden sich hingegen, wenn warme und kalte Luftmassen aufeinander treffen.

Tödliche Tornados

Tornados sind die mit Abstand stärksten und zerstörerischsten Luftwirbel. Sie können Windgeschwindigkeiten von über 400 km/h erreichen und auf dem Erdboden eine Spur der Zerstörung hinterlassen, Autos durch die Luft wirbeln und sogar Gebäude wie Kartenhäuser einstürzen lassen. Als verheerendster Tornado des 20. Jahrhunderts ist der so genannte Tri-State-Tornado in die Geschichte eingegangen. Er zog am 18. März 1925 durch die drei US-Bundesstaaten Missouri, Illinois und Indiana, tötete auf seinem über 350 km langen Weg in knapp 4 Stunden 695 Menschen.

Tornados kommen am häufigsten in den USA und in Australien vor, besonders im

TORNADOS *hinterlassen in Nordamerika schwere Schäden (rechts), vor allem in den unten angeführten Monaten.*

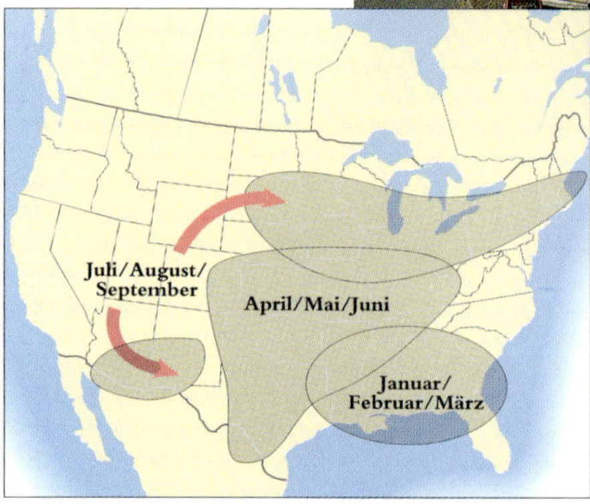

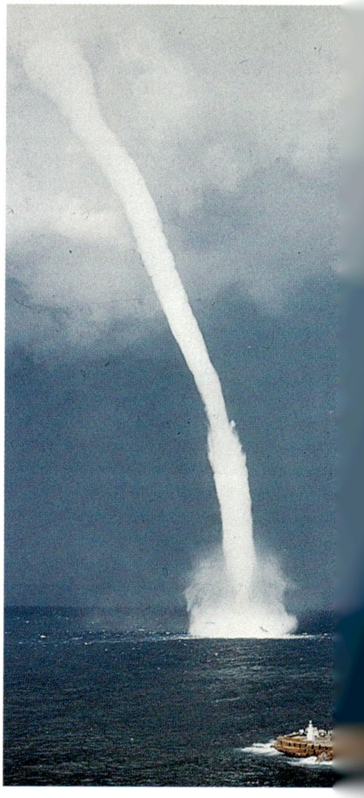

WASSERHOSEN *treten manchmal schon bei aufgetürmten Haufenwolken auf; die stärkeren sind jedoch immer wie Tornados mit mächtigen Gewitterwolken verbunden.*

DIE FUJITA-SKALA

Die Fujita-Skala dient als Maßstab zur Beurteilung der Stärke eines Tornados. Sie wurde von Dr. T. Theodore Fujita (*1921), dem führenden Tornadoforscher, entwickelt.

Stärke	*Windgeschwindigkeit (km/h)*	*Schäden*
F0	64–117	leichte
F1	118–180	mäßige
F2	181–251	erhebliche
F3	252–330	schwere
F4	331–417	verheerende
F5	über 418	unübersehbare

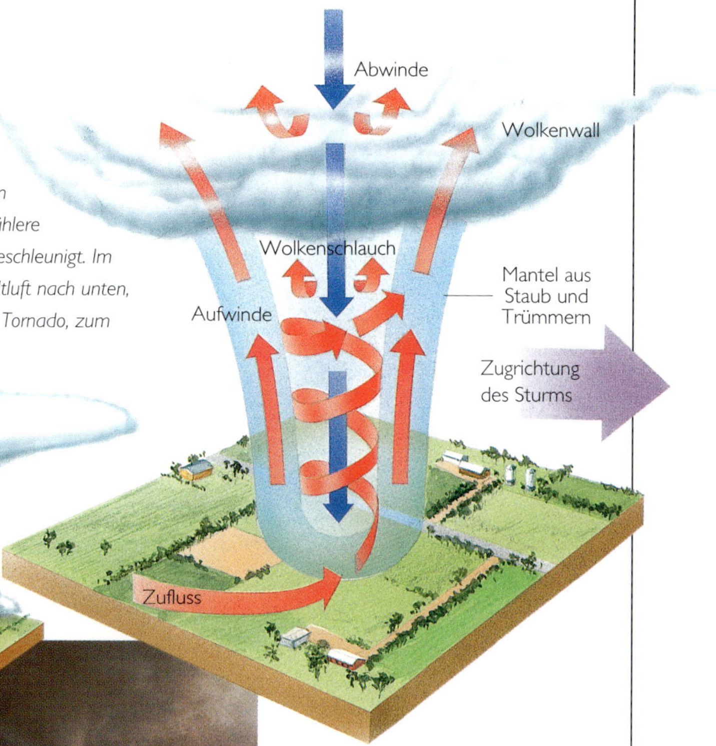

SO ENTSTEHT EIN TORNADO *Starke Winde in den oberen Etagen einer Gewitterwolke erzeugen an irgendeiner Stelle einen Luftwirbel (unten), der mit jedem Kubikmeter Warmluft, den er ansaugt und in höhere, kühlere Schichten führt, zusätzliche Energie erhält und sich so beschleunigt. Im Zentrum des Wirbels (Ausschnitt rechts) fließt dafür Kaltluft nach unten, die einen rotierenden Wolkenschlauch, den eigentlichen Tornado, zum Boden schiebt.*

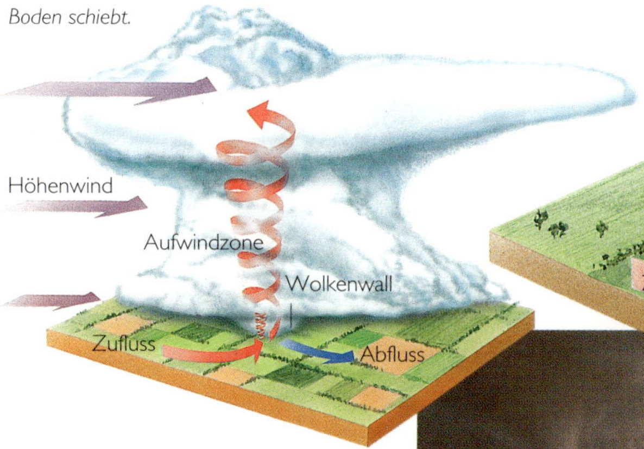

Spätwinter und Frühling, wenn kalte arktische und warme subtropische Luftmassen über den weiten Ebenen Nordamerikas aufeinander treffen. In Australien dauert die Tornadosaison von November bis Mai. Einzelne Tornados ziehen gelegentlich aber auch durch andere Regionen der Erde.

Lebenslauf eines Tornados

Tornados bilden sich stets im Zusammenhang mit schweren Gewittern, wie den Supergewittern an Kaltfronten (s. S. 49). Die Rotation der Luftmassen setzt gewöhnlich ein, wenn die Winde in der Höhe in eine andere Richtung und mit größerer Geschwindigkeit als die Winde in den bodennahen Luftschichten wehen. Sobald erst einmal ein Wirbel entstanden ist, verstärkt sich die Rotation, denn das Tiefdruckgebiet im Kern saugt die Luft aus der Umgebung an und führt sie mit immer größerer Geschwindigkeit nach oben. Durch die bei der Rotation frei werdenden Fliehkräfte wird aber gleichzeitig auch ein Druck nach außen ausgeübt und an der Unterseite der Gewitterwolke entwickelt sich dabei eine Art Wolkenwall, der als sicherer Hinweis auf einen bevorstehenden Tornado gilt. Zunächst spielt sich alles in einigen Hundert Metern Höhe über dem Erdboden ab, dann jedoch wächst aus der Wolke ein schlauch- oder rüsselförmiges Gebilde, sucht sich seinen Weg zum Erdboden und wirbelt dort mit der Rüsselspitze Staub, Pflanzenteile und Trümmer verschiedenster Größe auf. Während der obere Teil des Rüssels durch kondensierten Wasserdampf (der den Luftwirbel erst sichtbar macht) weißlich grau gefärbt ist, erhalten die unteren Teile je nach der Farbe des Bodens einen lehmgelben bis humusschwarzen Farbton.

Eine Schneise der Verwüstung

Mit der Gewitterwolke zieht die rotierende Luftsäule auf einer meist recht geradlinigen Bahn über das Festland, markiert ihren Weg am Boden mit entwurzelten Bäumen, umgeknickten Hochspannungsleitungen und zerstörten Gebäuden. Die durchschnittliche Zuggeschwindigkeit beträgt 55 km/h, man hat aber auch schon Tornados beobachtet, die mit 100 km/h über das Land rasten. Im Allgemeinen ist die Spur der Verwüstung schmal (maximal etwa 3 km), dafür jedoch manchmal mehrere Hundert Kilometer lang. Die meisten Tornados sind – glücklicherweise – kurzlebige Phänomene, da sie häufig nur etwa eine Viertelstunde dauern. Viele erwachen nach einiger Zeit wieder zu neuem Leben und setzen ihr zerstörerisches Werk fort.

Tropische Stürme

Über den lauen tropischen Gewässern entstehen die gewaltigsten und langlebigsten Sturmwirbel, die man auf der Erde kennt.

Tropische Wirbelstürme, wie die Hurrikans (s. S. 250) oder Taifune, sind so zerstörerisch wie nützlich, denn sie verfrachten einen großen Teil der in den Tropen angesammelten Wärme und Feuchtigkeit über die Wendekreise hinweg in kühlere und trockenere Zonen.

Geburt eines Sturms

Tropische Wirbelstürme können nur über sehr warmen Meeren entstehen, d. h. in Zonen mit starker Verdunstung und hoher Konvektion. Die Zone direkt um den Äquator, etwa zwischen dem 5. Grad nördlicher bzw. südlicher Breite, bringt allerdings keine Sturmwirbel hervor. Dort ist die Corioliskraft (s. S. 31), welche die Luftströmungen nach rechts bzw. links ablenkt und die Luftmassen dadurch in eine Drehbewegung versetzt, noch zu schwach. Weiter vom Äquator entfernt ordnen sich die zunächst regellos verteilten Gewitterwolkenschwärme dagegen bald zu Wolkenspiralen an, die sich um eine senkrechte Achse drehen – auf der Südhalbkugel im Uhrzeigersinn, auf der Nordhalbkugel in die entgegengesetzte Richtung. Diese Drehbewegung ist gewissermaßen das erste Lebenszeichen eines tropischen Wirbelsturms. Er wird in der wasserdampfreichen, labil geschichteten Atmosphäre über den warmen tropischen Meeren rasch stärker, jedoch müssen aufwärts gerichtete Winde an der Oberseite des Wirbels für den Abfluss der in die Höhe verfrachteten Luftmassen sorgen, damit die Entwicklung zum reifen Hurrikan fortschreiten kann, sonst bleibt es bei einem tropischen Sturm.

DIE VERBREITUNG TROPISCHER WIRBELSTÜRME *und die Hauptzugbahnen sind unten dargestellt. Auf der Nordhalbkugel dauert die Hurrikansaison von Juni bis November, auf der Südhalbkugel von November bis Mai; Evakuierungsroute im Hurrikan gefährdeten Florida (oben)*

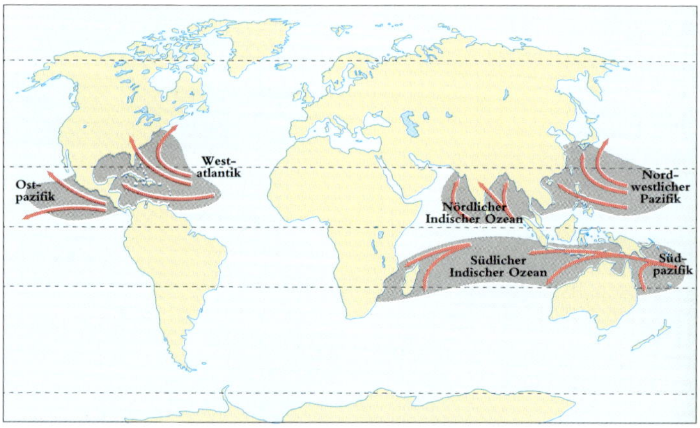

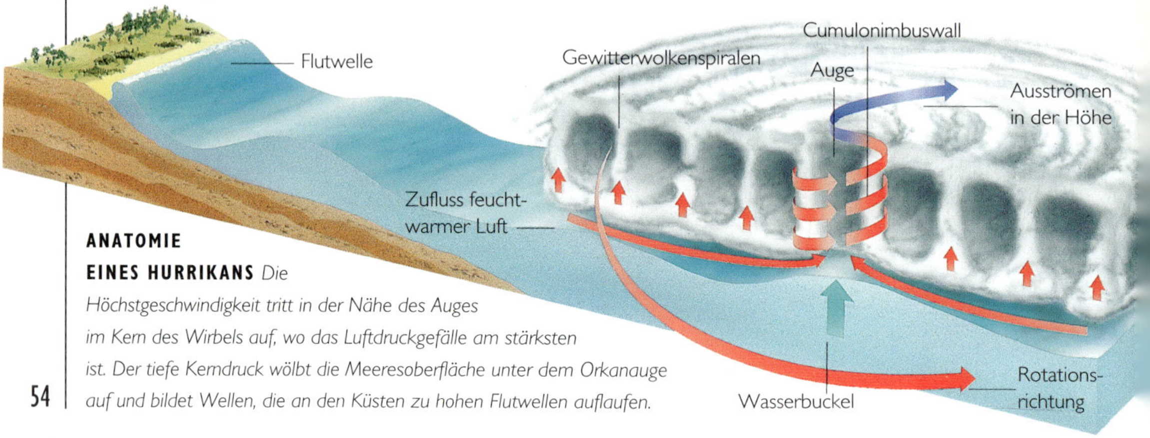

ANATOMIE EINES HURRIKANS *Die Höchstgeschwindigkeit tritt in der Nähe des Auges im Kern des Wirbels auf, wo das Luftdruckgefälle am stärksten ist. Der tiefe Kerndruck wölbt die Meeresoberfläche unter dem Orkanauge auf und bildet Wellen, die an den Küsten zu hohen Flutwellen auflaufen.*

Weltweit entwickeln sich jährlich rund 50 tropische Tiefdruckgebiete zu Tropenorkanen oder tropischen Wirbelstürmen. Wie alle Orkane müssen diese Wirbel Windstärke 12 bzw. eine Windgeschwindigkeit von mehr als 118 km/h aufweisen. Die Tiefdruckgebiete, die diese Schwelle überschreiten, erhalten dann einen Namen, mal einen männlichen und mal einen weiblichen (englischen) Vornamen.

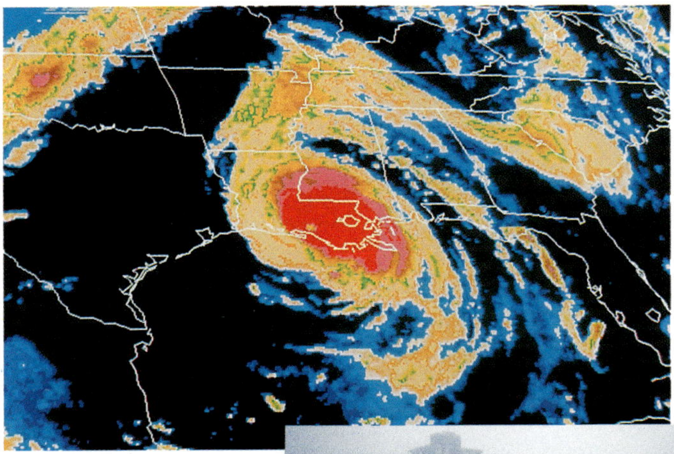

HURRIKAN ANDREW *Amerikas „teuerster" Tropenorkan verwüstete im August 1992 Florida und Louisiana, wo er Schäden in Milliardenhöhe (rechts) verursachte und 23 Opfer forderte.*

Das Auge des Sturms

Auch außertropische Sturmwirbel sind auf einem Satellitenbild an den Wolkenspiralen zu erkennen, bei den Tropenorkanen kommt aber ein unverwechselbares Merkmal hinzu: das Auge, eine etwa 10–30 km breite, runde oder ovale wolkenfreie Zone im Zentrum der Wolkendecke, die bei absinkenden Luftströmungen aufreißt. Unmittelbar am Rand des Auges türmen sich jedoch die Gewitterwolken besonders hoch auf und bilden den Cumulonimbuswall. Unterhalb der mehr als 10 km hohen Wolkenmassive tobt der Orkan am wildesten, es fallen die stärksten Niederschläge, da mitunter in wenigen Stunden über 500 l Regen auf jeden Quadratmeter Meeresoberfläche niedergehen.

Orkanfluten

Für die Insel- und Küstenbewohner sind die Flutwellen, die von den tropischen Wirbelstürmen ausgehen, am gefährlichsten. Unter dem Zentrum des Wirbels, wo der Luftdruck am geringsten ist, wölbt sich der Meeresspiegel empor und bildet einen Buckel, der nach dem Durchzug des Orkans wieder verschwindet. Auf dem offenen Meer sind die dadurch erzeugten Schwingungen der Meeresoberfläche nicht zu spüren, aber wenn die Wellen gegen die Küste branden, erreichen sie schnell eine beträchtliche Höhe – vor allem an Flachküsten, wo der Meeresboden nur allmählich abfällt.

Zu den Fluten vom Meer kommen sintflutartige Regengüsse vom Himmel, die sich wegen der größeren Reibung der Luftmassen über Land und dem dadurch erzeugten Stau an der Küste noch verstärken.

VOM WINDE VERWEHT *Oft werden sogar Häuser vom Wind fortgetragen.*

DIE SAFFIR-SIMPSON-SKALA

Seit den 70er Jahren werden Hurrikans in den USA anhand des Luftdrucks im Kern und der Windgeschwindigkeit sowie der Höhe der zu erwartenden Flutwellen und der Schäden nach der Saffir-Simpson-Skala in fünf Stufen eingeteilt.

Kategorie	Luftdruck (hPa)	Windgeschwindigkeit (km/h)	Flutwellenhöhe (m)	Schäden
1	über 980	118–152	1,2–1,6	geringe
2	965–980	153–176	1,7–2,5	mäßige
3	945–964	177–208	2,6–3,7	schwere
4	920–944	209–248	3,8–5,4	extreme
5	unter 920	über 248	über 5,4	verheerende

HIMMELSFARBEN

Das Purpurlicht der Morgendämmerung, der azurblaue Mittagshimmel, ein orangeroter Sonnenuntergang – nichts auf Erden wechselt seine Farbe so häufig wie der Himmel.

SONNENSTRAHLEN *Die Streuung an den Wolkenrändern spaltet das sonst kompakte Licht in Strahlen auf.*

Luft ist ein Gemisch unsichtbarer Gase und die Atmosphäre erhält auch nicht wie die Tiere und die Pflanzen durch Pigmente oder die Gesteine durch bestimmte Mineralien eine bestimmte Farbe. Eigentlich müsste sie deshalb farblos sein, doch der Himmel wechselt die Farben häufiger und stärker als ein Chamäleon. Dafür gibt es einen einfachen Grund: Die Farben des Himmels sind nicht seine eigenen, sondern die des Sonnenlichts, das alle Farben des Spektrums umfasst und je nach Tageszeit und Zustand der Atmosphäre durch Beugung, Streuung und Brechung in die einzelnen Spektralfarben aufgelöst wird.

LICHT UND FARBE

Das strahlend weiße Sonnenlicht ist in Wirklichkeit ein buntes Gemisch aller Farben, von Rot über Gelb, Grün und Blau bis Violett. Hinzu kommen die infraroten und ultravioletten Anteile der Strahlung, die der Mensch mit seinen Augen nicht wahrnehmen kann. Jeder Farbton des Spektrums reist auf Wellen bestimmter Länge durch den Weltraum, wobei Rot und Orange die längsten, Tiefblau und Violett die kürzesten Wellenlängen haben.

Wenn das gebündelte Sonnenlicht auf die Atmosphäre trifft, wird der kurzwellige blaue Anteil durch die Luftmoleküle sehr viel stärker gestreut, aus der Bahn geworfen, als die langwelligen roten Strahlen, die ihre Bahn beibehalten. Eine ähnliche Beobachtung kann jeder Schwimmer in einem bewegten Gewässer machen: Die kleineren Wellen prallen von seinem Körper zurück, die hohen, langen laufen ungestört über ihn hinweg.

Der kurzwelligere Anteil des Sonnenlichts wird so in der Atmosphäre verstreut und verleiht ihr das sprichwörtliche Himmelblau, das je nach dem Gehalt der Luft an Wassertröpfchen und Staub mal intensiver und mal blasser ist. Das tiefste Blau oder beinahe Violett entsteht in staubarmer und trockener Luft, z. B. im Hochgebirge. In der Luft schwebende Wasser-

HIMMELBLAU *Die Erdatmosphäre sortiert gewissermaßen die Spektralfarben des Sonnenlichts durch Streuung. Bei hoch stehender Sonne und kurzem Weg durch die Erdatmosphäre (links) tritt vor allem der kurzwellige blaue Anteil des Lichts hervor.*

STREUUNG DES LICHTS *erzeugt sowohl das Himmelblau als auch das Weiß der Wolken (oben). Anders als die Luftmoleküle streuen nämlich die Wolkenbestandteile die Spektralfarben gleichmäßig und erzeugen ein weißes Streulicht.*

tröpfchen und/oder Staubteilchen machen das Himmelblau blasser und verschieben den Farbton mehr zum gelbroten Ende des Spektrums hin.

WOLKENFARBEN

Teilchen mit einem Radius, der in etwa der Größenordnung der Wellenlänge der auftreffenden Strahlung entspricht, streuen das Licht fast unabhängig von der Wellenlänge gleichmäßiger. Das so erzeugte Streulicht hat deshalb etwa wieder die Farbe des Sonnenlichts, also Weiß. Vor allem Wolken- oder Dunstbestandteile streuen das Licht auf diese Weise. Wolken sind daher (sonnen-)weiß und ein dunstiger Himmel um die Sonne herum erscheint am hellsten. Ein kurzer Blick zum bewölkten Himmel genügt, um zu erkennen, dass Wolken nicht immer weiß sind, einige sind im Gegenteil sogar fast schwarz. Die mächtigen, dichten Wolken werfen einen dunklen Schatten und sind mehr oder weniger lichtundurchlässig. Außerdem werden die Wolken in den Farben des gestreuten Sonnenlichts getönt; sie erstrahlen z. B. während der Dämmerung leuchtend rot und erhalten schließlich auch noch von der Erdoberfläche reflektiertes Licht, das die verschiedensten Farben aufweisen kann. Über den hellgrünen Lagunen der Atolle in der Südsee zeigt sich die Wolkenunterseite oft grünlich und früher, als die Meere noch voll von Heringen waren, erkannten erfahrene Fischer die Schwärme im Wasser am „Heringblink", dem silbrigen Widerschein auf den Wolken.

Zu den optischen Erscheinungen, die dem Himmel Farbe verleihen, gehören auch die Regenbogen (s. S. 256), die verschiedenen Halos (s. S. 258–261) oder die Polarlichter (s. S. 262). Jedes dieser Phänomene fügt dem Farbenbild des Himmels ein paar neue Tupfer hinzu.

Mein Herz macht einen Sprung, erblicke ich den Regenbogen am Himmel.

My Heart Leaps Up,
WILLIAM WORDSWORTH
(1770 – 1850), englischer Dichter

ROTER SONNENUNTERGANG *Wenn die Sonne tief über dem Horizont steht, ist der Weg der Strahlen durch die Atmosphäre lang und im gestreuten Licht überwiegen die langwelligen roten Anteile.*

WETTERREKORDE

Der stärkste Wind, der kälteste Ort der Erde – über die Rekorde des Wetters wird erst seit knapp 200 Jahren Buch geführt.

Obwohl in alten Chroniken häufig Hinweise auf bemerkenswerte Wettererscheinungen enthalten sind und bereits Mitte des 15. Jahrhunderts in Korea und etwa ein Jahrhundert später in Europa erste systematische mehrjährige Wetterbeobachtungen durchgeführt wurden, reichen die Beobachtungsreihen jedoch meist nur bis in die erste Hälfte des 19. Jahrhunderts zurück. Das Radcliffe Observatorium im englischen Oxford führt z. B. seit 1814 systematische Beobachtungen durch, in Preußen wurde kurz nach 1830 das erste meteorologische Institut eingerichtet, während in den außereuropäischen Ländern die Geschichte der modernen Wetterforschung oft weniger als ein Jahrhundert umfasst. Die oft zitierten Wetterrekorde gelten daher nur für einen relativ kurzen Zeitraum und es ist außerdem sehr wahrscheinlich, dass extreme Wettererscheinungen von dem mitunter etwas grobmaschigen meteorologischen Beobachtungsnetz früher überhaupt nicht registriert wurden. Die Auswahl von Wetterrekorden, die auf diesen beiden Seiten präsentiert wird, ist deshalb nur nach bestem Wissen und Gewissen zusammengestellt worden. Wie stets bei Rekorden wird man in anderen Quellen andere Werte und Orte finden, doch Vorsicht ist hier angebracht. Häufig wurden nämlich die angeblichen Rekordwerte mit Verfahren gemessen, die nicht dem heutigen Standard entsprechen. Bei den rekordverdächtigen Mittelwerten muss immer überprüft werden, ob der Beobachtungszeitraum nicht zu kurz war, damit nicht meteorologische „Eintagsfliegen“ etwa das tatsächliche Bild des Klimas verfälschen.

❶ ***Höchste am Erdboden gemessene Windgeschwindigkeit:*** *416 km/h, am 12. April 1934 auf dem 1916 m hohen Mount Washington, New Hampshire, USA (oben)*
Das Radcliffe Observatorium, *Oxford, England (links oben)*

❸ **Höchste Windgeschwindigkeit eines Tropenorkans über Land:** 322 km/h, mit Böen bis zu 338 km/h, am 17./18. August 1969, als der Hurrikan Camille an den Küsten von Alabama und Mississippi, USA, wütete

❹ **Höchste Schneedecke:** 11455 mm, im März 1911 in der kalifornischen Sierra Nevada

❷ ***Trockenste Gegend:*** *In der Atacamawüste in Chile fällt mit durchschnittlich 0,08 mm pro Jahr praktisch kein Regen. In einem Jahrhundert gehen nur einige wenige Schauer nieder.*

❺ **Höchster in einem Jahr gemessener Schneefall:** 31 102 mm, vom 19. Februar 1971 bis 8. Februar 1972, in Paradise Ranger Station am Mount Rainier, Washington, USA

❻ **Größter Temperatursturz in einer Nacht:** 55,6 °C, von +6,7 °C auf −48,9 °C, am 23./24. Januar 1916 in Browning, Montana, USA

❼ **Schnellster Temperaturanstieg in 2 Minuten:** *27 °C, von −20 °C auf +7 °C, am 22. Januar 1943 in Spearfish, South Dakota, USA*

❽ **Höchster Niederschlag in 24 Stunden:** 1870 mm, am 15./16. März 1952 in Chilaos, La Réunion, Indischer Ozean

❾ **Niedrigste durchschnittliche Jahrestemperatur:** −58,2 °C, am Pol der Unzugänglichkeit, Antarktis

❿ **Höchste Temperatur der Welt:** 57,8 °C, am 13. September 1922 in Al' Aziziyah, Libyen

⓫ ***Höchste gemessene Niederschlagsmenge in 12 Monaten:*** *26 461,7 mm, vom 1. August 1860 bis zum 31. Juli 1861, in Cherrapunji, Indien (rechts)*

⓬ **Höchster Luftdruck der Welt:** 1083,5 hPa, am 31. Dezember 1968 in Agata, Sibirien, Russland

⓭ **Größte durchschnittliche jährliche Niederschlagsmenge:** 11 874 mm, in Mawsynram, Indien

⓮ **Schwerstes Hagelkorn der Welt:** ca. 1 kg, am 14. April 1986 im Distrikt Gopalganj, Bangladesch

⓯ **Stürmischster Ort:** Commonwealthbucht, George-V.-Küste, Antarktis, mit bis zu 322 km/h

⓰ ***Höchste durchschnittliche Jahrestemperatur:*** *34,4 °C, in Dallol, Äthiopien, 1960–1966 (oben)*

⓱ ***Tiefster Luftdruck:*** *870 hPa, am 12. Oktober 1979 während des Taifuns Tip; knapp 500 km westlich von Guam (links oben)*

⓲ ***Tiefste Temperatur:*** *−89,2 °C, am 21. Juli 1983 in der russischen Forschungsstation Wostok in der Antarktis (links)*

Das Luftmeer, in dem wir leben und uns bewegen, in dem vernichtender Blitz und nährender Regen geschaffen werden, kann für einen begeisterten Naturforscher nicht ein beliebiges Forschungsobjekt sein.

LUKE HOWARD (1774–1864),
englischer Apotheker und Meteorologe

Kapitel 3

Wetterbeobachtung im Lauf der Zeiten

Frühe Hochkulturen

Der Mensch war einst viel stärker von der Witterung abhängig als heute; deshalb nahm das Wetter in seinem Alltag ebenso wie in der Welt der Götter eine zentrale Stellung ein.

Priester und Schamanen waren die „Meteorologen" der ältesten menschlichen Kulturen, denn zu ihren wichtigsten Aufgaben gehörte es, die Wettergötter gnädig zu stimmen, für gutes Wetter zu sorgen und ungünstiges Wetter vorherzusagen oder fern zu halten.

Lebensader Nil

Das alte Ägypten bot ideale Bedingungen für die Entfaltung einer der ersten Hochkulturen. Der Nil speiste die Strom-Oase mit Wasser und das warme, sonnige Wetter sicherte reiche Ernten beiderseits des Nil, dessen fruchtbarer Schlamm durch die jährlichen Überschwemmungen für eine ausreichende Bodendüngung sorgte. Deshalb war die altägyptische Kultur fast völlig vom Strom und vom Wetter in seinem riesigen Einzugsgebiet abhängig. Wenn in den tropischen Gebieten am Oberlauf der Regen ausblieb, gab es Missernten und Hungersnöte. Deshalb versuchte man schon früh, aus dem Lauf der Sterne das Wetter und damit auch das Verhalten des Stroms vorherzusagen – ein zumindest im Ansatz naturwissenschaftliches Verfahren. Gleichzeitig pflegte man die uralten Traditionen, indem man den Göttern Opfer darbrachte. Dabei standen zwei Figuren des altägyptischen Pantheons im Mittelpunkt dieses Kults: der Sonnengott Ra, der den Gang der Gestirne lenkte, und der Fruchtbarkeitsgott Osiris, der die Fluten des Nil steigen und fallen ließ.

WETTERGÖTTER *Bei den nordischen Völkern galt Thor (links) oder Donar (Donner) als Gott des Gewitters; die alten Ägypter verehrten Osiris (rechts) als Gott der Fruchtbarkeit.*

Göttliches Wetter

Auch in Vorder- und Mittelasien bildeten große Ströme die Lebensadern früher Hochkulturen: Euphrat und Tigris im Zwischenstromland Mesopotamien und der Indus auf dem indischen Subkontinent. Da Flüsse nur Wasser führen, wenn genügend Niederschlag fällt, wurden auch hier die Regengötter besonders verehrt. Marduk, ursprünglich der Stadtgott von Babylon, stieg im 2. Jahrtausend v. Chr. an die Spitze der babylonischen Götterwelt, während man in Indien den Wetter- und Kriegsgott Indra verehrte.

Im altnordischen Gott Thor, von den Germanen Donar (Donner) genannt, spiegeln sich gleichfalls die beiden Seiten des Wetters wider: Zum einen war er der nährende Vater, der die Pflanzen wachsen lässt, zum andern der rasende Wüterich, der auf Gewitterwolken am Himmel vorbeizieht und seine Feinde mit Blitz und Donner vernichtet.

TONATIUH, *der Sonnengott der Azteken, steht im Zentrum dieses Kalendersteins. Wie in den meisten frühen Kulturen galt die Sonne bei den Azteken als die Gottheit, die den Lauf der Gestirne und des Wetters bestimmte und so über Leben und Tod entschied.*

FLUTWARNUNG *Diese assyrische Tontafel (7. Jh. v. Chr.) beschreibt die Vorzeichen von Regen und Hochwasser.*

… und taten sich die Fenster des Himmels auf und ein Regen kam auf Erden vierzig Tage und vierzig Nächte.

Genesis 7,11–12

Frühe Wetteraufzeichnungen

Für die Hochkulturen der Antike waren Meteorologie und Astronomie noch eine einzige Wissenschaft und mithilfe astronomischer Beobachtungen versuchten die Forscher, den jahreszeitlichen Wechsel des Wetters zu erklären. So entwarfen chinesische Astronomen um 300 v. Chr. einen Kalender, der das Jahr in 24 „Feste" mit je einem typischen Wetter einteilte.

Der Regenmesser ist wahrscheinlich das älteste meteorologische Messgerät. Ein solches Instrument wird bereits in einer indischen Schrift aus dem 3./4. Jahrhundert v. Chr. ausführlich beschrieben.

Alte Wetterregeln

Vor allem die Babylonier entwickelten die Kunst der Wettervorhersage weiter. Dazu beobachteten sie Gestirne, Wolken oder optische Phänomene der Atmosphäre, z. B. Halos, und leiteten daraus Wetterregeln ab. Auf einer Tontafel aus der Bibliothek des Assyrerkönigs Assurbanipal (668 bis etwa 627 v. Chr.) ist folgende Regel überliefert: „Wenn ein dunkler Halo den Mond umgibt, wird der Monat Regen oder viele Wolken bringen" – und so vage sollten langfristige Prognosen für die nächsten 2500 Jahre bleiben.

DER DONNERVOGEL *Nach altem indianischem Glauben bringt dieser Riesenvogel Gewitter und Regen.*

BIBLISCHE METEOROLOGEN

Zwei berühmte Wetterpropheten treten im Alten Testament auf: Josef und Noah. Nach dem 1. Buch Mose machte Josef, Jakobs Sohn, in Ägypten eine der berühmtesten Langfristprognosen aller Zeiten. Er deutete den Traum des Pharaos, in dem es um sieben fette und sieben magere Kühe ging, und prophezeite, dass auf 7 Jahre mit reichen Ernten 7 Jahre mit Missernten und Hungersnöten folgen würden – eine Voraussage, die auch tatsächlich eintraf.

Noah sah dagegen mit göttlicher Hilfe die Sintflut voraus und baute darum die Arche für sich, seine Familie sowie für die „reinen" und „unreinen" Tiere, „auf dass der Same lebendig bleibe auf dem ganzen Erdboden". Von einer ähnlich verheerenden Flut berichtet auch das Gilgamesch-Epos, eine babylonisch-assyrische Heldengeschichte, die um 1200 v. Chr. entstanden ist. Vermutlich beruhen beide Legenden auf demselben historischen Ereignis. Archäologen entdeckten nämlich bei Ausgrabungen im Irak Spuren einer großen Flut, die irgendwann zwischen 3000 und 2000 v. Chr. die dicht besiedelten, fruchtbaren Ebenen von Euphrat und Tigris heimgesucht hat.

NOAH *führt die Tiere vor der Sintflut in seine Arche (Mosaik in der Markuskirche zu Venedig).*

Die Antike

Die griechischen Philosophen – vor allem Aristoteles – schufen nicht nur die Grundlagen der modernen Naturwissenschaft, sie führten auch den Begriff Meteorologie ein.

Das alte Griechenland hat keinen mit dem Nil vergleichbaren Strom, der in der Wüste eine grüne Oase erblühen lässt. Daher war es schon seit ältesten Zeiten auf den Regen angewiesen.

Dies spiegelt sich auch im griechischen Pantheon wider, in dem zahlreiche Gottheiten vorkommen, die für die Vorgänge im Himmel und auf der Erde verantwortlich waren. Den höchsten Platz nahm natürlich Zeus ein, der Göttervater, den man auch den „Dunkelwolkigen" nannte. Seine Brüder Poseidon, der Meeresgott, und Hades, der über die Unterwelt regierte, spielten ebenfalls eine wichtige Rolle in der Herrschaft über die Wetterphänomene.

Doch ganz ernst scheinen die alten Griechen die ausgeklügelte Hierarchie ihrer Götter nicht genommen zu haben. Es waren offenbar eher ästhetische als religiöse Gründe, die sie bewogen hatten, dem wohl geordneten irdischen Kosmos eine ebenso klar geordnete Götterwelt entgegenzustellen. Diese Einstellung erleichterte es den griechischen Philosophen, für die Welt und die darin stattfindenden Phänomene, darunter auch das Wetter, eine rationale Erklärung zu suchen.

DIE VIER ELEMENTE DES EMPEDOKLES *(Erde, Luft, Feuer, Wasser) in einer Ausgabe von Lukrez'* De rerum natura *von 1472 (ganz links). Die Werke des Gelehrten Theophrast (links) waren über 2000 Jahre lang eine häufig benutzte Quelle der Wetterkunde.*

Naturphilosophen

Thales von Milet (um 625 bis um 547 v. Chr.), einer der Sieben Weisen der Antike, beschäftigte sich u. a. mit der Astronomie. Er sammelte Aufzeichnungen babylonischer Astronomen und konnte mithilfe dieser Daten im Jahr 585 v. Chr. eine Sonnenfinsternis vorhersagen. Seiner Ansicht nach war Wasser der Baustein aller Materie. Aus Akragas stammte Empedokles (um 483–423 v. Chr.), für den die Welt aus den vier Elementen Feuer, Luft, Wasser und Erde bestand.

Diesen Philosophen verdanken wir kaum grundlegende wissenschaftliche Erkenntnisse, sie leiteten aber eine Epoche ein, in der die Naturphänomene aufmerksam beobachtet wurden und man sie rational zu erklären versuchte.

Aristoteles und Theophrast

Die goldene Ära der griechischen Philosophie gipfelte in den Werken des Aristoteles (384–322 v. Chr.), in denen fast alle Wissensbereiche jener Zeit enthalten sind, darunter auch das Wetter. Er war der Lehrer Alexanders des Großen und widmete seinem Zögling die Schrift *Meteorologica*.

ZEUS *schleudert von seinem Sitz auf dem Olymp Blitze aus. Wandgemälde von Giulio Romano (1499–1546)*

CAII PLYNII SECVNDI NATVRALIS HISTORIAE LIBER .I.
CAIVS PLYNIVS SECVNDVS NOVOCOMENSIS DOMITIANO SVO SALVTEM.
PRAEFATIO.
LIBROS NATVRALIS HISTORIAE NO-

METEOROLOGISCHE RELIKTE *Der Turm der Winde (oben), der heute noch am römischen Markt in Athen steht, stammt aus der Zeit um 40 v. Chr. An den Seiten des achteckigen Baus findet man Reliefs der acht Windgottheiten. Plinius d. Ä. sammelte im ganzen Römischen Reich Schriften über Wetterphänomene und veröffentlichte sie in seiner* Naturalis Historia *(rechts).*

Dieses Werk, von dem sich der Name der Wetterkunde – Meteorologie – herleitet, enthält Beobachtungen über Wind und Wetter, mehrere richtige Erklärungen natürlicher Phänomene, aber auch teilweise falsche Behauptungen – etwa die folgende: „Die Erde steht still [falsch], und die Feuchtigkeit der Luft wird von den Sonnenstrahlen verdunstet [richtig] …“

Als bedeutendster Schüler Aristoteles’ gilt Theophrast (372–287 v. Chr.), der das Werk seines Lehrers fortsetzte. Eine seiner Schriften nennt rund 80 verschiedene Zeichen für Regen, 50 für Sturm, 45 für Wind und 24 für Schönwetter, darunter auch etliche, die bis heute gültig sind, wie z. B.: „Bei Nebel gibt es keinen oder nur sehr wenig Regen.“ In der Tat sind Nebelwetterlagen meist auch Hochdruckwetterlagen, bei denen kaum Niederschlag fällt. Als falsch erwiesen sich dagegen andere Regeln, so etwa: „Wenn Sternschnuppen oft auftreten, wird es bald Regen und Wind geben, und zwar aus der Himmelsrichtung, in der man die Sternschnuppen sieht.“

Das Erbe des Aristoteles

Auch die Römer zeigten lebhaftes Interesse an der Wetterkunde. Plinius d. Ä. (23 oder 24–79) widmete ihr den Großteil seines Monumentalwerkes *Naturalis Historia*, in dem rund 2000 römische und griechische Schriften sowie ältere Quellen zusammengefasst sind.

Mit dem Zerfall des Römischen Reiches im 5. Jahrhundert verlagerte sich das geistige Zentrum der Alten Welt in die arabischen Länder und im Mittelalter entdeckten die Gelehrten des christlichen Abendlandes (s. S. 66) die Lehren des Aristoteles wieder, dessen Werk sie häufiger zu interpretieren versuchten, als sich eigene Gedanken über die natürlichen Phänomene in der Welt zu machen.

HALKYONISCHE TAGE

Der Ausdruck halkyonische Tage (oder alkyonische Tage), mit dem man ruhige, windstille, friedliche Tage beschreibt, geht auf eine griechische Wetterlegende zurück. Ihr zufolge soll sich das Liebespaar Halkyone und Keyx den Zorn des Zeus zugezogen haben. Der Göttervater schickte einen Sturm, der das Schiff des Keyx kentern ließ. Keyx kam um und Halkyone ertränkte sich vor Gram. Beide wurden in Eisvögel verwandelt, bauten ein Nest, und damit die Eier nicht von den Wogen weggeschwemmt würden, ließ Äolus, Halkyones Vater und griechischer Gott der Winde, 7 Tage vor bis 7 Tage nach der Wintersonnenwende (auf der Nordhalbkugel also in der zweiten Dezemberhälfte) die Winde ruhen – daher also die halkyonischen Tage.

Mittelalter und Renaissance

Die Hinwendung zur Natur in all ihrer Vielfalt führte während der Renaissance zu einem einzigartigen Aufschwung der Wissenschaften.

Das Mittelalter brachte keinen nennenswerten Fortschritt der Wissenschaften mit sich, denn die Gelehrten hielten mit fast religiösem Eifer an den Lehren von Aristoteles fest. Neue Impulse kamen erst aus den arabischen Ländern, wo man aus dem Lauf der Gestirne das Wetter vorherzusagen versuchte und die Prognosen in einem Almanach zusammenstellte – ein arabisches Wort, das ursprünglich so viel wie „Platz, an dem die Kamele niederknien" bedeutete, dann jedoch die Bedeutung von „Wetter" erhielt.

Über die Mauren, die auf der Iberischen Halbinsel herrschten, gelangten die Vorstellungen der Araber ins mittelalterliche Europa und lösten hier eine Flut von Prophezeiungen aus, die den Tag des Jüngsten Gerichts voraussagten. Eine davon ist der „Toledo-Brief" von 1185, in dem der spanische Astrometeorologe Johannes von Toledo ankündigte, dass die Planeten im September des folgenden Jahres in Konjunktion stehen und so Unwetter, Hungersnöte und andere Katastrophen, kurzum, das Jüngste Gericht, bringen würden. Diese Prophezeiung trat zwar nicht ein, dennoch büßten solche düsteren Prognosen bis heute nichts von ihrer Anziehungskraft ein.

DAS KONDENSATIONSHYGROMETER *(rechts), eine Erfindung Ferdinands II., besteht aus einem Gefäß, das mit Eis gefüllt wird. An der kalten Außenfläche kondensiert der Wasserdampf, das Wasser rinnt in ein Messglas und füllt es je nach Luftfeuchte bis zu einer bestimmten Höhe.*

Die Renaissance

An der Wende vom 15. zum 16. Jahrhundert begann ein neues Zeitalter der Naturwissenschaften. Instrumente zur Beobachtung des Wetters und der Gestirne wurden erfunden und die Entdecker brachten von ihren Reisen nicht nur exotische Pflanzen und Tiere mit, sondern auch viele neue Erkenntnisse über das Klima in anderen Zonen der Erde. Mit dem neuen heliozentrischen Weltbild, das der Astronom Nikolaus Kopernikus (1473–1543) entwickelt hatte, konnte man nun erklären, wie etwa die Jahreszeiten, die Tagundnachtgleichen oder die Sonnenwenden entstehen.

GALILEO GALILEI *verfasste nicht nur so revolutionäre Astronomiewerke wie Dialog über die beiden hauptsächlichsten Weltsysteme, das ptolemäische und das kopernikanische (links); er gilt auch als Erfinder des Luftthermometers, das später zum Florentiner Thermometer (links oben) weiterentwickelt und im 17. Jahrhundert zum Standardinstrument wurde.*

LUFTFEUCHTE *kann man mit dem Hygrometer messen, das Leonardo da Vinci (unten) erfunden hat: Die übereinander gestapelten Papierblätter links nehmen Wasserdampf aus der Luft auf und werden so schwerer. Der linke Arm der Waage sinkt dann nach unten und bewegt den Zeiger auf der Skala nach oben.*

Von Kopernikus' Zeitgenossen verkörperte der italienische Maler, Bildhauer, Architekt, Naturforscher und Erfinder Leonardo da Vinci (1452–1519) vielleicht am besten den Typus des Universalgenies der Renaissance. Seine Werke enthalten eine Fülle von Beobachtungen zu verschiedenen Wetterphänomenen sowie zahlreiche Entwürfe meteorologischer Messinstrumente, so auch die Skizze eines Feuchtemessers.

Zum überaus reichen Erbe des italienischen Mathematikers und Naturforschers Galileo Galilei (1564–1642) gehört ein neuartiges Thermometer, das er noch Thermoskop nannte. Leider hinterließ Galileo keine Aufzeichnungen über die damit gemessenen Temperaturen.

Sein Schüler, der italienische Physiker Evangelista Torricelli (1608–1647), erfand das Quecksilberbarometer. Er füllte ein etwa 120 cm langes Glasrohr und eine Schale mit Quecksilber, kippte das Rohr und tauchte es mit dem offenen Ende in das Quecksilber in der Schale. Ein Teil des Quecksilbers floss aus dem Rohr, das meiste blieb jedoch darin. Daraus folgerte Torricelli, dass die Quecksilbersäule im Rohr vom Luftdruck getragen werden müsse und dass Schwankungen in der Höhe der Säule durch Luftdruckveränderungen verursacht werden. Praktische Bedeutung gewann diese Erfindung erst durch die Forschungen des französischen Mathematikers und Physikers Blaise Pascal (1623–62). Ihm gelang nämlich der Nachweis, dass Veränderungen des Luftdrucks stets einen Wetterwechsel ankündigen.

Die Accademia del Cimento

Die „Akademie der Experimente“, die im Bereich der Meteorologie Pionierarbeit leistete, wurde 1657 von Ferdinand II., dem Großherzog von Toskana, in Florenz gegründet. Wir verdanken dieser naturwissenschaftlichen Akademie etliche neue Messinstrumente sowie eine meteorologische Beobachtungsreihe, die jedoch schon 1667 endete. Das Beobachtungsnetz, das der Landesherr der Toskana einrichten ließ, reichte weit über die Landesgrenzen hinaus. Es besaß z. B. auch Stationen in Innsbruck, Osnabrück, Paris und Warschau. In Florenz wurden die Daten dann gesammelt und ausgewertet.

FERDINAND II., *im Sessel links vom Tisch, verfolgt ein wissenschaftliches Experiment in der Accademia del Cimento.*

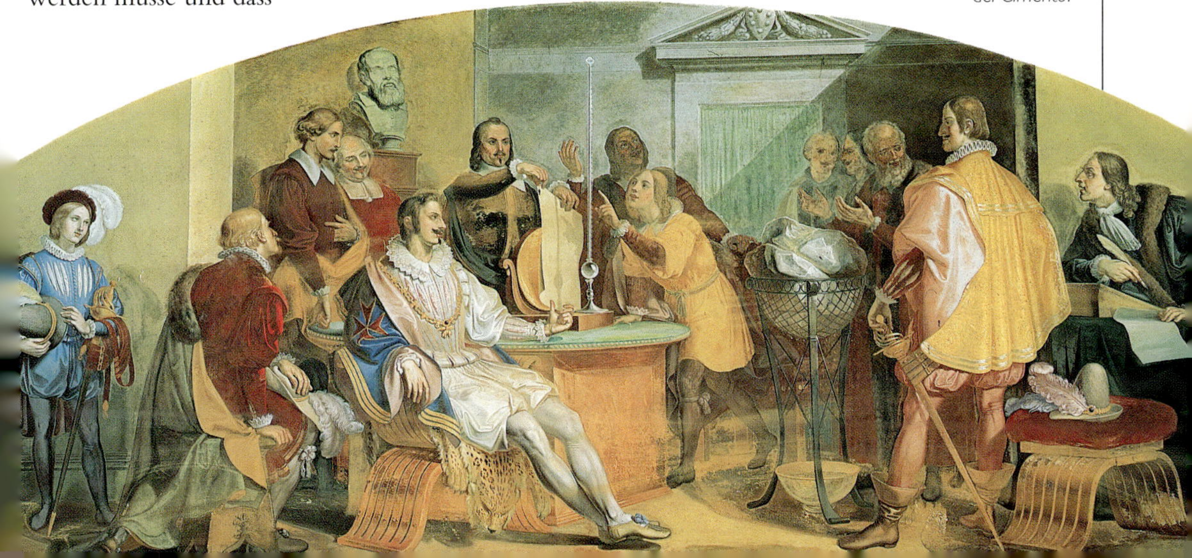

Die Aufklärung

Im späten 17. und im 18. Jahrhundert, dem Zeitalter der Vernunft, wurden die Naturwissenschaften zum Maß aller Dinge.

Mit der Entwicklung neuer Messgeräte und der Einrichtung neuer Beobachtungsnetze wurden die meteorologischen Daten im 17. und 18. Jahrhundert immer exakter und vollständiger.

Temperaturskalen

Der in Danzig geborene Physiker Gabriel Daniel Fahrenheit (1686–1736) verbrachte die längste Zeit seines Lebens damit, meteorologische Messgeräte zu entwerfen und zu bauen. Er führte 1714 die nach ihm benannte Temperaturskala ein, die bis heute in den USA und einigen anderen Ländern gültig ist. Die Fahrenheitskala hat drei Fixpunkte: die Temperatur eines Gemischs aus Wasser, Eis und Kochsalz (0 °F); die Temperatur, bei der sich Wasser in Eis verwandelt (32 °F) und die normale Temperatur des menschlichen Körpers (angesetzt bei 96 °F). Der Siedepunkt des Wassers liegt bei 212 °F.

AKADEMISCHE GESELLSCHAFTEN, *wie die Académie des Sciences in Paris (oben), waren im 18. Jahrhundert Zentren der Wetterforschung. Schon seit dem 17. Jahrhundert war das Barometer (links oben) unerlässlich für meteorologische Beobachtungen.*

In den meisten Ländern ist die 1742 vom schwedischen Astronomen Anders Celsius eingeführte Temperaturskala verbreitet, die jedoch sein Landsmann Carl von Linné in einem entscheidenden Punkt veränderte: Celsius legte ursprünglich den Schmelzpunkt des Eises bei 100 °C und den Siedepunkt des Wassers bei 0 °C fest, Linné stellte dann die Skala gewissermaßen auf den Kopf. Die von dem britischen Physiker William Lord Kelvin of Largs vorgestellte Skala geht dagegen vom absoluten Nullpunkt der Temperatur (–273 °C) aus.

SPUR DER ZERSTÖRUNG
In dieser alten Wetterkarte ist die Spur eines Unwetters markiert, das 1788 durch Frankreich zog.

Neue Instrumente

Die relative Luftfeuchtigkeit ist schwieriger zu messen als die Temperatur und die ersten Hygrometer lieferten deshalb auch nur grobe Ergebnisse. Im Jahr 1781 führte der schweizerische Naturforscher Horace Bénédict de Saussure (1740–99) das wesentlich genauere Haarhygrometer ein. Sein Messprinzip beruht auf der Eigenschaft des menschlichen Haares, sich bei Feuchtigkeitsaufnahme auszudehnen und bei Feuchtigkeitsentzug zu verkürzen. Über ein Hebelwerk wird die Längenänderung des Haares auf einen Zeiger übertragen.

Relativ problemlos ist hingegen die Messung des Luftdrucks und schon die ersten Barometer waren recht genau. Die meisten entsprachen dem von Torricelli konstruierten Urmodell (s. S. 67), verwendeten jedoch andere Messflüssigkeiten. In Wetterwarten verwendet man noch immer meist Quecksilberbarometer, für den Hausgebrauch reichen die kleineren, einfacheren Dosenbarometer aus, die wegen des geringen Gewichts auch als Höhenmesser eingesetzt werden.

Die ältesten brauchbaren Anemometer (Windmesser) stammen aus den 40er Jahren des 18. Jahrhunderts. Sie beruhten auf der Messung des Staudrucks, den der Wind in einem Rohr erzeugt. Heute werden meist Schalenkreuzanemometer (im Prinzip kleine Windmühlen) benutzt.

ROBERT BOYLE *(links), englischer Gelehrter (1627–91), erforschte die physikalischen Eigenschaften der Luft und gab dem Barometer den heute noch gültigen Namen. Der englische Physiker John Dalton (1766–1844, oben) wies als Erster nach, dass das Polarlicht eine magnetische Erscheinung ist.*

INTERNATIONALE BEOBACHTUNGSNETZE

Im 18. Jahrhundert wurden unter der Obhut akademischer Gesellschaften, wie der Royal Society in Großbritannien, der Académie des Sciences in Frankreich oder der Akademie der Wissenschaften zu Mannheim, erstmals in der Geschichte weltweite Wetterbeobachtungsnetze eingerichtet. Vor allem die Pfälzische Meteorologische Gesellschaft *(Societas Meteorologica Palatina)* mit Sitz in Mannheim leistete ab 1780 Pionierarbeit. Sie unterhielt ein funktionierendes Netz, das vom Ural über Grönland bis nach Nordamerika reichte und 39 Stationen umfasste. Es war das erste Mal, dass alle Stationen einheitliche Instrumente hatten, dass die Beobachter nach demselben Plan arbeiteten und dass die Beobachtungen zur gleichen Zeit erfolgten, nämlich zu den „Mannheimer Stunden“ um 7, 14 und 21 Uhr mittlerer Ortszeit. Diese Beobachtungszeiten sind bis heute in den Wetterdiensten vieler Länder immer noch üblich.

DIE ERSTEN AMERIKANISCHEN METEOROLOGEN

In der Neuen Welt wurden wissenschaftliche Wetterbeobachtungen erstmals in den Jahren 1644/45 von einem Pfarrer im heutigen Bundesstaat Delaware durchgeführt. Ab 1730 verwendete man auch genauere Thermometer und Barometer.

In den USA ist die Geschichte der Meteorologie mit so bekannten Namen wie George Washington, dem ersten Präsidenten der Union, Thomas Jefferson, dem Verfasser der Unabhängigkeitserklärung, oder Benjamin Franklin verbunden. Vor allem Franklin war ein eifriger Wetterbeobachter und er gilt auch als Erfinder des Blitzableiters (s. S. 51). Im Oktober 1743 konnte er anhand von Zeitungsberichten erstmals die großräumige Verlagerung einer Gewitterzelle entlang der amerikanischen Ostküste nachweisen.

Thomas Jefferson (1743–1826) soll angeblich sein erstes Thermometer gekauft haben, als er gerade die Unabhängigkeitserklärung der USA verfasste. Einige Tage, nachdem die Deklaration unterzeichnet worden war, kam der Überlieferung zufolge das erste Barometer hinzu. Jefferson benutzte die Instrumente regelmäßig und führte mehr als 50 Jahre lang Wetterbeobachtungen durch.

George Washington und James Madison, der vierte Präsident der Vereinigten Staaten, zeigten ebenfalls großes Interesse an der Meteorologie und hielten regelmäßig ihre Beobachtungen über Jahrzehnte hinweg in Wettertagebüchern fest.

THOMAS JEFFERSON *(oben) und James Madison unternahmen zeitgleich die ersten Beobachtungen in den USA.*

BAUERNREGELN

Die Wissenschaft hat die grundsätzliche Richtigkeit so mancher Bauernregel bestätigt; viele sind heute noch weit verbreitet.

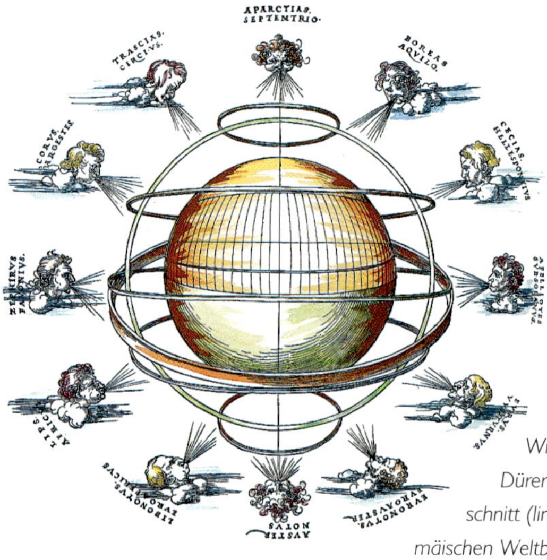

DIE ALTEN BAUERNREGELN *beruhen oft auf den Beziehungen zwischen Wind und Wetter. Albrecht Dürer hat sie in einem Holzschnitt (links) nach dem ptolemäischen Weltbild dargestellt. Neueren Datums sind dagegen die Luftdruck-Wetterregeln, die erst mit der Erfindung des Barometers (oben) aufkamen.*

Bis ins frühe 19. Jahrhundert, als sich die Wetterkunde als eigenständige Wissenschaft heranbildete, hatte sich ein reicher Schatz an Wetterregeln, auch Bauernregeln genannt, in der mündlichen Überlieferung der verschiedenen Völker angesammelt. Diese Sprüche sind häufig in Reimform verfasst und vereinen in sich Aberglaube mit jahrhundertelanger Wetterbeobachtung.

DIE WEISHEIT VON GENERATIONEN

Viele dieser Regeln beruhen auf der unmittelbaren Erfahrung, die die Menschen im Lauf der Geschichte mit dem Wetter machten und an ihre Nachkommen weitergaben. Oft waren es alltägliche Beobachtungen, die meist Wind und Wolken betrafen. Man muss z. B. nicht Meteorologie studiert haben, um zu erkennen, dass aus Südwesten aufkommende Cirruswolken, besonders die hakenförmigen, bei uns in der Regel Vorboten einer Wetterverschlechterung sind; dass sich aus einer am Vormittag stark aufquellenden Haufenwolke nachmittags oft ein Gewitter entlädt oder dass ein Halo um den Mond häufig Regen ankündigt.

Manche dieser Sprüche lassen sich bis in die Antike und zu Theophrast zurückverfolgen, andere kamen erst in der Neuzeit auf, als die Seeleute auf ihren Reisen neue Erdteile und neue Wetterarten kennenlernten, gleichzeitig aber auch die Erfahrung machen mussten, dass die Wetterregeln ihrer Heimat dort mitunter wertlos waren. So gilt die bekannte Bauernregel „Geht die Sonne feurig auf, folgen Wind und Regen drauf" nur für die Westwindgürtel in den mittleren und höheren Breiten der Erde, jedoch nicht für die Tropen.

MOND UND WETTER

Zu den häufigsten und verlässlichsten Wetterregeln zählen jene, die den Mond mit den Wolken verknüpfen. Nach einer klaren, wolkenarmen Nacht, in der der Mond hell vom Himmel scheint, folgt z. B. häufig ein frostiger Morgen: „Scheint der Mond hell, kommt der Frost schnell." Die Tatsache, dass der Morgen oft auch

LIEBLINGSKINDER *Sehr viele Wetterregeln beschäftigen sich mit dem Hof des Mondes (oben) oder dem Purpurlicht (rechts).*

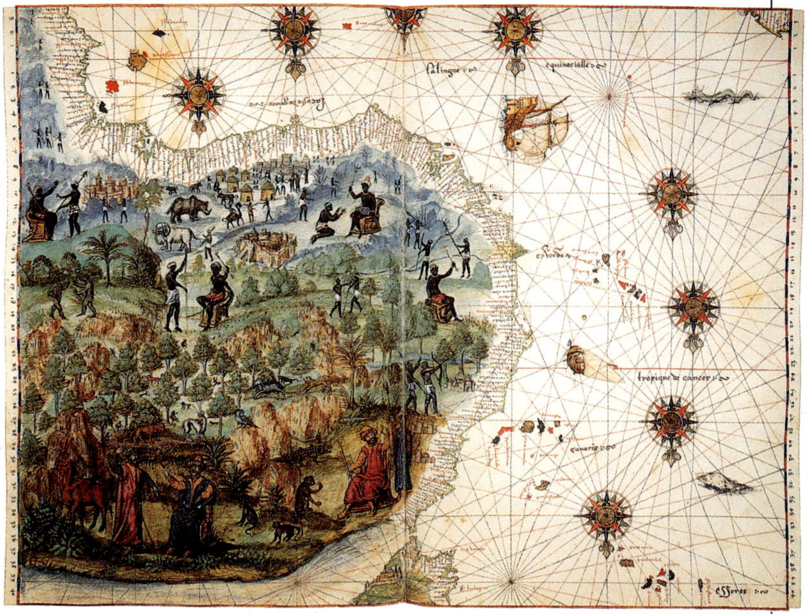

WETTER AUS DEM BILDERBUCH
In dieser schönen Karte aus dem Jahr 1547 von Westafrika, die gegenüber den heutigen nordorientierten Karten auf dem Kopf steht, sind über den Meeren Hinweise auf die vorherrschenden Winde eingetragen.

nach finsteren Neumondnächten frostig kalt ist, würde nur den Reim stören.

Halos und Kränze um den Mond sind an dünne hohe und mittelhohe Wolken gebunden, die den Schlechtwettergebieten oft vorauseilen. Daher heißt es im Sprichwort richtig: „Wenn der Mond hat einen Ring, folgt der Regen allerding."

Andererseits sind die Regeln, die das Wetter mit den Mondphasen verknüpfen, purer Aberglaube. Wenn der junge Mond ermattet „auf dem Rücken" liegt, wie ein schwer krankes Kind, dann muss nicht unbedingt Schlechtwetter folgen.

Zeichen der Natur

Hunderte Regeln beruhen auf den angeblich prophetischen Gaben der Tiere und Pflanzen, Hinweise auf künftiges Wetter zu geben. Wenn die Schwalben tief fliegen, soll es Regen oder Gewitter geben, ebenso wenn sich die Kühe müde ins Gras legen. Als der Wetterprophet unter den Pflanzen gilt die Wetter- oder Silberdistel. Bei feuchter Witterung nehmen die silbrig glänzenden Hüllblätter der Blütenkörbchen Feuchtigkeit auf, quellen an der Unterseite stärker auf und krümmen sich deshalb ein. Wenn das Wetter trockener wird, dörren die Hüllblätter aus und öffnen sich zu glänzenden Sternen. Im hessisch-thüringischen Kalirevier an der mittleren Werra gelten sogar die Salzabraumhalden der Kalibergwerke als Wetterboten. Erscheinen sie strahlend hell, dann bleibt das Wetter schön; nehmen sie eine dunklere Farbe an, dann muss mit Regen gerechnet werden. Sowohl bei den Disteln wie bei den Halden hängen die wetterprophetischen Gaben mit der Luftfeuchtigkeit zusammen und ein Wetterwechsel kündigt sich in der Tat oft durch ab- oder zunehmende relative Feuchte an.

LOSTAGSREGELN

Der Volksglaube kennt bestimmte Tage im Jahr – in Deutschland sind es insgesamt 84 Tage –, an deren Wetter man die weitere Entwicklung der Witterungsverhältnisse in den kommenden Wochen oder gar Monaten angeblich ablesen kann. Zu den bekanntesten zählen Lichtmess oder Siebenschläfer (27. Juni). Ähnliche Lostags- oder -Losmonatsregeln findet man auch in der Überlieferung zahlreicher anderer Länder.

„Wenn der März Aprilwetter hat, wird der April Märzwetter haben." (Frankreich)

„Frost am kürzesten Tag des Jahres [um den 22. Dezember] ist ein Zeichen für einen strengen Winter." (England)

„Wenn die Vögel und Dachse im Oktober fett sind, wird es einen kalten Winter geben." (USA)

„Regnet es im August, regnet es Honig und Wein." (Frankreich und Spanien)

War der Juni warm, doch der Mai nasskalt, dann kommt die Ernte bald.

Schottische Bauernregel

Pioniere des 19. Jahrhunderts

Synopsis heißt das uralte Wort, mit dem in der ersten Hälfte des 19. Jahrhunderts ein neues Zeitalter der Meteorologie begann.

ROBERT FITZROY *(links) entwarf ein Barometer (rechts), Matthew Fontaine Maury (unten) Klimakarten.*

Das griechische Wort Synopsis bedeutet so viel wie Übersicht oder Überblick. Es bezeichnet heute ein Teilgebiet der Meteorologie, das in einer großräumigen Zusammenschau möglichst viele, zum gleichen Zeitpunkt gewonnene Wetterdaten in Karten darstellt und untersucht. Die ersten synoptischen Wetterkarten wurden 1816 vom deutschen Physiker Heinrich Wilhelm Brandes (1777–1834) gezeichnet. Als Grundlagen verwendete er die von der Societas Meteorologica Palatina (s. S. 69) gesammelten Daten. Die Karten zeigten deutlich die Hoch- und Tiefdruckgebiete über Europa, waren jedoch für die Wettervorhersage wertlos, weil sich die meteorologische Situation schon längst wieder geändert hatte, bis die Daten übermittelt worden waren.

Erst die Entwicklung des Telegrafen durch den amerikanischen Maler und Erfinder Samuel Morse (1791–1872) machte es möglich, die aufgezeichneten Werte schnell unter den Stationen auszutauschen. Auf der Londoner Weltausstellung von 1851 wurden erstmals synoptische Wetterkarten präsentiert.

Ab 1849 richtete die Smithsonian Institution, das Institut für allgemeine Fortbildung, in den USA ein meteorologisches Beobachtungsnetz ein, dessen Stationen durch Telegrafen miteinander verbunden waren. Nachdem die Flotten Frankreichs und Englands während des Krimkriegs 1854 im Schwarzen Meer vor Balaklawa in einen Sturm geraten und zerstört worden waren, beschlossen diese Länder, einen Wetterdienst zu gründen. Preußen hatte bereits kurz nach 1830 ein Wetternetz eingerichtet.

Robert Fitzroy

In Großbritannien war eine Abteilung der Handelskammer für die Meteorologie zuständig. Sie wurde ab 1854 von Admiral Robert Fitzroy (1805–65) geleitet. Er ließ die britischen Schiffe mit einem selbst erfundenen Barometer ausrüsten, synoptische Wetterkarten herstellen und einen

NACH DEN SCHWEREN STÜRMEN *während des Krimkrieges richteten Frankreich und England 1855 eigene meteorologische Beobachtungsnetze ein.*

IMO *hieß die 1873 gegründete Vorläuferin der Weltorganisation für Meteorologie. Das Bild links zeigt die Teilnehmer an der Tagung des Jahres 1879. So sah eine britische Wetterkarte im 19. Jh. aus (unten).*

Sturmwarndienst einrichten. Anfangs war sein Wetterdienst ein großer Erfolg und die Vorhersagen wurden schon bald in den Zeitungen veröffentlicht. Zwangsläufig traten aber auch Fehlprognosen auf und die Wetterkundler wurden in der Öffentlichkeit verhöhnt. Fitzroy litt so sehr unter der Kritik, dass er am 30. April 1865 Selbstmord beging. Von einem weiteren Selbstmord eines Meteorologen aus beruflichen Gründen hat man seither nichts gehört – Kritik gibt es aber nach wie vor genug.

Die IMO

Matthew Fontaine Maury (1806–73), Marineoffizier, Ozeanograph und Vater des US-Wetterdienstes, wertete die Wetterbeobachtungen in Logbüchern aus und zeichnete dann die ersten Klimakarten der Ozeane mit Hinweisen auf die günstigsten Routen. Die Karten waren ein großer Erfolg, da sie die Fahrzeiten erheblich verkürzten. Maurys Institut wurde weltweit bekannt. Es gelang ihm, die Regierungen der USA und Großbritanniens davon zu überzeugen, 1853 einen Kongress der Meteorologen einzuberufen. Daraus ging die IMO hervor, die Internationale Meteorologische Organisation und Vorläuferin der heutigen WMO.

ERFORSCHUNG DER HÖHEREN LUFTSCHICHTEN

Mutige Ballonfahrer haben beim Aufstieg in die höheren Luftschichten immer wieder ihr Leben aufs Spiel gesetzt, sammelten dafür aber auch zahlreiche wertvolle Erkenntnisse über die Temperaturen und Luftströmungen in den oberen Stockwerken der Troposphäre.

Die ersten bemannten Heißluftballons stiegen 1783 in den Himmel über Paris. Zu den Pionieren zählten damals die Brüder Montgolfier, die den Heißluftballon erfanden, und später die Engländer James Glaisher und Robert Coxwell, die zwischen 1862 und 1866 28 Flüge über England unternahmen und dabei Hunderte von meteorologischen Messungen durchführten. Ihr höchster Aufstieg fand im September 1862 statt und hätte sie beinahe das Leben gekostet: In 9 km Höhe verlor Glaisher in der sauerstoffarmen Luft das Bewusstsein, und als sie 11 km Höhe erreicht hatten, gelang es dem völlig erschöpften Coxwell mit letzter Kraft, bevor auch er ohnmächtig wurde, den Ballon wieder zurück zum Erdboden zu dirigieren.

Bald jedoch machten unbemannte Freiballons, die Messinstrumente in die Höhe transportierten, solch riskante Ballonfahrten überflüssig. Der französische Meteorologe Teisserenc de Bort ließ Hunderte von Wetterballons aufsteigen und stieß dabei auf eine unsichtbare Grenze: die Tropopause. Sie leitet mit einem unerwarteten Temperaturanstieg der Luft zur Stratosphäre (s. S. 24) über.

AUF UND DAVON *Die ersten bemannten Ballonflüge wurden 1783 über Paris unternommen.*

Dem Wetter auf der Spur

Mit dem Fortschritt der Technik wuchsen im frühen 20. Jahrhundert auch die Erkenntnisse über die Ursachen des Wetters.

Synoptische Beobachtungen lieferten seit Mitte des 19. Jahrhunderts immer mehr Messdaten. Da auch in Übersee nationale Wetterdienste gegründet wurden, war schon bald die Zeit reif für die erdumspannende Analyse der Wettervorgänge.

Nationale Wetterdienste

In den Jahren 1868 und 1869 tobten schwere Stürme über den Great Lakes im Norden der USA; über 3000 Schiffe sanken oder wurden beschädigt und rund 530 Menschen fielen den Unwettern zum Opfer. Der amerikanische Kongress forderte daraufhin in einer Resolution die Einrichtung eines nationalen Wetterdienstes, der 1870 dann auch seine Arbeit in den USA aufnahm. Die europäischen Länder waren der Neuen Welt in dieser Beziehung um Jahre und Jahrzehnte voraus; in Prag ebenso wie in Stockholm wurden schon seit der Mitte des 18. Jahrhunderts lückenlos Beobachtungen durchgeführt. Im Lauf des 19. Jahrhunderts kamen in den meisten europäischen Ländern Wetterdienste hinzu, so auch in Norwegen, das sich seit der Jahrhundertwende zu einem Zentrum der Wetterforschung entwickelte. Ein hohes Ansehen genießt die norwegische Schule, die nach dem von Vilhelm Bjerknes 1917 in Bergen – einer besonders regenreichen Stadt im norwegischen Fjordland – gegründeten Institut auch als Bergener Schule bekannt ist. Ihr verdanken wir fundamentale wissenschaftliche Erkenntnisse über die Luftmassen, die Fronten und die Entwicklung der Tiefdruckgebiete sowie die Grundlagen der mathematischen Wettervorhersage.

VILHELM BJERKNES *prägte den Begriff Fronten für die Grenzen zwischen warmen und kalten Luftmassen.*

FRANKREICHS WETTERDIENST *blickt auf eine lange Tradition zurück, denn er versorgte bereits 1877 über 1200 ländliche Gemeinden regelmäßig mit Frost- und Sturmwarnungen, die dabei halfen, Missernten vorzubeugen.*

Wetter und Krieg

Bjerknes wählte den kriegerischen Begriff Fronten, weil das Wettergeschehen an den Luftmassengrenzen durchaus mit den Schlachten an den Fronten des Ersten Weltkriegs vergleichbar ist. Während der beiden Weltkriege wurde die meteorologische Forschung nachhaltig gefördert. Die Krieg führenden Staaten hatten erkannt, dass sich das Wetter gerade in den mit modernster Technik ausgetragenen Kriegen als Verbündeter, aber auch als Gegner erweisen konnte. Ohne die exakte Prognose amerikanischer und britischer Meteorologen wäre z. B. die Landung der alliierten Truppen am 6. Juni 1944 in der Normandie bestimmt verlustreicher oder gar ein Fehlschlag gewesen. Die alliierten Wetterdienste entdeckten jedoch innerhalb einer längeren Periode mit stürmischem Wetter für den „längsten Tag“ eine kurze Zeit ruhigen Wetters.

ENTDECKUNGEN IM KRIEG *1944 gerieten die amerikanischen B-29-Bomber (links) in einen bis dahin unbekannten Starkwindgürtel, den Strahlstrom (s. S. 31). Das Radar (unten), im Krieg zur Ortung von Flugzeugen entwickelt, hat die Radarmeteorologie, ein neues Teilgebiet der Meteorologie, entstehen lassen.*

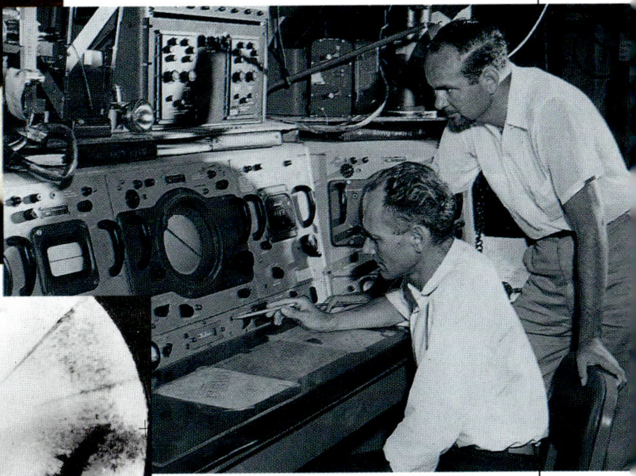

Nichts … wurde so schnell von unseren Bürgern akzeptiert, nichts hat binnen so kurzer Zeit so viele wichtige Ergebnisse erzielt wie der Signal Service (Wetterdienst der USA).

CHARLES PATRICK DALY (1816–99), amerikanischer Autor und Jurist

In den Jahren zwischen den Weltkriegen wurde die Radiosonde entwickelt, ein kleiner gasgefüllter Ballon, der ein Paket von Instrumenten zur Messung von Luftdruck, Temperatur und Feuchtigkeit bis in Höhen zwischen 30 und 50 km trägt und die Messergebnisse beim Aufstieg durch einen Kurzwellensender laufend zu einer Bodenstation übermittelt. Nachdem der Ballon geplatzt ist, fällt das Instrumentenpaket an einem Fallschirm zur Erde.

Der Ballon selbst liefert bei seiner 1- bis 2-stündigen Reise durch die Atmosphäre Hinweise auf Stärke und Richtung der Höhenwinde,

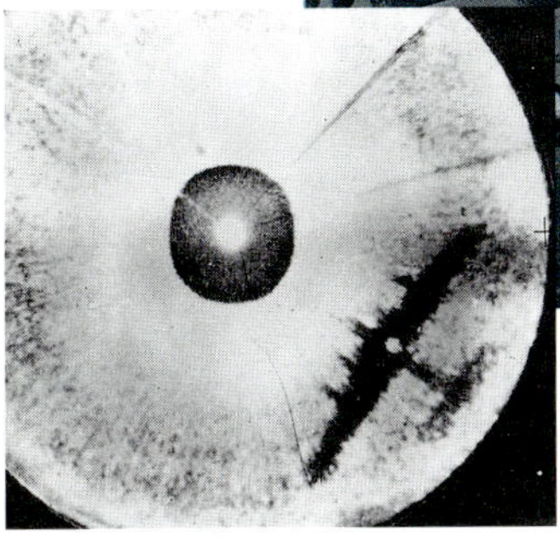

mit denen er durch das Luftmeer driftet. Man peilt den Ballon, an dem ein Reflektor befestigt ist, mit dem so genannten Windradar an und kann seinen Weg bis in große Höhen, weit über den Sichtbereich optischer Systeme hinaus, verfolgen.

Das Radar ist in der Wetterkunde inzwischen zum unentbehrlichen Hilfsmittel geworden, und zwar vor allem bei kurzfristigen Wetterprognosen und der Niederschlagsmessung. Fallende Regentropfen reflektieren die Radarstrahlen und erzeugen so auf den Radarschirmen Bilder der Wolken, an denen man den Weg von Fronten und Wirbelstürmen verfolgen kann.

CARL GUSTAV ROSSBY

Ein Vertreter der norwegischen Schule, Carl Gustav Rossby (1898–1957), gilt als einer der einflussreichsten Meteorologen des 20. Jahrhunderts. Rossby, in Schweden geboren, ging nach dem Studium in Bergen 1926 in die USA und beschäftigte sich dort neben der Entwicklung mathematischer Verfahren zur Wettervorhersage vor allem mit der allgemeinen Zirkulation der Atmosphäre. Schon lange bevor die amerikanischen Bomber im Zweiten Weltkrieg bei Angriffen auf Japan in die Strahlströme über dem Pazifik gerieten, hatte Rossby diese heftigen Luftströme vorhergesagt. Seine wichtigste Entdeckung sind jedoch die Rossby-Wellen, planetarische Wellen, die in der Höhe um den ganzen Erdball laufen.

Zahlen und Raum

Die moderne Technik, vor allem Computer und Wettersatelliten, hat in den letzten Jahrzehnten die Genauigkeit der Wettervorhersagen erheblich verbessert.

Unter numerischer Wettervorhersage (lat. *numerus* = Zahl) versteht man eine Methode, die mithilfe mathematisch-physikalischer Gleichungen und Modelle Wetterprognosen aufstellt. Sie beruht vor allem auf den Ideen des britischen Mathematikers Lewis Fry Richardson (1881–1953), die 1922 erstmals der Fachwelt vorgestellt wurden.

Richardson hatte noch keinen Computer und brauchte deshalb noch viele Monate mühsamer Rechenarbeit, um eine 24-stündige Voraussage zu erstellen. Auch seine Fehlerquote war noch hoch; bei den Luftdruckschwankungen lag seine Prognose um den Faktor 10 bis 100 über den tatsächlich gemessenen Werten, doch die Untersuchungen waren Schritte in die richtige Richtung.

LEWIS FRY RICHARDSON *(rechts) schätzte, dass für regelmäßige numerische Wettervorhersagen ein Heer von rund 64 000 mit Rechenmaschinen bewaffneten Mathematikern notwendig sei. Das Emblem der WMO (links)*

Hilfe vom Chip

Zunächst hatte die regelmäßige numerische Wettervorhersage allerdings noch etliche Hürden zu überwinden. Eine Reihe von Berechnungen musste innerhalb kürzester Zeit durchgeführt werden, die verwendeten Modelle waren nur grobe Abbilder der komplizierten Vorgänge in der Atmosphäre und nicht immer standen ausreichend Daten zur Verfügung. Ein winziger Rechenfehler hätte genügt, um die Wetterprognose in eine völlig andere Richtung zu leiten.

Computer lösten die Rechenprobleme. In den USA wurde 1950 die erste relativ verlässliche numerische Prognose mit dem ENIAC (Electronic Numerical Integrator and Computer) erstellt, einem Rechner der ersten Generation.

Seit April 1955 werden im US-Wetterdienst Computer zur Erstellung von Prognosen eingesetzt. Zunächst waren die so erzielten Wettervorhersagen – wenn überhaupt – kaum besser als die herkömmlichen Prognosen. Mit der Entwicklung einer immer ausgefeilteren Hard- und Software und einer stets wachsenden Datenmenge wurden auch die numerischen Wettervorhersagen präziser.

Wettersatelliten

Nach dem Zweiten Weltkrieg bauten amerikanische Wissenschaftler Kameras in die in Deutschland erbeuteten V2-Raketen ein und erhielten sensationelle Fotos der Erde und ihrer Atmosphäre. Jetzt konnte man z. B. die in den synoptischen Karten mit Linien markierten Tiefdruck-

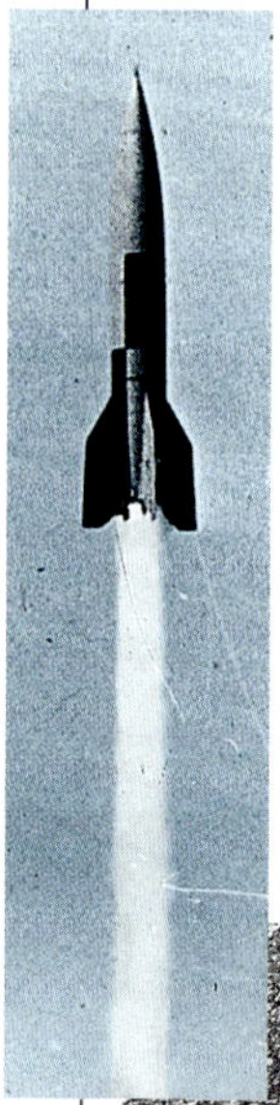

V2-RAKETEN *lieferten die ersten Weltraumbilder der Erde und ihrer Lufthülle.*

wirbel aus dem Weltraum erstmals unverfälscht sehen.

Am 1. April 1960 beförderte eine Rakete vom Typ *TIROS I* den ersten Wettersatelliten in eine polar umlaufende Bahn. Er machte in 78 Tagen rund 23 000 Aufnahmen von der Erde und den Wolkenfeldern – eine meteorologische Fundgrube. Ein *TIROS*-Nachfolger lieferte schon bald darauf den überzeugenden Beweis, dass die kostspieligen Satelliten einen enormen praktischen Nutzen hatten: Im September 1961 entdeckten die Meteorologen auf den Bildern den Hurrikan Carla, der sich vom Karibischen Meer der Golfküste der USA näherte. In einer groß angelegten Evakuierungsaktion brachte man daraufhin über 350 000 Menschen vor dem tropischen Wirbelsturm in Sicherheit.

Die Technik der meteorologischen Satelliten wurde im Lauf der 60er-Jahre ständig verbessert. Mit Infrarotkameras konnten sie bald auch bei Nacht Aufnahmen der Erde machen und seit 1963 werden die Daten direkt an Bodenstationen übertragen. Seit 1966 überwachen geostationäre Satelliten in einer Höhe von 36 000 km über dem Äquator jeweils etwa ein Drittel der Erdoberfläche.

TIROS I, *der erste Wettersatellit, erreichte am 1. April 1960 seine Umlaufbahn.*

WWW – DIE WELTWETTERWACHT

Die Erfolge der Satellitenmeteorologie legten in der ersten Hälfte der 60er-Jahre die Fundamente für das umfangreichste Programm der Weltorganisation für Meteorologie: die Weltwetterwacht, kurz WWW genannt, die nach einem Beschluss der UNO und jahrelangen Planungen 1967 ihre Arbeit aufnahm. Sie versorgt alle Länder der Erde mit dem für Wettervorhersagen, meteorologische Beratung und Forschung notwendigen Datenmaterial.

Ein reger Datenaustausch besteht auch zwischen der WWW und anderen Projekten der Weltorganisation für Meteorologie, etwa dem GARP, dem internationalen Programm zur Erforschung der gesamten Erdatmosphäre, das ebenfalls im Oktober 1967 ins Leben gerufen wurde. In dessen Mittelpunkt steht vor allem das Studium der physikalischen Prozesse in der Troposphäre und der Stratosphäre. Von den in mehreren Teilprogrammen durchgeführten Studien erhofft man sich ein besseres Verständnis der großräumigen Schwankungen in der Atmosphäre und genauere Grundlagen für mittel- und langfristige Wetterprognosen.

DER ENIAC-COMPUTER, *der 1950 die ersten brauchbaren numerischen Wettervorhersagen lieferte, wirkt im Vergleich zur heutigen Computergeneration wie ein Dinosaurier: Er bestand aus rund 18 000 Elektronenröhren, 70 000 Widerständen, 10 000 Kondensatoren und 6000 Schaltern.*

… Wetterfans sind teils Forscher, teils Poeten. Sie empfinden Freude angesichts der unendlichen Formenvielfalt der Wolken und Farben des Himmels – sie genießen die Extreme!

Knowing the Weather,
T. MORRIS LONGSTRETH (1886–1975), amerikanischer Schriftsteller

KAPITEL 4

DAS WETTER VON MORGEN

WETTERDIENSTE

Dienst – das klingt recht altmodisch, doch die Wetterdienste sind in der globalen Zusammenarbeit ausgesprochen fortschrittlich und leisten der Menschheit in der Tat wertvolle Dienste.

In fast allen Ländern der Erde gibt es heute nationale Wetterdienste. Sie haben weltweit im Wesentlichen die gleichen Aufgaben, nämlich die Messung, Registrierung, Verarbeitung und Veröffentlichung von Wetterdaten. Hinzu kommen Schwerpunkte, die auf das Klima des jeweiligen Landes zugeschnitten sind, wie z. B. in den USA die Hurrikanwarnung oder in Australien die mittel- und langfristige Niederschlagsprognose. Die Wetterdienste der größeren Staaten gliedern sich meist in verschiedene Zweige mit speziellen Aufgaben, etwa Agrarmeteorologie oder Seewetterdienst. Neben den staatlichen Diensten arbeiten in einigen Ländern auch private Unternehmen in den Bereichen Wettervorhersage und meteorologische Beratung – ein Beweis, dass eine rege Nachfrage besteht.

COMPUTER, *die riesige Datenmengen verarbeiten können, gehören längst zur technischen Grundausstattung der Wetterdienste, so auch in Japan (oben).*

WETTERBEOBACHTUNGEN *werden heute an den verschiedensten Orten vorgenommen: in der Innenstadt von Melbourne (rechts) oder in den Steppen des australischen Westens (unten); das Emblem der britischen Royal Meteorological Society (links oben)*

Diese Nachfrage muss schnell befriedigt werden – nichts ist für die Öffentlichkeit so uninteressant wie das Wetter von gestern. Ein „guter (schneller) Draht" der Wetterdienste zu den Medien, die meteorologische Informationen verbreiten, ist deshalb sehr wichtig, besonders bei Unwetterwarnungen vor Gewittern, Sturmfluten, Eisregen oder starkem Schneefall. Außer dem allgemeinen Wetterbericht verbreiten Radio- und Fernsehsender sowie die Tageszeitungen mehr oder weniger regelmäßig auch spezielle Wetterberichte für bestimmte Interessentengruppen, z. B. den See-, Reise-, Wintersport- oder Straßenwetterbericht.

GLOBALES WETTER

Das Wetter ist der Kosmopolit unter den Naturphänomenen; es macht nicht an den Staatsgrenzen Halt und die Arbeit der nationalen Wetterdienste ist deshalb ebenfalls grenzübergreifend. Sie erstellen in der Regel zwar nur Prognosen für ihr Land, erhalten dafür aber Informationen aus anderen Ländern und leiten im Gegenzug eigene Resultate an die Wetterdienste anderer Staaten weiter.

Auf europäischer Ebene arbeitet das ECMWF, das Europäische Zentrum für mittelfristige Wettervorhersage, ein von 17 Mitgliedsstaaten getragenes meteorologisches Institut mit Sitz in der Nähe von Reading in Südengland.

NATIONALE WETTERDIENSTE *beobachten die Wettererscheinungen im jeweiligen Staatsgebiet; Schneestürme in den USA (links) oder Monsunregen in Indien (unten)*

Es hat, wie der Name schon sagt, vor allem die Aufgabe, mittelfristige Wettervorhersagen bis zu 10 Tagen zu erstellen und die Vorhersagekarten täglich an die Wetterdienste der Mitgliedsstaaten weiterzuleiten.

Die Weltorganisation für Meteorologie (WMO) ist eine Sonderorganisation im Verband der Vereinten Nationen. Ihr gehören heute über 180 Staaten an. Hauptsitz ist Genf. Im Rahmen der Weltwetterwacht (s. S. 77) unterhält die WMO drei Weltwetterzentralen: in Washington und Moskau für die Nordhalbkugel sowie in Melbourne (Australien) für die Südhalbkugel. Die Weltwetterwacht ist nur eines der Arbeitsgebiete der Organisation, die 1950 ihre Arbeit aufnahm. Andere Bereiche sind die Hydrologie, die Klimatologie oder das Weltklimaprogramm, das sich wiederum in mehrere Teilprogramme (Weltklimadatenprogramm, Weltklimaauswirkungsprogramm u. a.) gliedert und sich in den letzten Jahren verstärkt mit Umweltproblemen beschäftigt. Acht Fachkommissionen behandeln in Zusammenarbeit mit den nationalen Wetterdiensten alle für die Wetter- und Klimakunde wichtigen wissenschaftlichen und technischen Fragen, etwa die Themenkreise Instrumente und Beobachtungsmethoden, Agrarmeteorologie, Atmosphärische Wissenschaften oder Flugmeteorologie.

Die Abkürzungen GOS, GTS und GDPS bezeichnen das umfangreichste und wichtigste Arbeitsfeld der Weltorganisation für Meteorologie. GOS – das globale Beobachtungssystem – besteht aus einer Reihe von Wettersatelliten auf polaren Umlaufbahnen sowie aus insgesamt rund 12 000 Landstationen, über 7000 Schiffen und Bohrinseln, ungefähr 700 Radiosondenstationen (s. S. 100) und zahlreichen Flugzeugen der großen Fluglinien.

NOAA, *die US-Behörde für Ozean- und Atmosphärenforschung, ist in den USA auch für die Wettervorhersagen zuständig; eine NOAA-Meteorologin (unten); das NOAA-Emblem (rechts)*

GTS, das globale Telekommunikationssystem, übermittelt die weltweit gewonnenen Daten zu den drei Weltwetterzentralen, die zum GDPS, dem globalen Datenverarbeitungssystem, gehören. Die Weltwetterzentralen verarbeiten das Datenmaterial zu synoptischen Weltwetterkarten und erstellen globale Prognosen, die alle 6 Stunden an die nationalen Wetterdienste übermittelt werden.

Wie entsteht ein Wetterbericht?

Erst aus der Verarbeitung der Flut von Messdaten ergeben sich die Wetterberichte und Wetterkarten.

METEOROLOGENARBEIT *Eine Karte wird gezeichnet (links oben). Auf dem Wetterschiff* Aurora Australis *wird ein Thermometer abgelesen (oben); Arbeit am Radarschirm (rechts)*

Die Meteorologen wenden bei der Wettervorhersage zwei grundverschiedene Verfahren an: einerseits ausgeklügelte Computermodelle, die eine Vielzahl von Daten berücksichtigen, miteinander verknüpfen und bewerten, und andererseits einfache statistische Methoden, die als Trivialprognosen jedoch auch hervorragende Resultate liefern können. Bei der Niederschlagsprognose wird z. B. oft die so genannte Persistenzprognose (lat. *persistere* = verharren, stehen bleiben) eingesetzt. Sie sagt nichts anderes aus, als dass es morgen genau so viel regnen wird wie heute, dass das Wetter der eigenen „Erhaltungsneigung" folgt und sich grundsätzlich nicht ändern wird. In den mittleren Breitengraden erzielt man auf diese Weise beachtliche Trefferquoten von 60–70 %. Die klimatologische Methode, bei der das Wetter von morgen aufgrund langjähriger Durchschnittswerte vorhergesagt wird, ist ähnlich erfolgreich: Für die meisten Orte in den mittleren Breiten stimmen die Prognosen zu 70 %. Wenn z. B. nach der Klimastatistik im Januar in einer bestimmten Region der Erde durchschnittlich zehn Regentage vorkommen, muss man folglich an jedem dritten Tag mit Regen rechnen.

Faktor Mensch

Trotz Satelliten, Computer und anderer hochmoderner Technik steht immer noch der Mensch im Mittelpunkt der Wetterbeobachtungsnetze. Nur durch die Mitwirkung professioneller Meteorologen und die Unterstützung der zahlreichen ehrenamtlichen Mitarbeiter der Wetterdienste lässt sich so manche zeitintensive Aufgabe der Wetterbeobachtung erfüllen.

WINDMESSUNG *in der Nähe von Dumont d'Urville, der französischen Wetterstation auf dem antarktischen Inlandeis*

Nicht jede Wolke

bringt einen Sturm hervor.

Heinrich VI. (3. Akt)
WILLIAM SHAKESPEARE
(1564–1616),
englischer Dramatiker

WELTRAUMPERSPEKTIVE
Unser Planet aus dem Blickwinkel eines geostationären Satelliten über dem Äquator (links); eine Zyklone über dem Beringmeer (unten)

Wetterbeobachtungen werden nach genauen Regeln und an bestimmten Terminen durchgeführt: alle 6 Stunden zu den Hauptterminen, dazwischen alle 3 Stunden zu den Zwischenterminen, und wenn es erforderlich ist, auch im 1-Stunden-Takt. Eine vollständige Analyse des Wetters berücksichtigt mehrere Dutzend Eigenschaften; zu den wichtigsten Wetterdaten, den Hauptelementen, gehören Luftfeuchtigkeit, Lufttemperatur, Luftdruck, Wind, Bewölkung und Niederschlag.

Die gewonnenen Beobachtungs- und Messwerte werden so schnell wie möglich nach einem international vereinbarten Wetterschlüssel mithilfe von Symbolen dargestellt und von den Stationen in die zuständigen Zentralen übermittelt, wo man sie sammelt und auswertet.

In den Weltwetterzentralen laufen die Daten aus allen Ecken der Welt ein, von den Landstationen, aber auch von Schiffen, Bohrinseln und Flugzeugen; hinzu kommen die Messungen automatischer Wetterstationen in schwer zugänglichen Gegenden unseres Planeten, von Radiosonden, die mit Ballons in große Höhen aufsteigen, und nicht zuletzt den Wettersatelliten, die je nach Typ den Erdball in Höhen zwischen 800 und 1500 km umkreisen oder scheinbar bewegungslos in 36 000 km Höhe über ihm stehen. Eine riesige Datenflut kommt auf diese Weise zusammen; ein einziger Wettersatellit kann pro Tag 150 000 Daten aus dem Weltraum zu den Bodenstationen übermitteln. Dort müssen die aus den verschiedenen Quellen im 3- bis 6-Stunden-Takt einlaufenden Daten gesammelt, auf mögliche Fehler hin überprüft, in ein standardisiertes, computergerechtes Format gebracht und in die Datenverarbeitungsprogramme eingespeist werden. Und der ganze Vorgang muss abgeschlossen sein, bevor die nächste Welle heranrollt. In der Praxis werden über 90 % der Daten in 3–4 Stunden bewältigt. Flüchtigkeitsfehler darf man sich dabei kaum leisten, denn wenn sich im Grundlagenmaterial erst einmal Fehler eingeschlichen haben, sind sie später nur schwer wieder auszumerzen und die Qualität der Prognosen verschlechtert sich.

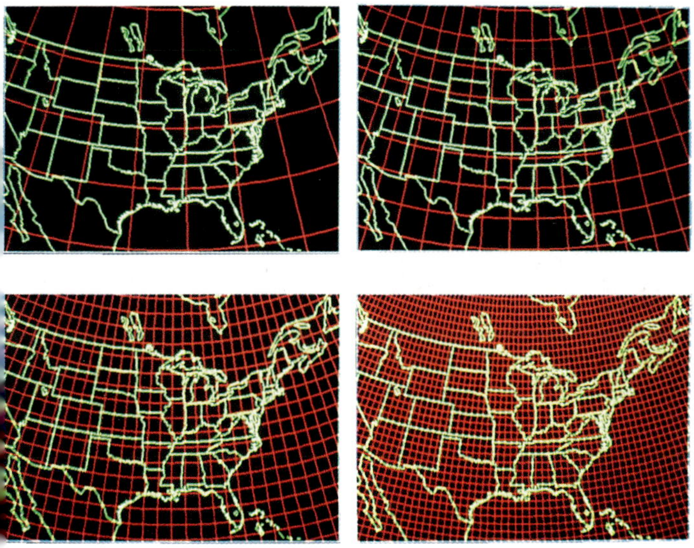

GLOBALE GITTERNETZE *(links) sind Rechengitter, die auf den geographischen Koordinaten aufbauen. Je nach dem Zweck ist die Auflösung gering (z. B. 8°-Gitter für allgemeine Klimamodelle) oder hoch (1°-Gitter für detailliertere Wettervorhersagen).*

WETTERKARTEN *sind für präzise Vorhersagen unerlässlich. Sie werden z. T. von Hand gezeichnet (rechts), meist aber vom Computer erstellt; Prognosenbesprechung beim Wetterdienst von Südaustralien (rechts unten).*

Die Wetterkarte

Die typische Wetterkarte gibt es eigentlich nicht, sondern eine Vielzahl verschiedener Kartentypen. Am bekanntesten sind die Vorhersagekarten und die (synoptischen) Wetterkarten, in denen die Wetterlage in einem größeren Gebiet zu einem bestimmten Zeitpunkt dargestellt ist. Sie waren früher reine Handarbeit, wurden mit der Tuschefeder gezeichnet, werden heute ganz oder zum größten Teil von Computern erstellt. Am Karteninhalt hat sich in den letzten Jahrzehnten jedoch kaum etwas geändert: International verbindliche Wetterkartensymbole – eine Auswahl findet sich auf der rechten Seite sowie im kleinen Kartenausschnitt unten – stellen bestimmte Wettererscheinungen dar. Die Fronten werden durch verschiedene Linien- oder Bandsignaturen wiedergegeben; die Isobaren (Verbindungslinien zwischen Orten gleichen Luftdrucks) zeichnen ein Bild der großräumigen Luftdruckverteilung, wobei geschlossene Isobaren die Kerne von Hochdruckgebieten (gekennzeichnet durch den Buchstaben H) bzw. von Tiefdruckgebieten (T) markieren. Der Abstand der Isobaren ist der Maßstab für das Luftdruckgefälle; mitunter werden Niederschlagsfelder auch mit einem Raster (s. S. 89) dargestellt.

Die Wetterdienste der meisten größeren Staaten veröffentlichen täglich solche Wetterkarten. Sie werden ergänzt durch Messwerte ausgewählter Stationen in Tabellenform, durch Vorhersagekarten für die kommenden Tage, durch Berichte über die Wetterentwicklung und durch Hinweise auf klimatologische Mittelwerte sowie durch Angaben über extreme Witterungsereignisse.

Außer den Bodenwetterkarten, die die Wetterlage in den untersten Schichten der Erdatmosphäre wiedergeben, erstellen die Wetterdienste auch Höhenwetterkarten, d. h. Karten der höheren Luftschichten mit Angaben über Temperatur, Taupunkt und Wind in einzelnen Höhenniveaus. Sie reichen von etwa 1500 m bis zu 10 km und zuweilen bis in 35 km Höhe.

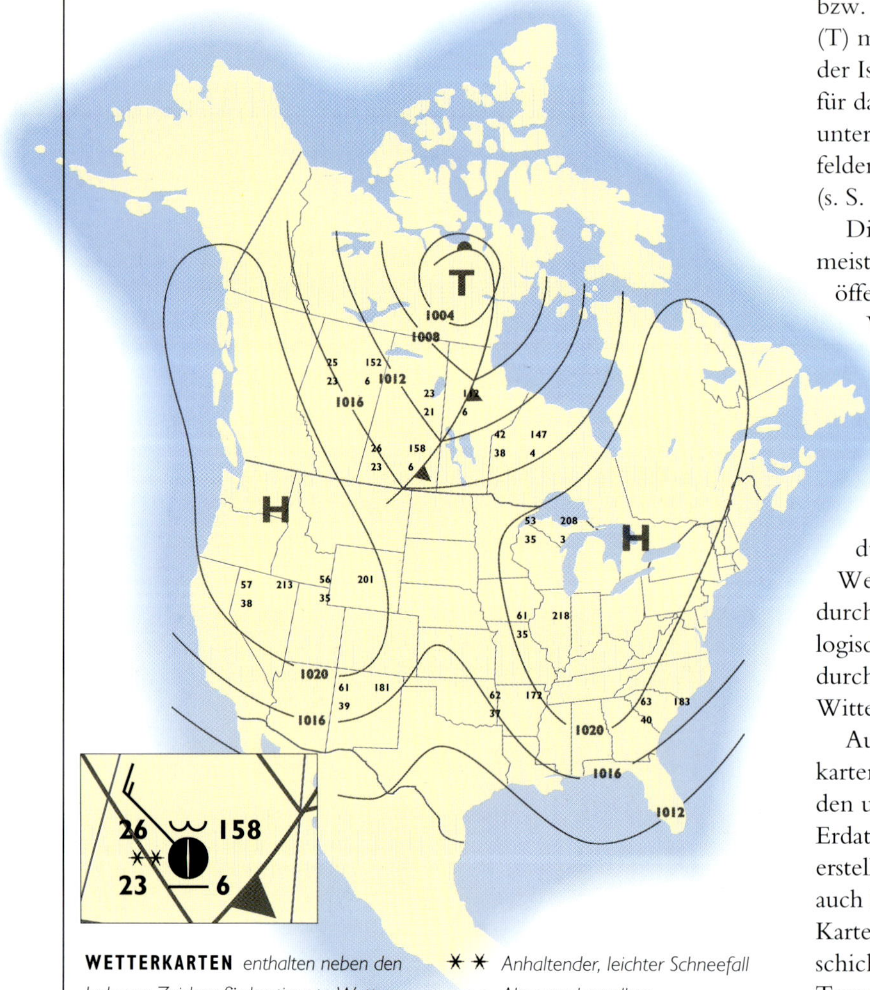

WETTERKARTEN *enthalten neben den Isobaren Zeichen für bestimmte Wettererscheinungen, wie hier in der kleinen Karte für eine kanadische Station:*

- ◐ *Himmel bedeckt*
- *NW-Wind mit 24–33 km/h*
- ✱✱ *Anhaltender, leichter Schneefall*
- ω *Altocumuluswolken*
- —6 *60 % Stratusbewölkung*
- **158** *Luftdruck 1015,8 hPa*
- **23** *Taupunkttemperatur 23 °F*
- **26** *Lufttemperatur 26 °F*

INTERNATIONALE WETTERKARTENSYMBOLE

Gegenwärtiges Wetter

	Leichter Sprühregen
	Anhaltender leichter Sprühregen
	Schauerartiger mäßiger Sprühregen
	Anhaltender mäßiger Sprühregen
	Schauerartiger starker Sprühregen
	Anhaltender starker Sprühregen
	Leichter Regen
	Anhaltender leichter Regen
	Schauerartiger mäßiger Regen
	Anhaltender mäßiger Regen
	Schauerartiger starker Regen
	Anhaltender starker Regen
	Leichter Schneefall
	Anhaltender leichter Schneefall
	Schauerartiger leichter Schneefall
	Anhaltender mäßiger Schneefall
	Schauerartiger starker Schneefall
	Anhaltender starker Schneefall
	Hagel
	Gefrierender Regen
	Rauch
	Tornado
	Staubteufel
	Staubsturm
	Nebel
	Gewitter
	Blitz
	Hurrikan

Himmelsbedeckung

	wolkenlos
	1/8
	2/8
	3/8
	4/8
	5/8
	6/8
	7/8
	bedeckt
	Himmel unsichtbar

Tiefe Wolken

	Stratus
	Stratocumulus
	Cumulus
	Cumulus congestus
	Cumulonimbus calvus
	Cumulonimbus incus

Mittelhohe Wolken

	Altostratus
	Altocumulus
	Altocumulus castellanus

Hohe Wolken

	Cirrus
	Cirrostratus
	Cirrocumulus

Windgeschwindigkeit

	mph	*km/h*
	windstill	
	1–2	1–3
	3–8	4–13
	9–14	14–23
	15–20	24–33
	21–25	34–40
	55–60	89–97
	119–123	192–198

Die Verbreitung der Wetterinformationen

Umfragen beweisen es: Der Wetterbericht ist für viele de interessanteste Teil der Nachrichtensendungen.

Wetterdienste verbreiten ihre Prognosen auf vielen Wegen: allgemeine Vorhersagen für die breite Öffentlichkeit durch die Medien, spezielle Prognosen für bestimmte, besonders stark vom Wetter abhängige bzw. am Wetter interessierte Wirtschaftszweige und Gruppen durch eigene Beratungsdienste und Publikationen.

Wettermedien

Fernsehen, Rundfunk und Presse sind mittlerweile schon fast klassische Wege der Verbreitung von Informationen über das Wetter. Eine Nachrichtensendung ohne den abschließenden Wetterbericht, eine Tageszeitung ohne eine kleine übersichtliche Vorhersagekarte wären unvorstellbar. Vor allem die Fernsehgesellschaften haben das Wetter als ein Thema entdeckt, das ohne größere Kosten hohe Einschaltquoten garantiert, ein Thema, das zwar nicht immer erfreulich, aber doch für viele Zuschauer interessanter und wichtiger als die Nachrichten aus Politik und Wirtschaft ist.

Wetterberatung

Jeder, der beruflich oder privat mehr über das Wetter erfahren möchte, hat die Möglichkeit, sich an die staatlichen Wetterdienste zu wenden oder den Service von Privatunternehmen in

Anspruch zu nehmen; man kann die gewünschten Informationen per Telefon, Telefax oder im Internet abrufen: der Spediteur, der eine frostempfindliche Ware transportieren möchte, der Landwirt, der sich für die Verdunstungswerte interessiert, der Segelflieger, der wissen möchte, ob er seinen Sport am Wochenende ausüben kann, oder die Urlauberin, für die das Wette am Urlaubsort interessant ist. Allein in Deutschland gibt es im Internet für den Bereich Reisewetter etwa ein Dutzend Adressen, bei denen man sich über das Wetter auf Teneriffa, Tahiti oder an der Riviera informieren kann.

Erwähnenswert ist auch der Bereich Wetter und Gesundheit, auf dem die Wetterdienst Beratungs- und Aufklärungsarbeit leisten. Dies beginnt bei der Pollenflugvorhersage und der Beratung von Klinike und Ärzten vor schwierigen Operationen und reicht bis zum umfassenden bioklimatischen Gutachten.

WETTERVORHERSAGEN *sind in allen Zeitungen (ganz oben); in den USA gibt es einen Fernsehkanal, der täglich rund um die Uhr über das Wetter berichtet (oben). Wettermoderatoren wie Willard Scott vom NBC (rechts) sind bekannter als manche Filmstars.*

UNWETTERWARNUNGEN *gehören zu den wichtigsten Aufgaben der Wetterdienste: Warnungen vor Gewittern, Starkregen mit Überschwemmungen (rechts), Eisregen oder Waldbränden (unten) können Wetterschäden mit Verletzten und Todesopfern verhindern.*

Manche Wirtschaftszweige benötigen ständig detaillierte Informationen über das Wetter, etwa die Luftfahrt oder die Seeschifffahrt, für die innerhalb der Wetterdienste besondere Abteilungen wie der Flugwetterdienst oder der Seewetterdienst eingerichtet wurden. Sie geben spezielle Wetterberichte heraus, führen ihre eigene Klimastatistik, beraten die Fluggesellschaften und Piloten über Start- und Landewetterbedingungen, über die Wetterlage und -entwicklung auf der Flugstrecke, unterhalten an den größeren Flughäfen meteorologische Stationen. Die Seewetterwarten holen Wetterdaten über den Meeren ein und warnen die Schiffe vor Sturm, Nebel und Vereisung.

WETTERWARNUNGEN

Andere Bevölkerungsgruppen brauchen nicht laufend Informationen, sondern nur dann, wenn bestimmte Grenzwerte des Wetters voraussichtlich überschritten werden oder mit einer bestimmten Wettererscheinung zu rechnen ist. Der Wetterwarndienst informiert z. B. über Winde ab einer gewissen Stärke, über Nebel mit bestimmten Sichtweiten, Gewitter, Frost, Schneefall, Lawinengefahr, Starkregen oder Wetterlagen mit geringem Luftmassenaustausch, bei denen es zur Smogbildung kommen kann.

Im Bereich der Unwetterprognose und -warnung wurden in den letzten Jahren beachtliche Fortschritte erzielt. In Mitteleuropa sind solche Warnungen im Rundfunk glücklicherweise nur recht selten zu hören; am häufigsten sind sie noch an der Nordseeküste, wo das Seewetteramt Hamburg gemeinsam mit dem Deutschen Hydrographischen Institut für die Sturmflutwarnung zuständig ist. Andere Kontinente leiden dagegen viel stärker unter extremen Wetterereignissen, etwa Nordamerika, wo ein eigener Hurrikanwarndienst die Entwicklung der tropischen Wirbelstürme über dem Atlantik und dem Karibischen Meer sorgfältig verfolgt und durch rechtzeitige Warnungen die Evakuierung der gefährdeten Landstriche veranlassen kann. Tornados – recht kleinräumige Wetterphänomene – schlüpfen dagegen oft durch die Beobachtungsnetze der Wetterwarndienste und treffen die Menschen deshalb unvorbereitet, fast so wie der berühmt-berüchtigte Blitz aus heiterem Himmel. Doch auch Tornados kündigen sich an und ein prüfender Blick zum Himmel kann in der Tornadosaison nicht falsch sein.

ROTE FLAGGEN *warnen in Florida vor einem heranziehenden Hurrikan (rechts). Tornados, die solche Trümmerfelder (rechts außen) hinterlassen, sind aber kaum berechen- und vorhersehbar.*

FUNDGRUBE WETTERKARTE

Die Wetterkarte ist kein Buch mit sieben Siegeln – man muss nur ihre Elemente deuten können.

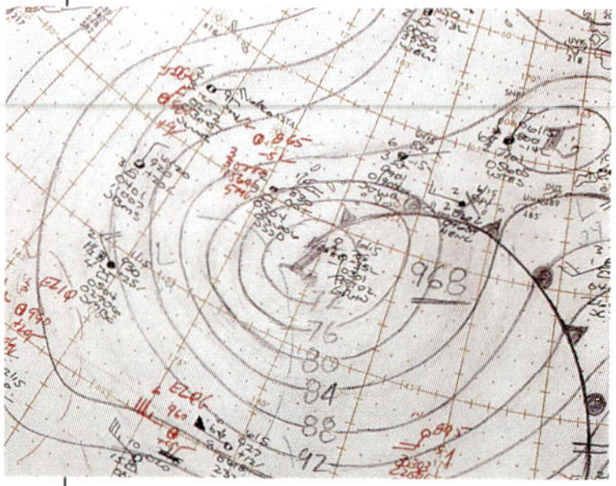

Der Inhalt der synoptischen Wetterkarten ist bereits besprochen worden (s. S. 84), in diesem Kapitel geht es jetzt darum, was man aus den Karten ablesen kann. Wer meteorologische Grundkenntnisse besitzt, wird erstaunt sein, wie gut ihm das gelingt.

Besonders aufschlussreich ist das Bild der großräumigen Luftdruckverteilung, das durch Isobaren und Zahlenangaben für die gemessenen Luftdruckwerte (in Hektopascal = hPa) dargestellt wird. Die Linien zeichnen ähnlich wie die Höhenlinien in einer topografischen Karte ein Relief mit Kuppen und Rücken, den Hochdruckgebieten, sowie mit Mulden und geschlossenen Senken, den Tiefdruckgebieten. Wie das Wasser auf der Erdoberfläche fließen die Luftmassen stets mit dem Gefälle von den Kuppen und Rücken zu den Mulden und Senken. Und wie das Wasser von einem steilen Hang schneller abfließt als von einem flachen, sind die Luftströmungen bei einem starken Luftdruckgefälle kräftiger als bei einem geringen. Man erkennt das Gefälle am Abstand (gleichwertiger) Isobaren: Je enger der Abstand der Linien ist, umso größer ist das Luftdruckgefälle und umso stärker ist normalerweise auch der Luftmassenstrom von den Hochs zu den Tiefs.

HOCHS UND TIEFS *Auf der handgezeichneten Karte (links oben) erkennt man ein Tief; Smog (oben) ist meist mit Hochdruckwetterlagen verbunden.*

Die Luftmassen fließen jedoch nur selten auf dem kürzesten Weg, also auf einer Linie, die die Isobaren etwa im rechten Winkel schneidet, direkt von den Hoch- zu den Tiefdruckgebieten. Die Corioliskraft (s. S. 31) lenkt die Strömungen so stark ab, dass die Luftmassen einen Weg nehmen, der die Isobaren im spitzen Winkel schneidet und die Druckgebilde spiralförmig umrundet. Wegen der Ablenkung nach rechts strömen die Luftmassen auf der Nordhalbkugel grundsätzlich im Uhrzeigersinn aus den Hochs aus

DIE WETTERKARTEN *in Tageszeitungen (rechts) sind meist stark vereinfacht und enthalten keine Isobaren, dafür jedoch Frontensymbole, z. B. für eine Kaltfront (oben).*

WETTERKARTEN UND SATELLITENBILDER

Synoptische Wetterkarten und Satellitenbilder ergänzen sich ideal: Auf den Bildern sind die Wolkenfelder klar zu erkennen, während die Karten Informationen über die Luftdruckverteilung, die Luftmassengrenzen, Winde und Herkunftsgebiete der Luftmassen enthalten, meist ergänzt durch konkrete Angaben zur Wetterlage an bestimmten Orten (s. S. 84). Sowohl Satellitenbilder als auch Karten werden regelmäßig veröffentlicht oder man kann sie im Internet aufrufen. In der Kombination liefern sie ein anschauliches Bild der jeweiligen Wettersituation.

Die rechts oben im Satellitenbild und darunter in der Karte dargestellte Wetterlage kommt zum Glück nicht allzu häufig vor. Im März 1993 zog ein Supertief von Florida entlang der Ostküste der USA nach Norden. Dieses war am Freitag, dem 12. März, als normale Zyklone über dem Golf von Mexiko entstanden, hatte sich dann jedoch auf dem Weg nach Nordosten in den darauf folgenden 24 Stunden zu einem Tief mit einem Kerndruck von weniger als 970 hPa entwickelt.

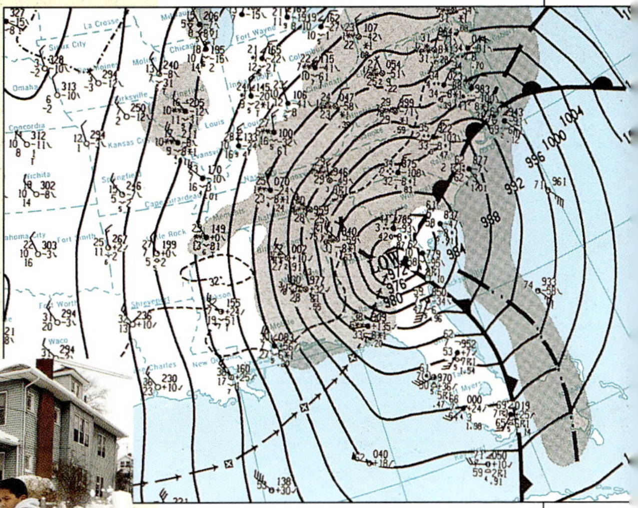

An der Westseite des Tiefs strömte mit nördlichen bis nordöstlichen Winden arktische Kaltluft weit nach Süden und schob sich an der Kaltfront (Linie mit schwarzen Dreiecken) und einer vorauseilenden Böenlinie (gestrichelte Linie) im Warmsektor des Tiefs unter und über die feuchtwarmen subtropischen Luftmassen. Es entstand so eine äußerst brisante Mischung, die zu heftigen Gewittern, Tornados und sintflutartigen Regengüssen an der Ostflanke über Florida führte. An der Westflanke im Bereich der arktischen Kaltluft ging der Niederschlag größtenteils als Schnee nieder, etwa in Birmingham, Alabama (rechts), wo in kurzer Zeit 325 mm fielen.

und entgegen dem Uhrzeigersinn in die Tiefs ein. Im Überblick ergibt sich dadurch ein Strömungsverlauf, der einem großen Fragezeichen gleicht. Auf der Südhalbkugel, wo die Strömungen nach links abgelenkt werden, hat der Strömungsverlauf vom Hoch ins Tief dagegen die Form eines großen S. An der Luftdruckverteilung auf der Karte und an dem Luftdruckgefälle kann man daher schon die ungefähre Windrichtung und die Windstärke ablesen.

Daraus ergeben sich je nach Lage der Hoch- und Tiefdruckgebiete wiederum häufig Hinweise auf die Temperaturen, die Luftfeuchtigkeit und den Niederschlag. Bei Tiefdruckgebieten, die sich vom Atlantik her vom Westen Mitteleuropa nähern, strömen z. B. an der Vorderseite feuchtwarme Luftmassen aus Südwesten quer über Europa hinweg. Sie bringen im Winter mildes Tauwetter, oft auch Regen und Nebel, während nach dem Durchzug des Tiefs auf der Rückseite der Wind auf Nordwesten bis Nordosten dreht und in Begleitung von Schneeschauern, mitunter auch Gewittern, einen Schwall kalter Polarluft nach Mitteleuropa führt. Dies ist übrigens der Grund, warum an den Flanken eines Hochdruckgebietes mit dem Kern über Mitteleuropa oft grundverschiedenes Wetter herrscht: Bei südlichen Winden ist es im Westen sehr warm und im Osten, wo Nordwinde vorherrschen, ist es dagegen kalt.

Wetterkunde für Hobbymeteorologen

Wetter gibt es überall – und wer es beobachten will, kann damit schon vor der eigenen Haustür beginnen.

Hobbymeteorologen können von den Fachleuten viel lernen und sich mit den gleichen oder ähnlichen Geräten ausrüsten, die in den Wetterwarten verwendet werden (s. S. 96–99). Sie können auch professionelle Methoden der Wettervorhersage anwenden; dazu werden Wetterkarten und Satellitenbilder (gegen Gebühr) frei Haus geliefert. Doch am besten beginnt er wie einst die Wetterschamanen, indem er einfach zum Himmel schaut und beobachtet, was sich dort tut.

Wetterzeichen

In unseren Breiten sieht man am Himmel fast immer Wolken der unterschiedlichsten Formen und Farben (s. S. 188 bis 217), die häufigsten und verlässlichsten Wetterboten. Sie sind gewissermaßen das kleine Einmaleins der Wettervorhersage, das auch durch aufwendige Messungen nicht zu ersetzen ist.

Dunkle, dräuende Wolkengebirge kündigen z. B. heftige Regen- oder Schneeschauer an, oft begleitet von Gewittern, während umgekehrt weiße oder hellgraue Wolken, die sich auflösen und wie Butter in der Sonne dahinschmelzen, Zeichen einer Wetterberuhigung sind.

Je nach Höhenlage unterscheidet man vier Wolkenfamilien (s. S. 44): hohe Wolken, mittelhohe, tiefe sowie jene, die oft vom untersten bis zum höchsten Wolkenstockwerk reichen. Hohe und mittelhohe Wolken, wie der Cirrus oder Altocumulus, eilen meist den Schlechtwetterfronten in einiger Entfernung voraus und kündigen Regen oder Schnee in den nächsten 24–48 Stunden an.

DRACHENFLIEGER *(oben) brauchen Grundkenntnisse in Wetterkunde zum Überleben; viele andere Sportarten sind zumindest wetterabhängig.*

WOLKIGE WETTERBOTEN *Altocumuluswolken (oben) kündigen oft eine Wetterverschlechterung an; der Cumulus congestus (rechts) bringt gleich Regen.*

NAH UND FERN *Eisblumen auf einer Fensterscheibe (unten) oder ein Wolken-Boden-Blitz (ganz unten) – das Wetter bietet täglich neue Fotomotive.*

WETTERFOTOGRAFIE

Wetterphänomene sind meist sehr vergängliche, kurzfristige Erscheinungen; daher bleibt dem Fotografen nicht viel Zeit und die Kamera sollte immer schussbereit sein.

Es gibt im Wesentlichen zwei Gruppen von Wetterphänomenen, die interessante Motive bieten: die am Himmel, wie Wolkenformationen, Dämmerungserscheinungen, Regenbogen, Halos und andere optische Phänomene, und solche auf der Erde, wie z. B. Reif und Raureif, Schneekristalle und Tauperlen. Die einen sind groß und fern, die anderen dagegen klein und nah. Der Wetterfotograf sollte für beide Fälle gerüstet sein.

Eine Kleinbild-Spiegelreflexkamera mit einem Zoomobjektiv im Brennweitenbereich zwischen 28 und 80 mm ist die Grundausstattung, die man nach und nach um ein Telezoom (möglichst bis 300 mm) sowie um ein Makroobjektiv (50 mm) erweitern kann. Skylight-Filter, die den Blaustich verhindern, ein Polarisationsfilter, der die Farben kräftiger und brillanter macht, sowie ein leichtes, aber standfestes Stativ sollten in keiner Fotoausrüstung fehlen. Als Filmmaterial für den Wetterfotografen eignen sich vor allem Diafilme mit geringer Empfindlichkeit (50 ASA/18 DIN oder 100 ASA/21 DIN), allerdings nur solche, welche die Farben möglichst naturgetreu wiedergeben. Bei Filmen, die vor allem für Porträtaufnahmen verwendet werden und daher auf die Hauttöne abgestimmt sind, treten oft störende gelbliche oder rötliche Farbabweichungen auf.

Tiefe Cumuluswolken sind zweideutig: der *Cumulus humilis*, die typische Schönwetterwolke, ist ein Zeichen für beständiges, sonniges Wetter; dagegen kann sich der hoch aufgetürmte *Cumulus congestus* in kürzester Zeit zur Gewitter- und Schauerwolke mit Starkregen, Hagelschlag, heftigen Sturmböen, Blitz und Donner entwickeln.

In den mittleren Breitengraden der Erde wehen die Winde meist von Westen her, doch bei ruhigen Hochdruckwetterlagen können innerhalb des Westwindgürtels lokale Winde auftreten, die von der großräumigen Zirkulation unabhängig sind, beispielsweise der Berg- bzw. Talwind im Gebirge oder der Land- bzw. Seewind an der Küste (s. S. 32). Eine große Gewitterwolke saugt die Luftmassen aus weitem Umkreis an und erzeugt so eine Luftströmung, die zum Kern der Gewitterzelle gerichtet ist. In welche Richtung sich das Gewitter auch verlagert: Es zieht immer gegen den Wind.

HALOS *(rechts) fotografiert man am besten in der Weitwinkelstellung des Zoomobjektivs (35 mm und kürzer).*

Die Beobachtung der Wolken und Winde wird noch aufschlussreicher, wenn man gleichzeitig die Luftdruckschwankungen mit einem Barometer (s. S. 96) verfolgt. Fallender Luftdruck in Verbindung mit hohen und mittelhohen, aus westlichen Richtungen heranziehenden Wolkenfeldern sind z. B. in unseren Regionen fast immer Anzeichen für eine Wetterverschlechterung.

Wer täglich den Himmel aufmerksam beobachtet, wird bald auch seltene Wetterphänomene entdecken: Kränze (s. S. 258), irisierende Wolken (s. S. 259), Nebensonnen (s. S. 261) und vielleicht kann man einmal sogar den rätselhaften Grünen Strahl (s. S. 264) erhaschen oder den Mondregenbogen sehen.

Zeichen der Natur lesen

Das Wetter beeinflusst das Verhalten der Tiere ebenso wie das Wachstum der Pflanzen. Deshalb können Flora und Fauna brauchbare Hinweise auf die Wetterentwicklung geben.

Pflanzen und Tiere reagieren auf Wetteränderungen oftmals schon lange, bevor Menschen sie wahrnehmen. Ob man aus ihren Reaktionen Wettervorhersagen ableiten kann, ist fraglich, doch bei der synoptischen Beobachtung von Wetter, Pflanzen- und Tierwelt entdeckt man eine Reihe von Beziehungen zwischen Wetter und belebter Natur.

Bauernregeln

Der Volksglaube deutet das Verhalten der Tiere häufig als Wetterzeichen und besonders als Hinweis auf eine Wetterverschlechterung. In der Tat reagieren viele Tierarten auf die Änderungen von Luftdruck und Luftfeuchte im Vorfeld einer Schlechtwetterfront: Stechende Insekten werden angriffslustiger, Bienen kehren zu ihren Stöcken zurück, Vögel und Fledermäuse fliegen dichter am Erdboden, Frösche quaken häufiger und der Wetterfisch, ein kleiner Süßwasserfisch, wird unruhig, weil er die Luftdruckschwankungen in seiner Schwimmblase spürt.

Fliegen die Schwalben dicht am Erdboden, dann regnet es bald; jagen sie dagegen ihre Insekten in höheren Luftschichten, dann bleibt das Wetter schön – sagt man bei uns, in anderen Ländern lautet die Regel jedoch genau umgekehrt.

Auch Spinnen gelten allerorten als Wetterpropheten: Wenn sie ihre Netze spinnen, bleibt das Wetter schön; sitzen sie aber mürrisch und untätig herum, dann ist mit Regen zu rechnen. Zumindest für Starkregen ergäbe die Regel einen Sinn, denn schwere Regentropfen würden das mühsam gesponnene Netz zerstören. Andererseits sollen aber gerade die unruhigen Spinnen den Wetterumschlag ankündigen – die gleichen Verhaltensweisen werden also entgegengesetzt gedeutet, so wie man will.

VOLKSTÜMLICHE WETTERPROGNOSEN *enthalten oft ein Körnchen Wahrheit: Kiefernzapfen (links) öffnen und schließen sich mit wechselnder Feuchtigkeit; Kühe (unten) liegen nicht gern im nassen Gras, legen sich also schon vor dem Regen hin und Spinnen (rechts) wissen genau, dass starker Regen ihr Netz zerstören würde.*

WENN DAS MURMELTIER *am 2. Februar mittags seinen Schatten sieht, werden die sechs folgenden Wochen kalt – so will es der Volksglaube in den USA..*

FRÜHLINGSBLÜTEN

Phänologie ist die Lehre vom Einfluss des Wetters und Klimas auf den jahreszeitlichen Entwicklungsgang und die Wachstumsphasen der Pflanzen und Tiere. Der schwedische Naturforscher Carl von Linné (1707–78) schuf ihre wissenschaftlichen Grundlagen und führte zwischen 1750 und 1752 phänologische Beobachtungen durch. Sie betreffen leicht und eindeutig feststellbare Phasen im Lebensablauf verbreiteter Wild- und Kulturpflanzen, wie Blühbeginn, Laubentfaltung, Fruchtreife und Blattfall.

Bereits einige Jahre vor Linné hatte die Familie Marsham in der englischen Grafschaft Norfolk begonnen, die Wachstumsphasen der Pflanzen zu beobachten und darüber Buch zu führen. Über sechs Generationen hinweg, von 1736 bis 1947, hielten die Marshams ihre Beobachtungen in phänologischen Tagebüchern fest, notierten den Blühbeginn von vier Wildblumen und die Laubentfaltung von über einem Dutzend Gehölzarten, dazu zehn weitere Phasen von Vögeln, Schmetterlingen und Fröschen. Diese Daten geben Auskunft über die Klimaschwankungen des 18.–20. Jahrhunderts.

DAS SCHNEEGLÖCKCHEN *(rechts), ein typischer Frühblüher, gehört zu den Wildpflanzen, die bei phänologischen Studien in Mitteleuropa berücksichtigt werden.*

Mehr Wahrheit scheinen die Wetterregeln zu besitzen, in deren Mittelpunkt Pflanzen stehen. Ein Beispiel ist der Wetterstern, ein Pilz, dessen sternartig gespaltene Fruchtkörperhülle sich bei feuchtem Wetter nach außen biegt und bei Trockenheit wieder schützend über das Innere legt. Und die Zapfen von Nadelbäumen öffnen und schließen sich je nach dem Wasserdampfgehalt der Luft, ebenso die Hüllblätter der Wetterdistel. In England gilt der Ackergauchheil, ein Primelgewächs, als „Wetterbarometer des kleinen Mannes", weil sich die Blüten bei hoher Luftfeuchtigkeit (und damit Regenwahrscheinlichkeit) schließen, doch die Blüten sind ohnehin täglich nur ein paar Stunden geöffnet.

MIT DEM HÜTTENSÄNGER *kommt in Nordamerika der Frühling.*

Esche nach Eiche:

Es reicht nur für die Bleiche;

Eiche nach Esche:

Da gibt's die große Wäsche!

Englisches Sprichwort

DIE JAHRESZEITEN

In den mittleren und höheren Breiten der Erde gehört zum Frühling die Rückkehr der Zugvögel. Wenn sich die Schwärme über den abgeernteten Feldern einfinden, weiß man, dass der Sommer schon vorüber ist, und wenn die Schneegänse mit wehmütigem Geschrei nach Süden ziehen, dann steht der Winter vor der Tür. Vor allem die gefiederten Frühlingsboten werden sehnsüchtig erwartet; in Nordamerika sind es Rotkehlchen und der Blaukehlhüttensänger, eine schöne Drossel, bei uns wiederum die Weißstörche und die Schwalben. Doch „eine Schwalbe macht noch keinen Sommer", und wie sich das Wetter nach ihrer Ankunft entwickelt, verrät sie uns auch nicht.

IN NEBELSCHWADEN *beträgt die relative Luftfeuchtigkeit 100%, in feuchtem Dunst 80–100%.*

Die eigene Wetterwarte

Mit Beharrlichkeit, ein paar einfachen Instrumenten und meteorologischen Verfahren kann man sich ein eigenes Bild vom heimischen Wetter und Klima machen.

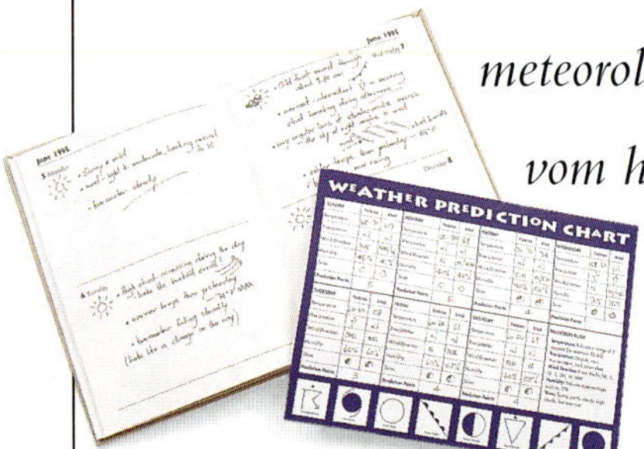

Die Wetterbeobachtung vor der eigenen Haustür, auf dem Balkon oder im Garten ist ein Zeit raubendes und auch nicht ganz billiges Hobby. Deshalb sollte man sich zunächst die Frage stellen, wozu und wie ernsthaft die Wetterbeobachtung betrieben werden soll: nur als interessanter Zeitvertreib oder vielleicht mit dem praktischen Ziel, Wetter- und Klimadaten für die Arbeit im Garten zu gewinnen. Einschlägige Kataloge bieten die verschiedensten meteorologischen Instrumente an, vom Regenmesser für ein paar Mark bis zur vollelektronischen Wetterstation für ein paar Tausend

BEAUFORTSKALA				
Grad	**mph**	**km/h**	**Bezeichnung**	**Auswirkungen im Binnenland**
0	< 1	< 1	Still	Rauch steigt senkrecht empor
1	2–3	1–5	Leiser Zug	Rauch zeigt Windrichtung an
2	4–7	6–11	Leichte Brise	Blätter säuseln; Windfahnen bewegen sich
3	8–12	12–19	Schwache Brise	Blätter und Zweige bewegen sich
4	13–18	20–29	Mäßige Brise	Blätter und Zweige dauernd bewegt
5	19–24	30–38	Frische Brise	Kleine Laubbäume schwanken
6	25–31	39–51	Starker Wind	Starke Äste bewegen sich
7	32–38	51–61	Steifer Wind	Ganze Bäume in Bewegung
8	39–46	62–74	Stürmischer Wind	Zweige brechen von Bäumen ab
9	47–54	75–86	Sturm	Kleinere Schäden an Häusern
10	55–63	87–101	Schwerer Sturm	Bäume werden entwurzelt
11	64–74	102–120	Orkanartiger S.	Verbreitete Sturmschäden
12	über 74	über 120	Orkan	Schwerste Verwüstungen

Mark. Man sollte überlegen, ob eine komplette Ausrüstung nötig ist, ob nicht die wichtigsten Instrumente genügen oder ob man nur Beobachtungen ohne Instrumente durchführen will. Der Bedeckungsgrad des Himmels (der Anteil, der mit Wolken bedeckt ist) wird z. B. geschätzt, ebenso wie die Windstärke nach der Beaufortskala. Oft lohnt die Anschaffung teurer Instrumente schon deshalb nicht, weil in den meisten Wohngebieten geeignete Standorte für die Geräte fehlen; z. B. kann der Mindestabstand zu anderen Gebäuden oft nicht eingehalten werden, was die Messungen verfälschen und nicht vergleichbar machen würde.

INSTRUMENTE *(links) sollten mindestens zweimal täglich zu festen Uhrzeiten (z. B. um 7 und um 14 Uhr) abgelesen und die gemessenen Werte in Klimatagebüchern (oben) notiert werden.*

Die Buchführung

Die meisten nationalen Wetterdienste verwenden einheitliche Formblätter, in denen die täglichen Beobachtungen wie im Klimatagebuch des Deutschen Wetterdienstes festgehalten werden. Auf den Doppelseiten stehen links jeweils die Messwerte von Luftdruck, Lufttemperatur, Luftfeuchte, täglicher Niederschlagshöhe (gegebenenfalls die Höhe der Schneedecke), auf der rechten Seite die Anmerkungen über Wind, Bewölkung, Sichtweite, Son-

EXTREME WETTEREREIGNISSE, *wie schwerer Hagelschlag (unten), sind erwähnenswert; genauso wichtig ist jedoch das alltägliche Wetter.*

nenscheindauer und besondere Wettererscheinungen.

Anders als berufsmäßige Wetterforscher kann sich ein Amateur mit weniger Daten begnügen und auch bei der Einhaltung der Messzeiten etwas nachlässiger sein. Er sollte aber die Phänomene genau beobachten und sie mit eigenen Worten beschreiben, z. B. die Entwicklung der Wolken beim Durchzug einer Front, den Lebenslauf einer Gewitterwolke, das Wachstum der Pflanzen und die Verhaltensweisen von Tieren, die mit dem Wetter zusammenhängen könnten.

Ein Bild sagt bekanntlich mehr als tausend Worte und schon eine Skizze der Himmelsansicht oder ein Foto, das man ins Klimatagebuch klebt, macht die Beobachtungen viel anschaulicher.

WETTERBEOBACHTER AUS LEIDENSCHAFT

Häufiger als in den meisten anderen Zweigen der Naturwissenschaft trifft man in der Wetter- und Klimakunde auf ehrenamtliche Mitarbeiter, die nur aus Interesse an der Sache Daten sammeln und diese den amtlichen Wetterdiensten als willkommene Ergänzung des eigenen Datenmaterials zur Verfügung stellen. Nur mit ihrer Hilfe können z. B. phänologische Beobachtungen (s. S. 93) flächendeckend durchgeführt werden. Im australischen Bundesstaat New South Wales widmet sich eine Familie schon seit über 130 Jahren der Wetterbeobachtung, vor allem der Niederschlagsmessung. Tony Garnock (rechts) führt die Tradition weiter, denn er misst seit nunmehr 50 Jahren täglich um 9 Uhr morgens den Niederschlag und übermittelt die Werte an die Zentrale des australischen Wetterdienstes in Melbourne.

DIE EIGENE PROGNOSE

Obwohl die Wetterdienste die Öffentlichkeit mit immer zutreffenderen Prognosen versorgen, gibt es für den Amateur durchaus Nischen, in denen er sinnvolle Arbeit leisten kann: beispielsweise bei der Kürzestfristprognose, der Vorhersage für kurze Zeiträume bis zu 12 Stunden, in gebirgigen Gegenden, in denen die Wetterverhältnisse erfahrungsgemäß rasch wechseln können oder bei bestimmten Böden. So ist z. B. die Frostgefahr in Moorgebieten mit nassen, „kalten" Torfböden wesentlich größer als in Gegenden mit mineralischen Böden. Nachtfrost und Reifglätte können dort auch in Nächten auftreten, in denen andernorts die Lufttemperatur weit über dem Gefrierpunkt bleibt.

Gerade die kürzestfristigen und kleinsträumigen Prognosen setzen jedoch neben dem geschulten Auge und einer langjährigen Erfahrung solide theoretische Kenntnisse in der Wetter- und Klimakunde voraus. Man sollte sie sich nicht anlesen, sondern stets im Zusammenhang mit einer konkreten Wetterbeobachtung aneignen. Wenn z. B. zwei Nebensonnen am Himmel auftauchen, dann gibt das *Illustrierte Wetterlexikon* auf Seite 261 Auskunft über deren Entstehung; und wer sich noch tiefer in die Thematik einarbeiten möchte, findet im Literaturverzeichnis weitere interessante Titel zu den einzelnen Themen. Immer auf dem neuesten Stand der Wetterentwicklung ist man bei den verschiedenen Adressen im Internet.

COMPUTER *gehören inzwischen zur Ausrüstung eifriger Hobbymeteorologen. Spezialprogramme speichern Messergebnisse, zeichnen Diagramme und bieten über Internet Zugang zu einer unüberschaubaren Fülle von Daten.*

AUF GRAD UND MILLIMETER

Mineralien kann man sammeln, Tiere fotografieren und Pflanzen pressen. Das Wetter kann man nur beschreiben und einige seiner Eigenschaften messen.

BAROMETER *Ein Aneroidbarometer aus dem 18. Jahrhundert (links); modernes Quecksilberbarometer (unten)*

Um das Wetter zu verstehen und vorherzusagen, muss man die physikalischen Eigenschaften der Atmosphäre kennen. Dazu gehören in erster Linie die Lufttemperatur, der Luftdruck, die Windgeschwindigkeit, die relative Luftfeuchtigkeit und die Bewölkung. Außerdem sind die Sichtweite und die Niederschlagsmengen wichtig. Diese Wetterelemente kann man mit einer Vielzahl von Instrumenten messen, vom simplen, selbst gebastelten Regenmesser bis zum Wettersatelliten.

Bei der Einrichtung einer eigenen Wetterwarte genügen zunächst ein paar Instrumente, etwa ein Aneroidbarometer, ein einfaches Maximum-Minimum-Thermometer und ein Regenmesser. Auf dieser bescheidenen Grundlage kann man das Instrumentarium nach und nach bis zur kompletten computergesteuerten Wetterstation ausbauen, die das gesamte Spektrum der Wetterelemente registriert.

LUFTDRUCK

Luftdruckschwankungen kündigen oft den Wetterwechsel an (s. S. 26). Der Luftdruck fällt z. B. rasch, wenn sich ein Tiefdruckgebiet nähert, das Regen bringen könnte. Ein Aneroidbarometer ist der gebräuchlichste Luftdruckmesser und gehört daher zur Grundausstattung jeder Wetterwarte.

Aneroidbarometer werden auch als Dosenbarometer bezeichnet, weil sie im Kern aus einem dosenförmigen Gefäß bestehen, aus dem die Luft teilweise herausgepumpt wurde. Wenn der Luftdruck steigt, wird dieses Gefäß zusammengedrückt, wenn er fällt, bläht es sich wieder auf. Diese Formveränderungen der Dose werden durch ein Hebelwerk auf einen Zeiger übertragen. Bei den meisten Barometern zeigt die Zeigerspitze den momentanen Luftdruck auf einer Skala an, bei Barographen (Luftdruckschreibern) befindet sich an der Zeigerspitze ein Schreibstift, der die Luftdruckschwankungen auf einer durch ein Uhrwerk bewegten Schreibtrommel in Form einer Kurve aufzeichnet.

Barometer sollten vor krassen Temperaturschwankungen geschützt und deshalb am besten in geschlossenen Räumen aufgestellt werden. Hitze und Kälte könnten sonst die Messergebnisse verfälschen.

Da der an einem Ort gemessene Luftdruck nicht nur von den Wetterverhältnissen, sondern auch von der Höhe des Ortes abhängt (s. S. 26), müssen die Werte reduziert,

ERDBODENTHERMOMETER *messen die Temperaturen in unterschiedlichen Bodentiefen; das Erdbodenminimum wird in 5 cm Höhe über dem Boden bestimmt.*

TEMPERATURUMRECHNUNG

Von Celsius in Fahrenheit: °F = (1,8 × °C) + 32
Von Fahrenheit in Celsius: °C = 0,56 × (°F – 32)

WETTERGENIE *heißt diese elektronische Wetterstation im Taschenformat. Sie registriert u. a. Temperatur, Druck, Feuchte und Windgeschwindigkeit.*

d. h. auf ein einheitliches Niveau – meist der mittlere Meeresspiegel – umgerechnet werden. Nur so kann man die in verschiedenen Höhen gemessenen Luftdruckwerte miteinander vergleichen.

Als Einheit des Luftdrucks gilt heute nach internationaler Vereinbarung das Hektopascal (abgekürzt: hPa); ältere Einheiten sind Millibar, Torr oder Millimeter Quecksilbersäule. Moderne Präzisionsbarometer messen den Luftdruck mit einer Genauigkeit von 0,1 hPa.

TEMPERATUR

Es gibt über ein halbes Dutzend verschiedene Methoden, die Lufttemperatur zu messen. Das gebräuchlichste Prinzip beruht auf der temperaturabhängigen Ausdehnung bzw. Schrumpfung einer Flüssigkeit – meist Quecksilber oder Alkohol. Maximum-Minimum-Thermometer halten mit kleinen Metallstiften die täglichen Extremwerte der Lufttemperatur fest. Eine durchgehende Temperaturkurve zeichnen die Thermographen (Temperaturschreiber) auf. Als Messinstrument dient hier ein Bimetallthermometer, also ein Streifen aus zwei verschiedenen Metallarten, die eine unterschiedliche temperaturabhängige Längenausdehnung besitzen

DIE THERMOMETERHÜTTE

Wenn im Wetterbericht Werte der zu erwartenden Lufttemperaturen genannt werden, dann sind immer die Temperaturen im Schatten gemeint. Im Licht der Mittagssonne steigen die Temperaturen allerdings auf weit höhere Werte, dunkle Gesteine oder die Asphaltdecke von Straßen können sich dabei ohne weiteres auf mehr als 50 °C erhitzen und zusätzlich Wärme abstrahlen. Die dort gemessenen Lufttemperaturen sind von den lokalen Verhältnissen abhängig und für den großräumigen Vergleich nicht geeignet.

Um vergleichbare Werte zu erhalten, müssen die Temperaturmessungen unter vergleichbaren, national und international einheitlichen Bedingungen durchgeführt werden, d. h. in einem meist weiß gestrichenen Holzkasten, der die Thermometer vor der direkten Sonnenstrahlung abschirmt und als Thermometerhütte oder Wetterhütte bezeichnet wird. Dieser Kasten besitzt Doppeljalousien als Seitenwände, um eine gute Durchlüftung zu gewährleisten, und ist mit einem zwei- bzw. dreifachen Hüttendach und -boden ausgestattet, die die Wärmestrahlung abhalten.

In der Thermometerhütte befinden sich – mit den Messfühlern in 2 m Höhe über dem Erdboden – normalerweise folgende Messinstrumente: ein Maximum- bzw. Minimumthermometer, ein feuchtes und ein trockenes Thermometer und meist auch ein Barometer.

und den Streifen auf diese Weise je nach der Außentemperatur mehr oder weniger stark verformen (biegen). Ähnlich wie beim Aneroidbarometer werden hier die Formveränderungen über ein Hebelwerk auf einen Zeiger übertragen.

Die Lufttemperatur wird grundsätzlich im Schatten gemessen, um den Einfluss der Sonnenstrahlung auszuschalten. Man sollte Thermometer daher an einem Ort installieren, der dauernd im Schatten liegt, oder sie noch besser in einer Thermometerhütte (s. oben) in ausreichendem Abstand von Gebäuden unterbringen. Moderne elektronische Thermometer übermitteln die Daten drahtlos an den Computer.

EIN THERMOGRAPH *(unten) dient zur laufenden selbsttätigen Registrierung der Lufttemperatur, so wie der Barograph den Druck aufzeichnet.*

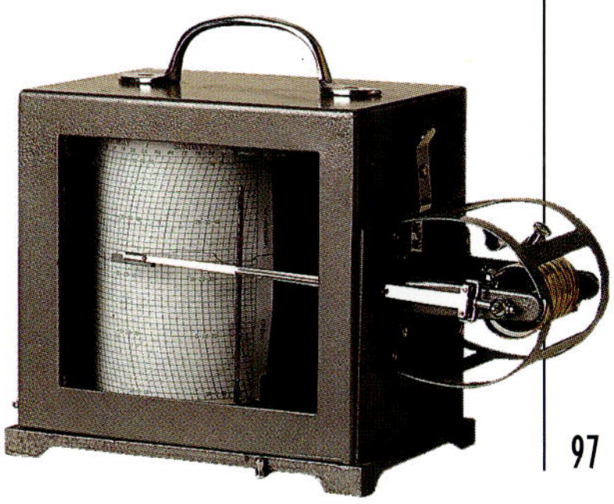

Regen und Schnee

Als Niederschlagsmesser genügt im Prinzip ein einfacher Plastikmessbecher, wie man ihn im Haushalt benutzt. Die Wassersäule, die sich nach einem Regentag darin angesammelt hat, wird meist als Niederschlagshöhe in Millimetern angegeben. Dabei entspricht 1 mm einer Flüssigkeitsmenge von 1 l auf 1 m^2 Bodenfläche. Bei Niederschlägen in fester Form (Schnee, Graupel, Hagel) gilt als Niederschlagshöhe die Wasserhöhe des geschmolzenen Niederschlags.

Ganz so unproblematisch und einfach ist die Niederschlagsmessung wiederum nicht. Aus verschiedenen Gründen treten Fehler auf, die sich im Lauf des Jahres auf 5–15 % summieren können. Die Ursachen dafür sind die Verdunstung des gefallenen Niederschlags an der Auffangöffnung des Messgeräts bzw. der Einfluss des Windes in der unmittelbaren Umgebung des Niederschlagsmessers, vor allem bei Schneefall. Zusätzliche Fehler treten wegen benachbarter Häuser, Bäume und anderer Hindernisse auf, die je nach Windstärke und -richtung einen mehr oder weniger weiten Regenschatten werfen. Für praktische Zwecke reicht die Genauigkeit der Niederschlagsmessung allerdings aus.

NIEDERSCHLAGSMESSER *haben meist eine trichterförmige Einlauföffnung, die die Verdunstungsverluste verringert; Niederschlagsschreiber (unten)*

Der Wind

Die Windgeschwindigkeit wird gewöhnlich mit einem Schalenkreuzanemometer (griech. *ánemos* = Wind) gemessen: ein drei- oder vierarmiger Stern mit halbkugelförmigen Schalen an den Spitzen, der auf einer senkrechten Drehachse montiert ist und durch den Wind zum Drehen gebracht wird. Aus der Anzahl der Drehungen pro Minute oder Sekunde kann man die Windgeschwindigkeit berechnen; entsprechend geeichte Geräte zeigen die Geschwindigkeit direkt in m/s oder in km/h an. An der Ausrichtung der Windfahnen und Windsäcke ist die Windrichtung zu erkennen – wobei man darunter die Richtung versteht, aus welcher der Wind weht. In Bodennähe wechseln Windrichtung und -geschwindigkeit wegen der Verwirbelung an der Erdoberfläche rasch, in den Stationen der amtlichen Wetterdienste sind daher die Windmesser in mindestens 6 m Höhe installiert.

EIN SONNENSCHEINAUTOGRAPH *wird im Norden Australiens abgelesen.*

WINDRICHTUNGEN *sind an Wetterfahnen (links) und Windsäcken (unten) zu erkennen. Ein prall gefüllter Windsack zeigt zugleich starken Wind an.*

Sonnenscheindauer und Bewölkung

Das Messgerät zur Registrierung der Sonnenscheindauer heißt Sonnenscheinautograph oder Heliometer. Er besteht aus einer Glaskugel, die wie ein Brennglas wirkt und eine Spur in einen auf einer Kugelschale angebrachten Kartonstreifen einbrennt. An der Länge der Brennspuren kann man die Sonnenscheindauer in den einzelnen Tagesstunden erkennen.

Der Bedeckungsgrad oder Bewölkungsgrad ist der Anteil des Himmels, der mit Wolken bedeckt ist. Er wird vom Erdboden aus in Achteln (oder Zehnteln) geschätzt. Exaktere Zahlen ermittelt man aus Satellitenfotos.

Luftfeuchtigkeit

Für die genaue Bestimmung der Luftfeuchtigkeit wird das Psychrometer verwendet. Es besteht aus einem trockenen und einem feuchten Thermometer, dessen Thermometergefäß von einem wassergetränkten Gazeläppchen umhüllt und durch einen kleinen Ventilator einem beständigen Luftstrom ausgesetzt ist. Mit der Wasserverdunstung wird diesem Gefäß Wärme entzogen und die Feuchttemperatur sinkt deshalb unter die Trockentemperatur. Der Unterschied zwischen beiden Werten ist ein Maß für die relative Luftfeuchte: Je kleiner der Unterschied, desto feuchter ist die Luft, weil in feuchter Luft nur wenig Wasser verdunstet und die Wärmeverluste entsprechend gering sind. Umgekehrt deutet eine große Temperaturdifferenz auf geringe Luftfeuchtigkeit hin, und falls Trockentemperatur und Feuchttemperatur gleich sind, verdunstet vom feuchten Thermometer überhaupt kein Wasser, weil die Luft mit Wasserdampf gesättigt ist und die relative Luftfeuchtigkeit folglich 100 % beträgt. Die Feuchtewerte können mit einer Formel anhand der bekannten Daten berechnet oder – bequemer – aus Psychrometertafeln entnommen werden.

Hygrometer und Hygrographen, Feuchtigkeitsmesser und -schreiber sind einfacher aufgebaut, haben dafür ihre Schwächen bei Messungen in wasserdampfarmer und kühler Luft. Die Geräte, die auf dem Prinzip beruhen, dass sich das menschliche Haar bei Feuchtigkeitsaufnahme ausdehnt und bei Feuchtigkeitsentzug verkürzt, müssen regelmäßig in eine Atmosphäre mit 100 % Luftfeuchtigkeit gebracht und so geeicht werden. Man kann dazu auf den nächsten Tag mit dichtem Nebel warten; den gleichen Effekt hat freilich auch ein feuchtes Tuch, in das die Feuchtemesser gehüllt werden.

WINDGESCHWINDIGKEITEN *werden gewöhnlich mit Schalenkreuzanemometern gemessen, dazu gehören auch die einfachen Handanemometer (oben). Hygrographen (rechts) zeichnen die Schwankungen der relativen Luftfeuchtigkeit selbsttätig auf.*

Elektronische Geräte

Die Meteorologie erlebt seit etwa einem halben Jahrhundert eine technische Revolution, die an die Pionierzeit der Wetter- und Klimakunde im 16. und 17. Jahrhundert erinnert.

Viele meteorologische Instrumente, die wir heute benutzen, funktionieren nach physikalischen Gesetzmäßigkeiten, die seit Jahrhunderten bekannt sind. Das Quecksilberbarometer z. B. hat sich seit Torricellis Zeiten (s. S. 67) im Prinzip nicht verändert. Eine wirklich neue Ära der Wetterkunde begann erst in den 50er- und 60er-Jahren dieses Jahrhunderts mit der Wetterbeobachtung aus dem All und der Entwicklung leistungsfähiger Datenverarbeitungsanlagen, die die Fülle der gelieferten Daten bewältigen konnten.

Elektronische Sensoren messen Temperatur, Druck und andere Wetterelemente heute mit der gleichen Genauigkeit wie die altbewährten Instrumente, jedoch vollautomatisch inmitten der Ozeane, in Eiswüsten und Hochgebirgen, fernab von den Siedlungen der Menschen, wo das Netz der Beobachtungsstationen bislang nur sehr weitmaschig war.

Radar und Regen

Das Radar, das erstmals im Zweiten Weltkrieg eingesetzt wurde, erfüllt heute friedliche Zwecke. Es dient der Niederschlagsmessung und Beobachtung von Wettererscheinungen, die mit Niederschlag verknüpft sind, wie Durchzug von Schlechtwetterfronten, von Gewittern und Niederschlägen im Stau der Gebirgskämme.

FERNERKUNDUNG *Die Wettersatelliten der 1977 begonnenen Serie* METEOSAT *(oben) liefern nicht nur Aufnahmen im Halbstundentakt, sondern dienen auch als Zwischenstationen für die Datenübertragung von irdischen Wetterwarten (unten) zu den Zentralen.*

RADIOSONDENBALLONS *(rechts) haben einen Durchmesser von etwa 2 m und tragen ihre Instrumentenfracht mitunter in Höhen von 30–50 km.*

WELTRAUMBILDER DER ERDE *sind nicht nur schön und wissenschaftlich interessant, sie können auch Menschenleben retten – wie bei der Überwachung des Hurrikans Camille im Sommer 1969 (rechts). Der Satellit ERS-1 (unten) beobachtet außerdem auch die Umwelt.*

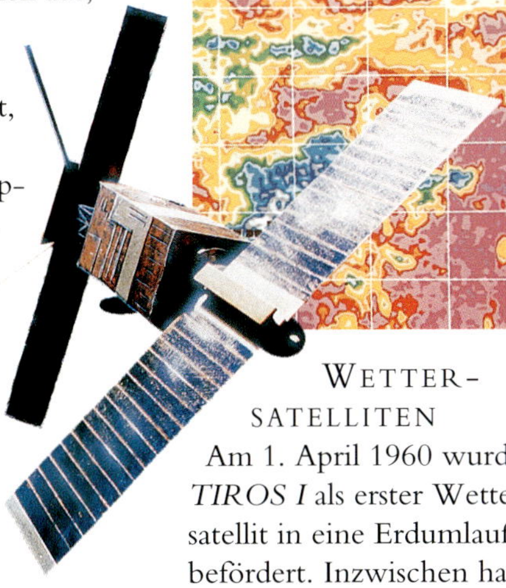

Radarstationen senden elektromagnetische Wellen aus, die von Hindernissen mehr oder weniger stark reflektiert, dann von derselben Antenne wieder empfangen und auf dem Radarschirm sichtbar gemacht werden. Zu den Hindernissen, die die Wellen zurückwerfen, gehören auch die Regentropfen. Der Anteil der reflektierten Strahlung ist ein Maß für die Stärke der Niederschläge und ergibt (nach Eichung mit Messwerten ausgewählter Niederschlagsmessstellen) ein Bild der Niederschlagsverteilung.

Das Dopplerradar bietet erstmals die Möglichkeit, aus sicherem Abstand Einblick in die turbulenten Vorgänge innerhalb einer Gewitterwolke oder eines Wirbelsturms zu nehmen.

WETTERSATELLITEN

Am 1. April 1960 wurde *TIROS I* als erster Wettersatellit in eine Erdumlaufbahn befördert. Inzwischen hat er zahlreiche Nachfolger, die die Atmosphäre ständig mit den verschiedensten Geräten überwachen. Die Satelliten der ersten Generation lieferten nur Aufnahmen im Wellenlängenbereich des sichtbaren Lichts; neuere Satelliten sind dagegen mit hoch auflösenden Strahlungsmessgeräten und Sendern ausgestattet, die die Erde Tag und Nacht abtasten, Temperaturen in der Troposphäre messen und durch dicke Wolkenschichten hindurch das Meereis auf den Ozeanen, den Schnee auf dem Festland, Größenveränderungen der Inlandeise, Verlauf und Stärke von Meeresströmungen, die Wellenhöhen, Wasserdampfgehalte, Windgeschwindigkeit und vieles andere mehr erkennen können. Diese wichtigen neuen Erkenntnisse geben u. a. auch Aufschluss über das Ausmaß der Erwärmung der Erdatmosphäre sowie über eine drohende Klimakatastrophe (s. S. 126).

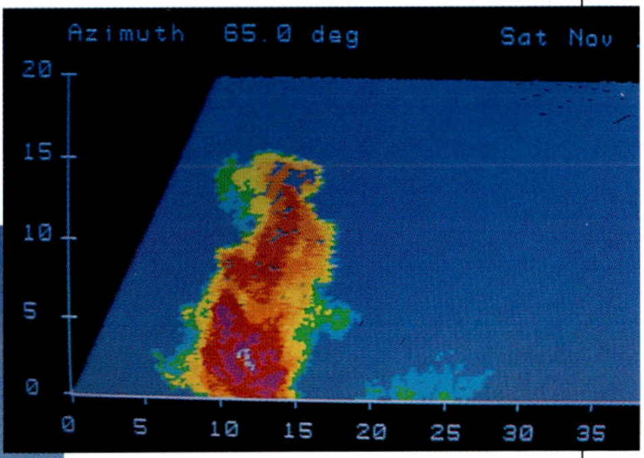

DEM STURM AUF DER SPUR *Wetterradarstationen (links) verfolgen den Kurs und die Entwicklung von Tornados und Gewitterzellen (oben) in den unteren Schichten der Erdatmosphäre. Mit Ballons, deren Aufstieg und Abdrift von Radargeräten verfolgt werden, kann man auch die Höhenwinde untersuchen.*

Langfristige Prognosen

In allen Einzelheiten wird man das Wetter wohl nie langfristig vorhersagen können, doch Abweichungen vom „normalen“ Wetter kündigen sich mitunter bereits Wochen vorher an.

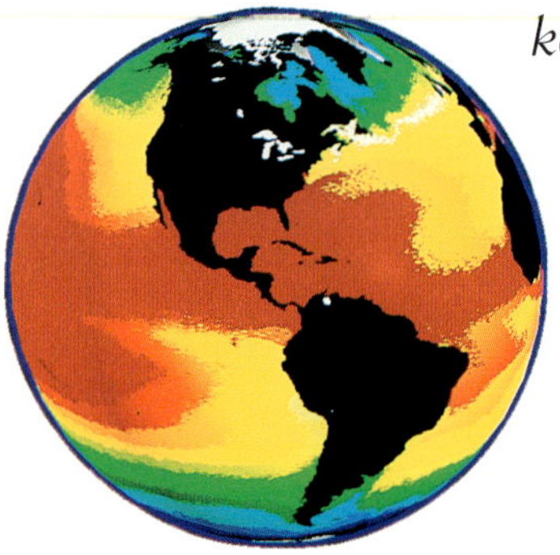

KLIMASCHWANKUNGEN *spiegeln sich nicht nur in den Oberflächentemperaturen der Weltmeere (links) wider, sondern auch in der Eisbedeckung (rechts) der Arktis und Antarktis.*

Es wäre wohl zu schön, wenn man schon frühzeitig erfahren könnte, wie das Wetter im nächsten Sommer wird, um danach Urlaubszeit und -ziel zu planen. Außerdem blieben der Landwirtschaft und anderen Wirtschaftszweigen immense Kosten erspart, wenn Kältewellen oder Dürreperioden langfristig vorhersehbar wären.

Das „Gedächtnis“ des Wetters

Langfristige Wetterprognosen waren wohl schon immer ein Wunschtraum der Menschheit. Seit rund 300 Jahren gibt es z. B. den *Hundertjährigen Kalender,* aufgestellt vom Abt eines Klosters im Frankenland. Die darin enthaltenen Prognosen können einfach nicht zutreffen, weil sie das Wetter von außerirdischen Einflüssen abhängig machen. Sinnvoller ist es, auf unserem Planeten nach Vorzeichen zu suchen. Nach den vorliegenden Statistiken können vor allem zwei Phänomene Aufschluss über die Wetterentwicklung in den nächsten Monaten oder Jahren geben: die Oberflächentemperaturen der Weltmeere (abgekürzt: SST) und die Bereiche, die auf der Nord- und Südhalbkugel der Erde mit Meereis bedeckt sind. Beide Faktoren ändern sich nur allmählich in größeren Zeiträumen, sind gewissermaßen das „Langzeitgedächtnis“ des Wetters und haben einen entsprechend langen Einfluss, der zuweilen über Jahre hinweg spürbar ist.

El Niño

Schwankungen der Oberflächentemperaturen im tropischen Pazifik wirken sich offenbar rund um den Erdball auf das Wetter aus. Zu den bekanntesten Beispielen gehört El Niño (das Christkind), eine warme Meeresströmung, die in unregelmäßigen Abständen um die Weihnachts-

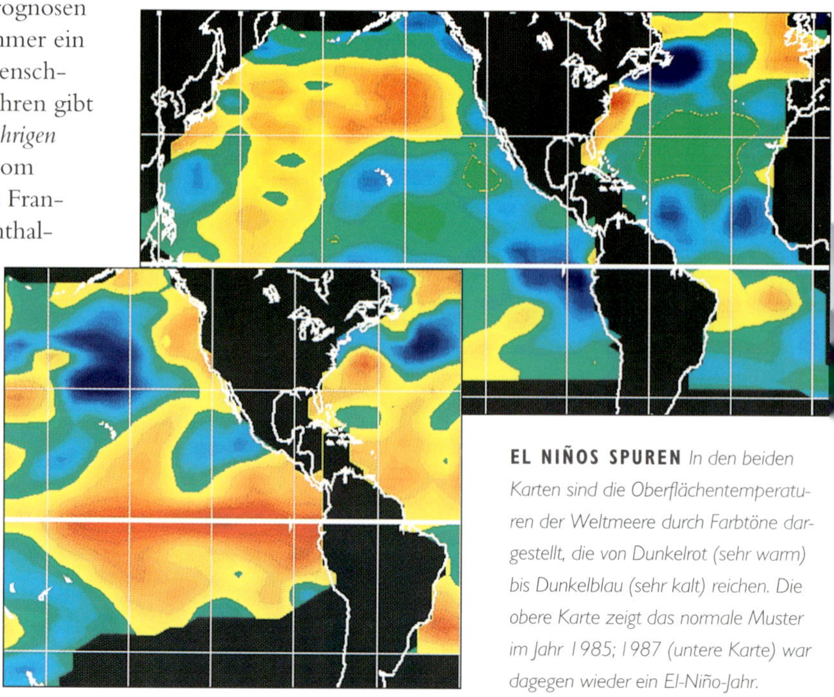

EL NIÑOS SPUREN *In den beiden Karten sind die Oberflächentemperaturen der Weltmeere durch Farbtöne dargestellt, die von Dunkelrot (sehr warm) bis Dunkelblau (sehr kalt) reichen. Die obere Karte zeigt das normale Muster im Jahr 1985; 1987 (untere Karte) war dagegen wieder ein El-Niño-Jahr.*

zeit (daher der Name) den nährstoffreichen Humboldtstrom vor der Westküste Südamerikas verdrängt. Das etwa 28 °C warme, nährstoffarme Wasser schiebt sich über den rund 20 °C kühlen Strom. Dadurch gehen die Fischereierträge plötzlich auf Null zurück, es kommt zum Massensterben der Seevögel in den betroffenen Gebieten, über dem warmen Wasser wird die Schichtung der Atmosphäre labiler, sintflutartige Regenfälle gehen nieder, verbunden mit schwerem Hochwasser. So gab es 1982/83, in einem besonders schlimmen El-Niño-Jahr, auf der Galápagosinsel Santa Cruz, die sonst 460 mm Jahresniederschlag verzeichnet, mindestens 3225 mm.

Das El-Niño-Phänomen tritt alle 2–7 Jahre auf und kann 3–4 Jahre andauern. Ursache ist eine Veränderung des großräumigen Luftdruckfeldes über dem Pazifik, die sich in einer Art Kettenreaktion auf die atmosphärische Zirkulation, von dort weiter auf die Meeresströmungen und die Wassertemperaturen in den obersten Schichten des Ozeans auswirkt. Die Folgen sind nicht nur in Peru und Ecuador, sondern auch in Mittelamerika und Australien zu spüren, wo in diesen Jahren weniger Niederschlag

HOCHWASSER UND DÜRRE *In den Jahren, in denen sich der Einfluss des El Niño bemerkbar macht, kommt es in Südamerika oft zu Überschwemmungen (oben), während der Osten Australiens (rechts) von Dürrezeiten heimgesucht wird.*

fällt. Möglicherweise wirkt sich El Niño bis in die mittleren und höheren Breiten der Nordhalbkugel nach Nordamerika und Nordwesteuropa aus, indem er ungewöhnlich strenge Winter bzw. überdurchschnittlich hohe Niederschläge im Winterhalbjahr hervorruft.

Globale Prognosen

Der Anstieg der Wassertemperaturen vor der Westküste Südamerikas um fast 10 °C ist ein Alarmsignal, das auch in anderen Regionen der Erde ungewöhnliches Wetter erwarten lässt. Schon jetzt werden auf der Grundlage der SSTs von Peru bis Südafrika langfristige Prognosen erstellt und den Bauern wird empfohlen, welche Feldfrüchte sie am besten in den Regenzeiten anbauen. In außertropischen Zonen sind Vorhersagen, die vom El Niño ausgehen, weniger zuverlässig. Vor allem die Prognosen für Frühjahr und Herbst sind praktisch wertlos, jene für Sommer und Winter bewahrheiten sich dagegen häufiger. Offenbar machen sich aber Einflüsse ferner Zonen in den meist turbulenten Übergangszeiten nicht bemerkbar.

LANGFRISTPROGNOSEN *auf der Grundlage des El-Niño-Phänomens sind für die Tropen (links) recht zuverlässig, nicht aber für die Regionen der höheren Breiten (unten).*

ENDE DES FORTSCHRITTS?

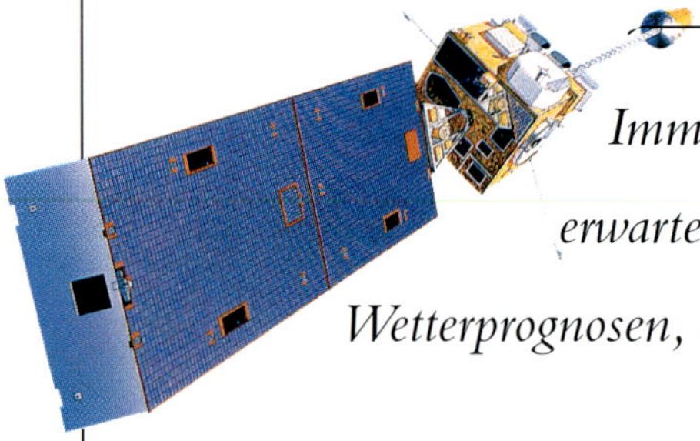

Immer genauer, immer schneller – die Menschheit erwartet vom technischen Fortschritt auch immer exaktere Wetterprognosen, doch diese stoßen wohl bald an ihre Grenzen.

Wetterberichte werden zwar allgemein mit großem Interesse, aber zugleich mit einer gehörigen Portion Skepsis aufgenommen. Dabei hat sich die Qualität der Prognosen in den beiden letzten Jahrzehnten dank der Wettersatelliten und der immer leistungsfähigeren elektronischen Datenverarbeitungsanlagen erheblich verbessert. Heute kann man für durchschnittlich 6 Tage im Voraus brauchbare Vorhersagen machen. Anfang der 70er-Jahre war die Gültigkeitsdauer noch halb so lang.

GOES-SATELLITEN *(oben) zählen zum Überwachungssystem der Weltwetterwacht. Sie sind geostationär, stehen in großer Höhe über dem Äquator an einem festen Punkt und sind für den Umwelteinsatz ausgerüstet. Die ersten Satelliten dieses Systems wurden 1975 gestartet.*

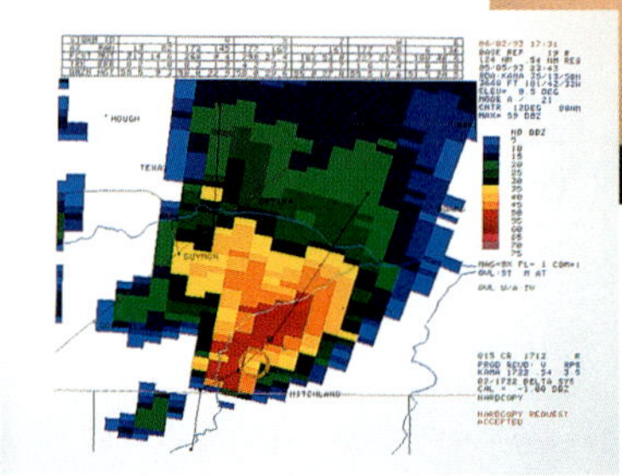

TORNADOS *(oben) lassen sich mit dem Doppler-Radar orten; ihr Kurs auf der Karte (links) kann in roten Farben markiert werden.*

RADAR UND SATELLIT

Neue, hoch empfindliche Radarsysteme verbessern die Qualität der Kürzestfristprognosen für die nächsten 12 Stunden. In den USA, wo man jährlich rund 10 000 schwere Gewitter und fast 1000 Tornados zählt, hat der nationale Wetterdienst ein Doppler-Radarsystem installiert. Es eignet sich besonders gut für die Überwachung bewegter Objekte und bietet einen Einblick in den Aufbau von Gewitterwolken und Wirbelstürmen. Sie können jetzt rechtzeitig erkannt und auf den Radarschirmen verfolgt werden. Die Zahl der entdeckten Stürme und die Vorwarnzeiten sind seither stark gewachsen, während sich umgekehrt die Zahl der Fehlalarme etwa halbiert hat.

DAS DOPPLER-RADAR *(links) schaut gewissermaßen mit zwei Augen (Geräten) und liefert auf diese Weise ein dreidimensionales Bild von Wirbelstürmen.*

Zugleich werden die letzten Lücken am Himmel mit neuen Wettersatelliten geschlossen, deren Ergebnisse besonders die Qualität der Mittelfristprognosen verbessern. In den 60er- und 70er-Jahren lag die Wetterbeobachtung aus dem All hauptsächlich in den Händen der USA und der damaligen Sowjetunion. Heute beteiligen sich mehrere Länder mit eigenen Satelliten an den Programmen, darunter Indien und Japan. In den Mitgliedsstaaten der Europäischen Union ist dafür die ESA zuständig, die Europäische Weltraumorganisation. Sie leitet die Entwicklung und den Bau der EUMETSAT-Satelliten bzw. der Trägerraketen, die für die Durchführung der jeweiligen Programme notwendig sind.

ERS-2, *der jüngste europäische Satellit, wurde 1995 gestartet. Wie sein Bruder ERS-1 beobachtet er vor allem die Küsten, Ozeane und Polargebiete der Erde.*

Prognosenprüfung

Trotz der enormen Datenfülle, die täglich hinzukommt, werden unsere Kenntnisse über den augenblicklichen Zustand der Atmosphäre angesichts der überaus komplexen Vorgänge, die sich innerhalb der Lufthülle abspielen, wohl immer unvollständig bleiben. Außerdem werden die erstellten Prognosen wahrscheinlich nie perfekt sein. Man muss daher das Beste aus der unbefriedigenden Situation machen, und zwar die Prognosen immer wieder überprüfen bzw. sich mit jenen Wetterelementen oder Wetterlagen begnügen, die vorhersehbar sind.

Ein brauchbares Verfahren zur Überprüfung der Prognosen besteht darin, ein Simulationsmodell am Computer mehrmals und jeweils mit leicht veränderten Ausgangsbedingungen durchzuspielen. Wenn alle auf diese Weise für einen Zeitraum von bis zu 10 Tagen erstellten Prognosen nicht allzu stark voneinander abweichen, kann man davon ausgehen, dass die Vorhersagen zutreffend sind. Wenn jedoch schon nach wenigen Tagen deutliche Unterschiede auftreten, dann ist das Wetter momentan sehr wechselhaft und lässt sich also für einen längeren Zeitraum nicht vorhersagen. In Zukunft werden die Wetterdienste daher bei mittel- und langfristigen Prognosen die Vorhersagemöglichkeit stärker berücksichtigen müssen: Mal kann man nur für ein paar Tage eine Prognose abgeben, mal sind Vorhersagen für die nächsten 10 Tage realistisch und vielleicht sind selbst in unseren „wetterwendischen" Breiten irgendwann sogar einmal sichere Prognosen für die nächsten Wochen absehbar.

CHAOSTHEORIE

Die Chaostheorie hat ihre Wurzeln in der Meteorologie und als einer der Schöpfer dieser mathematisch-physikalischen Theorie gilt Edward Lorenz. Er schuf ihre Grundlagen in den frühen 60er-Jahren während seiner Arbeit am Massachusetts Institute of Technology, einem der berühmtesten Forschungsinstitute der Welt. Später wurde die Theorie vor allem durch den amerikanischen Physiker Mitchell Feigenbaum ausgebaut. Sie beschreibt, vereinfacht gesagt, das Phänomen, wonach bei bestimmten Systemen beliebig kleine Veränderungen in den Ausgangsbedingungen das Endergebnis so stark beeinflussen, dass dieses nicht mehr berechenbar wird – und dazu gehört eben auch das System der Erdatmosphäre.

Für die Wettervorhersage bedeutet diese Erkenntnis, dass den Prognosen von Natur aus relativ enge Grenzen gesetzt sind. Das Wetter verläuft zwar im Allgemeinen in ähnlichen Bahnen, die man als Klima bezeichnet, und besitzt einen Jahreszeitenzyklus, der jedoch streng genommen kein Kreislauf ist, weil er niemals wieder zum selben Ausgangspunkt zurückführt. In so einem System können kleine Ursachen buchstäblich große Folgen haben, die oft erst nach längerer Zeit und weit entfernt vom Ursprungsort eintreten – der so genannte Schmetterlingseffekt: Theoretisch genügt schon der Lufthauch, den der Flügelschlag eines Schmetterlings in Berlin erzeugt, dass einen Monat später im 11 000 km entfernten Buenos Aires ein Sturm aufzieht.

EDWARD LORENZ *(*1917), einer der Väter der Chaostheorie*

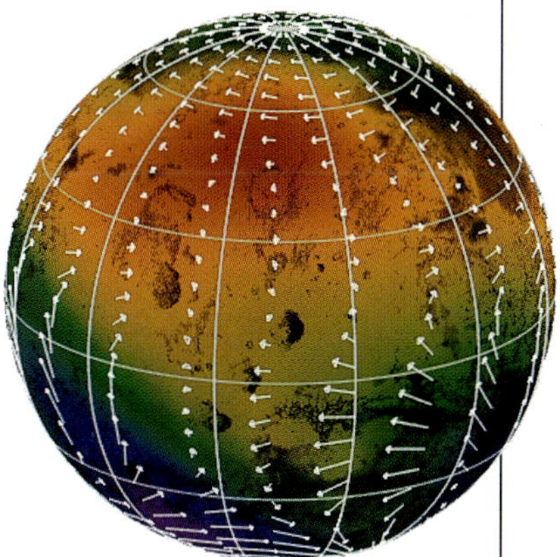

DAS WETTER AUF DEM MARS
Die NASA macht's möglich: Blick auf den Planeten Mars, wo mittags am Äquator Temperaturen von 16–20 °C, nachts aber von –70 °C herrschen.

Das Wetter ist unablässig am Werk … immer auf der Suche nach neuen Mustern, mit denen es ausprobiert, ob sie sich auf die Menschen auswirken.

MARK TWAIN (1835–1910),
amerikanischer Schriftsteller

KAPITEL 5

KLIMA IM WANDEL

Geschichte der Erde und des Klimas

Im Lauf der Erdgeschichte hat sich das Klima wiederholt gewandelt. Davon zeugen Gesteine, Fossilien und Landschaftsformen.

Die erste feste Erdkruste bildete sich vermutlich vor etwa 4,6 Milliarden Jahren. Das Bild, das unser Planet in jener Urzeit der Erdgeschichte bot, die Verteilung der Meere und Landmassen, das Klima, die Zusammensetzung der Erdatmosphäre können nur in groben Umrissen rekonstruiert werden. Damit liegen rund 90 % der Erdgeschichte immer noch weitgehend im Dunkeln.

Die ältesten Sedimentgesteine lagerten sich vor etwa 3,7 Milliarden Jahren vermutlich während eines Klimas ab, das deutlich wärmer als das heutige war. Vor vielleicht 3,5 Milliarden Jahren erschienen die ersten Lebewesen auf der Erde – primitive Einzeller. Der Zeitraum zwischen 2,7 und 1,8 Milliarden, vielleicht auch bis vor 900 Millionen Jahren könnte das erste und gewaltigste Eiszeitalter der Erde gewesen sein. Nahezu über den gesamten Erdball verbreitet, findet man aus dieser Zeit Gletscherschrammen und moränenähnliche Gesteinsarten. Die enorme Ausdehnung der Gletscher hatte vermutlich eine Hauptursache: Damals war die Strahlung der noch jungen Sonne um etwa 5–10 % schwächer als heute, möglicherweise schmälerten darüber hinaus Wolken aus Vulkanaschen den Energiegewinn der Erde.

Nach einer langen Periode mit warmem Klima überzog sich der Urkontinent Gondwana vor etwa 450 Millionen Jahren und dann nochmals vor 320 bis 260 Millionen Jahren mit Gletschern. Im Erdmittelalter, das den Zeitraum vor 248 bis etwa 65 Millionen Jahren umfasst, war das Klima weltweit mild bis subtropisch-warm mit relativ geringen Temperaturunterschieden zwischen den Polen und den äquatorialen Zonen. Es war ein ideales Klima für die Entwicklung der Reptilien, die in diesem Erdzeitalter mit den Sauriern ihre Blütezeit erlebten. Am Ende des Erdmittelalters starben viele Tierarten in recht kurzer Zeit aus, darunter auch sämtliche Saurier.

FOSSILIEN *sind auch Klimazeugen:* Tarbosaurus bataar, *ein räuberischer Saurier der Kreidezeit (links); Krinoiden (Seelilien) aus dem Karbon (oben); ein Fisch aus dem älteren Tertiär (rechts).*

METEORITEN *sprengten beim Aufprall auf die Erde riesige Krater in den Boden, schleuderten Staub hoch in die Atmosphäre und schwächten so die Sonneneinstrahlung – möglicherweise eine der Ursachen der Eiszeiten.*

Kontinentaldrift im Lauf der Zeit

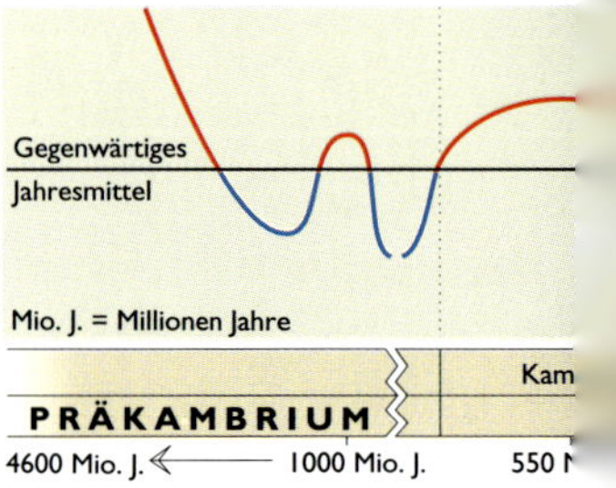

GLETSCHER, *wie der LeConte-Gletscher in Alaska (oben), sind nach dem Zerfall des pleistozänen Inlandeises heute fast nur noch in den Polargebieten und in den Hochgebirgen zu finden.*

Die Erdneuzeit

Das jüngste Erdzeitalter begann vor etwa 65 Millionen Jahren. Es war eine äußerst bewegte Ära mit großen Gebirgsbildungen, Meeresvorstößen und -rückzügen sowie einer starken Abkühlung. In Mittel- und Westeuropa sanken die mittleren Jahrestemperaturen von 20–24 °C zu Beginn der Erdneuzeit um mindestens 10–15 °C auf die heutigen Werte. Der Temperaturrückgang verlief dabei keineswegs so allmählich, wie es in älteren Lehrbüchern der Klimageschichte durch geschwungene Temperaturkurven dargestellt wird.

Schon im Tertiär, das mit über 62 Millionen Jahren den weitaus größten Abschnitt der Erdneuzeit umfasst, wechselten ruhige Klimaperioden mit plötzlicher Abkühlung. Drei Tiefpunkte der Temperaturkurve stechen besonders hervor: um 50, 38 und etwa 15 Millionen Jahren vor unserer Zeit. Der jüngste Temperatursturz ließ in den Hochgebirgen der Nordhalbkugel die ersten Gletscher und auf dem antarktischen Kontinent das mächtige Inlandeis entstehen.

Wenn man von Eiszeiten spricht, meint man jedoch selten die nach der alten Zeitrechnung dritte Epoche der Erdgeschichte, das Tertiär (lat. *tertius* = der Dritte), sondern meist das Quartär, die vierte (lat. *quartus* = der Vierte). Die jüngste Periode der Erdgeschichte, die vor etwa 2,4 Millionen Jahren begann, wird durch klimatische Wechselbäder charakterisiert, durch den mindestens achtfachen Wechsel von Warmzeiten mit Kaltzeiten oder Eiszeiten. Beim Klimapessimum, das schon durch den Namen seinen unfreundlichen Charakter verrät, war während der Eiszeiten jeweils etwa ein Drittel der festen Landoberfläche vergletschert, während heute weniger als ein Zehntel von Gletschern überzogen ist.

Das vorerst jüngste Klimapessimum begann vor ungefähr 20 000 Jahren. Bis zu 3000 m mächtige Eismassen bedeckten jetzt den größten Teil Nordamerikas und ganz Skandinavien, erstreckten sich weit über den Polarkreis hinaus nach Süden und reichten in Deutschland z. B. bis zum Mittelgebirgsrand. Vor rund 15 000 Jahren brach plötzlich eine wärmere Klimaperiode an, die Gletscher verschwanden schneller, als sie gekommen waren, und am Anfang der Nacheiszeit – der vielleicht jüngsten Warmzeit – vor 10 300 Jahren war Mitteleuropa wieder eisfrei.

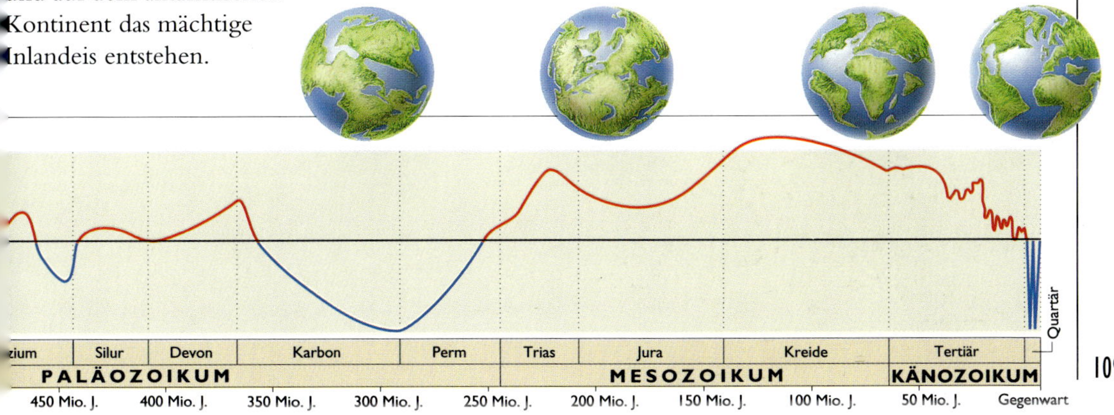

Die Ära des Menschen

Den klimatischen Turbulenzen des Eiszeitalters folgte eine relativ ruhige Periode, in der sich die menschliche Zivilisation entwickeln konnte.

FEUCHTWARMES KLIMA *ließ den Nil vor rund 6000 Jahren stärker anschwellen, verwandelte das Tal in Ägypten in eine grüne Oase (links oben). Nach den Felsbildern im Tassili N'Ajjer (links) war es damals auch in der Sahara feuchter.*

Die Hochkulturen und Zivilisationen entstanden nach den klimatischen Wechselbädern des Eiszeitalters in der Nacheiszeit unter einem gemäßigten Klima ohne größere Schwankungen zur kalten oder zur warmen Seite hin.

Vor ungefähr 3600 bis 4500 Jahren, zur Zeit des Postglazialen Klimaoptimums, der wärmsten Periode der Nacheiszeit, lag die durchschnittliche Jahrestemperatur in Mitteleuropa und in anderen Regionen der Welt etwa 2 °C über dem heutigen Durchschnitt. Das Klima war außerdem deutlich feuchter als heute, die Flüsse in den Trockengebieten Nordafrikas und Vorderasiens führten mehr Wasser und ließen in Ägypten und Mesopotamien die ältesten Hochkulturen der Menschheit entstehen.

Einem Klimasturz vor etwa 3500 Jahren, zu Beginn der Bronzezeit, folgte der wohl kälteste Abschnitt der Nacheiszeit. Bald wurde es jedoch wieder wärmer und während des gesamten Altertums pendelte das Klima um die gegenwärtigen Mittelwerte. Die Römerzeit z. B. war relativ warm, die Völkerwanderungszeit dagegen recht kühl. Wahrscheinlich haben damals das ungünstige Klima, häufige Missernten und Sturmfluten, aber auch vom Menschen selbst ausgelöste Umweltkatastrophen viele Völker aus ihrer Heimat vertrieben.

Das Mittelalter

Vom 10. bis 12. Jahrhundert herrschte in Europa eine klimatisch besonders günstige Zeit, die als Mittelalterliches Klimaoptimum bezeichnet wird. In jenen Jahrhunderten brachen die Wikinger auf, um Island und Grönland zu besiedeln und die Länder West- und Mitteleuropas erlebten ihre erste große wirtschaftliche und kulturelle Blüte.

Doch mit der Wende vom 13. zum 14. Jahrhundert verschlechterte sich das Klima, die Sommer wurden kühler und regnerischer, die Winter kälter und länger. Vor allem die 20er- und 30er-Jahre des 15. Jahrhunderts waren nach historischen Überlieferungen in Mitteleuropa äußerst kalt. Die spätmittelalterliche Klimaverschlechterung hatte weitreichende Folgen:

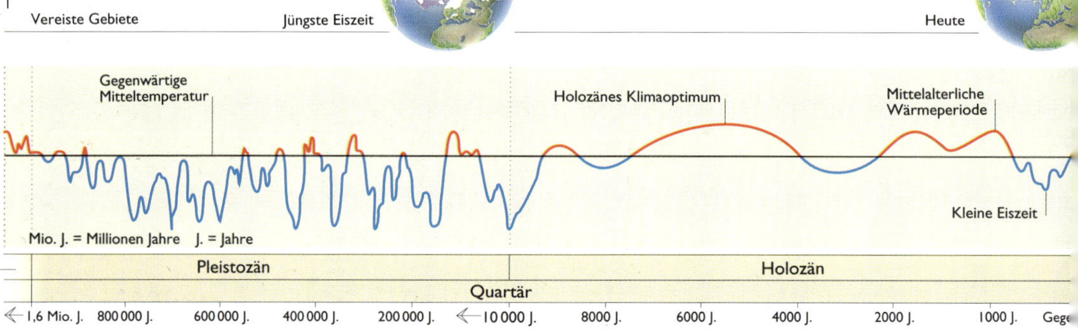

IM SÜDWESTEN DER USA *vernichteten schwere Dürren um 1280 die Anasazi-Kultur, sodass die Indianer ihre Felswohnungen aufgeben mussten.*

DER UNTERGANG EINER KOLONIE

Im Unterschied zur Neuen Welt, wo seit der Entdeckung Amerikas zahllose Kulturen ausgelöscht wurden, gibt es in der europäischen Geschichte nur ein einziges Beispiel für eine Zivilisation, die nahezu spurlos verschwunden ist: der Untergang der Wikingersiedlungen in Grönland. Im Jahr 985, während einer besonders milden Klimaperiode, führte Erik der Rote etwa 300–400 Wikinger von Island nach Grönland und siedelte sie dort in zwei Orten an der Südwestküste an. Zu Beginn des 12. Jahrhunderts lebten in den Kolonien über 5000 Menschen. Sie betrieben Viehzucht, ernährten sich von Jagd und Fischerei und erhielten hin und wieder Nachschub aus Island und Skandinavien.

Im Lauf des 12. Jahrhunderts verschlechterte sich das Klima in Grönland jedoch dramatisch. Der Packeisgürtel um die Insel wurde dichter, kalte Sommer nahmen zu. Nur selten konnten sich Schiffe noch bis zur Insel vorkämpfen, die durch Eis zunehmend isoliert wurde. Im Jahr 1410 brach der Kontakt ganz ab; ein Jahrhundert später waren die Siedlungen verlassen und die letzten Siedler bereits an Unterernährung und Krankheiten gestorben.

Siedlungen, die in wärmeren Zeiten gegründet worden waren, wurden jetzt aufgegeben und nicht nur im hohen Norden, auch in den deutschen Mittelgebirgen gab es Hunderte verlassener Dörfer. Hungersnöte und Seuchen brachen aus, der Verteilungskampf um die besten Böden wurde schärfer und die Bevölkerung nahm drastisch ab.

Die Kleine Eiszeit

Der Zeitraum zwischen der Mitte des 15. und der Mitte des 19. Jahrhunderts ist als Kleine Eiszeit in die Klimageschichte eingegangen. Kühle, verregnete Sommer und Missernten häuften sich, die Gletscher in den Hochgebirgen stießen wieder vor und nach den besonders schlimmen Hungerwintern in der ersten Hälfte des 19. Jahrhunderts setzte in Europa eine Massenauswanderung nach Nordamerika und in andere Kontinente ein, wo man sich bessere Existenzbedingungen versprach. Erst ab 1855 begannen die Temperaturen wieder allmählich zu steigen, verbunden mit einem allgemeinen Gletschersterben in den Hochgebirgen der Erde. Inzwischen hat sich das Klima in verschiedenen Teilen der Erde so deutlich geändert, dass ein klarer Trend erkennbar ist. In Mitteleuropa z. B. ist der Niederschlag seit dem Ende des 19. Jahrhunderts verbreitet um 10–20 % gewachsen, wobei die Niederschläge besonders im Winter zugenommen haben. Die Jahresmitteltemperaturen sind seither um fast 1 °C gestiegen und vor allem der mitteleuropäische Winter ist spürbar milder geworden.

DIE KALTEN WINTER *der Kleinen Eiszeit sind in flämischen und niederländischen Gemälden festgehalten, z. B. in Pieter Bruegels Jäger im Schnee (1565).*

Klimawandel und Umwelt

Seit mehr als 3 Milliarden Jahren gibt es Leben auf der Erde – Pflanzen, Tiere und Menschen, die sich immer wieder an eine veränderte Umwelt anpassen mussten.

Klimaschwankungen und die Drift der Kontinente haben im Lauf der Erdgeschichte den Weg markiert, dem die Evolution der Lebewesen folgen musste.

Mindestens fünfmal kam es in den letzten 500 Millionen Jahren der Erdgeschichte weltweit zu einem Massensterben von Pflanzen- und Tierarten: vor etwa 440 Millionen Jahren im Ordovizium, vor 365 Millionen im Devon, vor 245 Millionen im Perm, vor 210 Millionen in der Trias und vor 65 Millionen an der Wende von der Kreidezeit zum Tertiär. Mehr als 99 % aller Arten, die jemals auf unserem Planeten lebten, gingen dabei zugrunde. Die Ursachen dieser tiefen Einschnitte in Flora und Fauna sind noch immer ein Rätsel. Wahrscheinlich spiegeln sich in ihnen kräftige Klimaschwankungen wider, die durch Meteoriteneinschläge oder heftige Vulkanausbrüche ausgelöst worden sein könnten.

Die Existenzbedingungen für Lebewesen müssen sich danach offenbar verbessert haben, denn es gab wohl noch nie so viele Arten wie heute – etwa 30 Millionen. Davon ist der Wissenschaft jedoch nur etwa eine Million bekannt.

EIN- UND AUSWANDERER *Mit der allmählichen Erwärmung des Klimas hat sich in diesem Jahrhundert das Gürteltier (rechts) in den USA nach Norden hin ausgebreitet; das Schmallippennashorn (oben) wanderte dagegen schon vor Jahrtausenden aus der Sahara aus, als das Klima dort trockener wurde.*

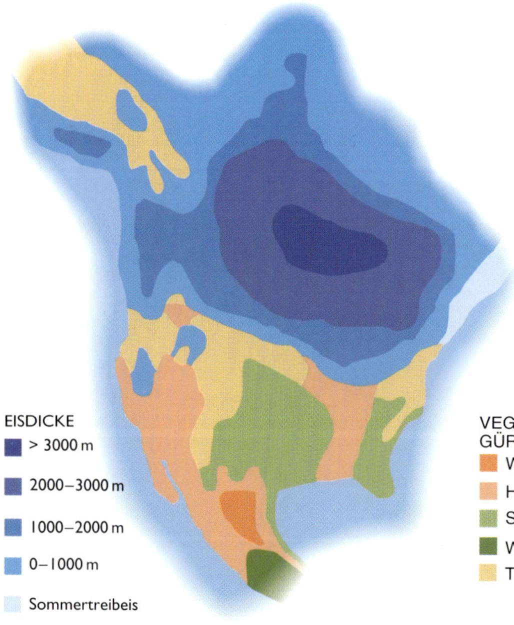

VOR 18 000 JAHREN, *am Höhepunkt der jüngsten Eiszeit, waren große Teile Nordamerikas von Eis bedeckt.*

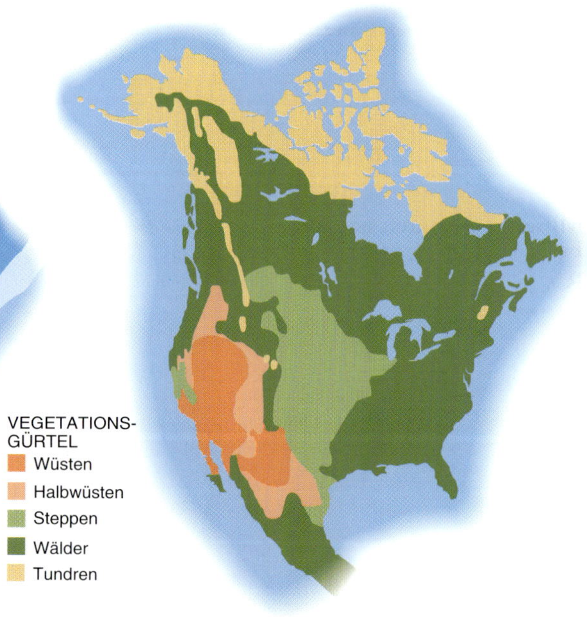

HEUTE *erstrecken sich in den einst vergletscherten Gebieten Tundren, Nadel- und Laubwälder sowie Steppen.*

SPUREN DER EISZEIT *In den Gebirgen hobelten die eiszeitlichen Gletscher tiefe Trogtäler aus, wie dieses in Alaska (links); der Amberbaum (oben) überlebte die Eiszeiten im südlichen Exil und kehrte in den Warmzeiten zurück.*

Die Entwicklung der Pflanzenwelt

Vor etwa 400 Millionen Jahren wagten sich die ersten Pflanzen unter einem günstigen Klima als Pioniere aus dem Wasser aufs feste Land. Die Blütenpflanzen, heute mit etwa 250 000 Arten die stärkste Gruppe, entwickelten sich in den letzten 80 Millionen Jahren, in denen das Klima meist warm war und die Drift der Kontinente der Evolution neue Impulse gab. Viele Pflanzenarten entstanden auch im Eiszeitalter in den durch Eismassen voneinander getrennten Gebieten.

Die Eiszeiten

Ohne die mehrfachen Vergletscherungen im Lauf der letzten 2–3 Millionen Jahre hätte sich die Vegetation der Erde in eine ganz andere Richtung entwickelt. In Mitteleuropa, wo die Alpen den Pflanzen und Tieren in den Eiszeiten den Fluchtweg nach Süden versperrten, machte jeder Vorstoß der nordischen Gletscher innerhalb der Flora und Fauna gewissermaßen reinen Tisch. Nur wenige Arten überlebten an geschützten Orten. Vor allem die mitteleuropäische Pflanzenwelt ist im Vergleich mit der anderer Gegenden der gemäßigten Klimazonen sehr artenarm. In Nordamerika z. B. verlaufen die hohen Gebirge meist annähernd in nord-südlicher Richtung, lassen zwischen sich breite Korridore frei, durch die Wärme liebende Pflanzenarten zu Beginn der Eiszeiten nach Süden auswandern und sich am Ende wieder nach Norden hin ausbreiten konnten. Die nordamerikanische Flora hat daher weit weniger als die mitteleuropäische unter den Eiszeiten gelitten. Sie enthält viele Arten, die diesseits des Atlantiks im Tertiär noch vorkamen, dann jedoch den Kältetod starben, darunter auch den Tulpenbaum, den Mammutbaum und den Amberbaum.

LOUIS AGASSIZ UND DIE EISZEITEN

Der Schweizer Naturforscher Louis Agassiz (1807–73) gehört zu den Pionieren der Eiszeitforschung. Bereits 1795 hatte der Schotte James Hutton (1726–97), der Begründer der modernen Geologie, die Vermutung geäußert, dass riesige Eismassen einst den Norden Europas bedeckt hätten, doch seine Ideen stießen damals in der Fachwelt noch auf Ablehnung.

Bei einer Exkursion entdeckte dann Agassiz 1836 im Schweizer Jura Granitfindlinge, die während einer Eiszeit (wie der Forscher solche Klimaperioden erstmals nannte) durch Gletscher mindestens 100 km weit aus den Alpen dorthin transportiert worden sein mussten. In dem 1840 erschienenen Werk *Études sur les glaciers* (Studien über die Gletscher) dehnte Agassiz seine Erkenntnisse auf alle Gebiete aus, in denen Findlinge nachgewiesen worden waren, so auch auf Nordamerika.

Dort führte er nach seiner Ernennung zum Professor an der Harvard-Universität in Cambridge umfangreiche Feldforschungen durch, klärte die Vereisungsgeschichte Neuenglands und der Großen Seen und entdeckte die Spuren eines riesigen Sees, der ihm zu Ehren Lake Agassiz genannt wurde.

KLIMAZEUGEN

Die Enthüllung der irdischen Klimageschichte erfordert von den Forschern kriminalistischen Spürsinn ebenso wie verlässliche Zeugen.

Temperatur, Feuchte, Niederschlag und die meisten anderen Eigenschaften des Wetters werden heute weltweit mit Thermometern, Hygrometern, Pluviometern und einem ganzen Arsenal ausgeklügelter Instrumente gemessen. Und obwohl die Messungen fehlerhaft sein können (besonders bei der Messung des Niederschlags), liefern so gewonnene Daten die besten Unterlagen, um mithilfe leistungsfähiger Computer langfristige Klimaschwankungen nachzuweisen.

KLIMACHRONIKEN

Die Beobachtung des Wetters mit Messgeräten reicht allerdings bestenfalls 300 Jahre zurück. Schiffslogbücher und Chroniken können für die historische Zeit tatsächlich einige Lücken füllen, z. B. durch Hinweise auf die Termine der Weinlese, die Vereisung von Flüssen und Seen, auf Getreidepreise oder andere Ereignisse und Erscheinungen, die vom Wetter abhängig sind.

Wo solche Aufzeichnungen fehlen bzw. wenn Klimaschwankungen in prähistorischer Zeit untersucht werden sollen, muss man auf Klimazeugen in der belebten oder unbelebten Natur zurückgreifen. Dazu gehören etwa die Jahresringe der Bäume, die Torfschichten der Moore, Korallenriffe, Ablagerungen am Grund von Meeren und Seen, Landschaftsformen, die nur unter bestimmten Klimabedingungen entstehen können, aber auch versteinerte Tiere und viele andere Naturphänomene mehr.

JAHRESRINGE

Im Holz der Bäume sind meist ringförmige Wachstumszonen zu erkennen, die sich durch ihre Farbe und Dichte unterscheiden. Das Frühjahrsholz ist hell und weitporig, das Sommerholz dunkler und dichter. Das Wachstum hängt von der Temperatur und dem Niederschlag ab. Da beide Wetterelemente von Jahr zu Jahr schwanken, sind die Jahresringe mal breiter und mal schmaler. Ein bestimmtes Jahrzehnt oder Jahrhundert hinterlässt in der Folge von Jahresringen seinen unverwechselbaren Fingerabdruck oder Strichcode, und indem man die Jahresringserien überlappend anordnet, kann man sowohl das Alter eines Baums ermitteln als auch die Klimageschichte während seiner Lebenszeit enthüllen. Die Dendrochronologie, wie man die Methode zur Altersbestimmung nennt, ist nicht nur in der Geologie und Klimatologie ein wertvolles Hilfsmittel, sondern z. B. auch in der Archäologie.

WETTERTAGEBÜCHER *sind neben Chroniken und Logbüchern (oben) Zeugen vergangener Klimate. Darüber geben auch Jahresringe (unten) Auskunft. Im Fall der Borstenkiefer (rechts) reichen sie rund 4000 Jahre zurück.*

EISIGE CHRONIK *Das antarktische Inlandeis erweitert die Klimachronik bis zum zweiten Hauptvorstoß der Saale-Eiszeit vor 220 000 Jahren.*

Der *Dendrokalender* reicht mittlerweile rund 11 000 Jahre, bis ans Ende der jüngsten Eiszeit, zurück.

Geschichte der Eiswüsten und Tropen

Die Dendrochronologie versagt jedoch in Zonen, in denen es keine ausgeprägten Jahreszeiten gibt, etwa in den immerfeuchten Tropen oder jenseits der polaren Baumgrenze. Dafür gibt es einen einfachen Grund: Dort wachsen keine Bäume. Das Studium der Korallenriffe liefert Anhaltspunkte zur Klimageschichte der Tropen, denn das Wachstum der Steinkorallen wird vor allem von den Wassertemperaturen und dem Salzgehalt des Wassers beeinflusst. Klimaperioden mit höheren Temperaturen und/oder stärkeren Niederschlägen und dementsprechend größerem Zufluss von Süßwasser und geringerem Salzgehalt spiegeln sich deshalb in den „Jahresringen" der Korallenstöcke wider.

In den Polargebieten stellen die Inlandeise der Arktis und Antarktis akribisch geführte „Klimatagebücher" dar. Die Dicke der jährlich hinzugekommenen Eisschichten ist ein Maßstab für die Höhe der Niederschläge. An den in den Eismolekülen gebundenen Sauerstoffisotopen kann man die Temperatur ablesen; und die im Eis eingeschlossenen Luftblasen enthalten Staub und Säuren, die Rückschlüsse auf die Intensität der atmosphärischen Zirkulation und den Vulkanismus erlauben. Im grönländischen Inlandeis gelangt man bis zum Beginn der jüngsten Eiszeit zurück und das mächtigere Inlandeis der Antarktis birgt sogar die Klimageschichte der letzten 220 000 Jahre.

Meeressedimente

Der wichtigste Schlüssel zur Klärung der Klimageschichte der älteren Formationen liegt in den oft mehrere Kilometer dicken Schichten, die sich einst am Grund der Meere abgelagert haben. Hier gibt z. B. der Mineralbestand Auskunft über das Klima zur Entstehungszeit. Noch aufschlussreicher sind jedoch die in die Schichten eingebetteten Fossilien, besonders die Überreste winziger Einzeller, die in den oberflächennahen Wasserschichten der Ozeane leben. Diese können als so genannte stenotherme Organismen nur innerhalb einer engen Temperaturspanne existieren und überliefern dadurch wie moderne elektronische Thermometer mit Datenspeicherung die Wassertemperaturen längst vergangener Zeiten. Vom Festland eingewehter Pollen gibt weitere Informationen über Flora und Klima.

DAS WACHSTUM DER KORALLENRIFFE *wird in Küstennähe durch den Süßwasserzufluss vom Festland gesteuert. Da der Zufluss jedoch von den Niederschlägen und der Verdunstung abhängt, ergeben sich daraus auch Hinweise auf den Klimacharakter.*

Chaos oder Zyklus

Ist das Wetter wirklich so launisch, wie es sich oft gebärdet, oder folgt es einem wenn auch schwer durchschaubaren Zyklus?

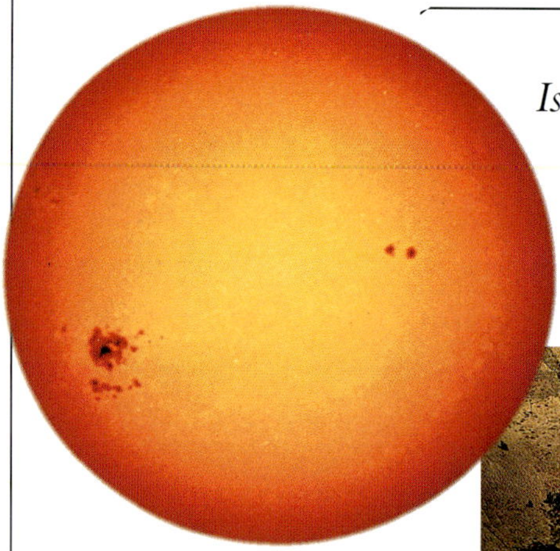

Obwohl sich die meisten Menschen für das Wetter interessieren und sich oft darüber unterhalten, denken doch nur wenige über den langfristigen Klimawandel nach – bis zu dem Tag, an dem einmal ein ganz ungewöhnliches Wetter herrscht. Aber auch Hitzewellen, Kaltlufteinbrüche und andere Unwetter gehören zum normalen Klima und ordnen sich bei langfristiger Betrachtung in Rhythmen und Zyklen ein.

Alltagswetter

Unter dem Klima eines Ortes versteht man zum einen den mittleren Zustand der Atmosphäre über diesem Ort, also die in einem längeren Zeitraum beobachteten Durchschnittswerte von Temperatur, Luftdruck, Sonnenscheindauer und der sonstigen Wetterelemente, zum andern aber auch den durchschnittlichen Ablauf der Witterungserscheinungen innerhalb eines Jahres. Das Wetter ist dagegen der physikalische Zustand der Atmosphäre zu einem bestimmten Zeitpunkt.

Die Begriffe Durchschnitt oder Mittel verraten schon, dass das Klima ein Phänomen ist, das erst durch umfangreiche statistische Berechnungen Gestalt annimmt. Vor allem in den mittleren und höheren Breiten weichen Wetter und Klima von Tag zu Tag, von Jahreszeit zu Jahreszeit, von Jahr zu Jahr mehr oder weniger stark vom Durchschnitt ab. Dieser launische Charakter macht kurzfristige und erst recht langfristige Prognosen so schwierig. Es gibt gewiss bestimmte Standardabläufe, z. B. beim Durchzug einer Wetterfront, doch häufig genügt schon ein geringfügiger Anstoß und das Wetter entwickelt sich völlig anders.

Der Tageslauf des Wetters ist in den Tropen berechenbarer; man behauptet sogar, man könne danach die Uhr stellen, doch bei der jahreszeitlichen Witterung sind die Schwankungen vor allem in den Randtropen beachtlich.

SONNENFLECKEN *(oben) treten etwa alle 11 Jahre überdurchschnittlich häufig auf. Der Sonnenfleckenzyklus gilt als Ursache von Witterungsextremen wie Dürren (oben) oder Kältewellen (unten).*

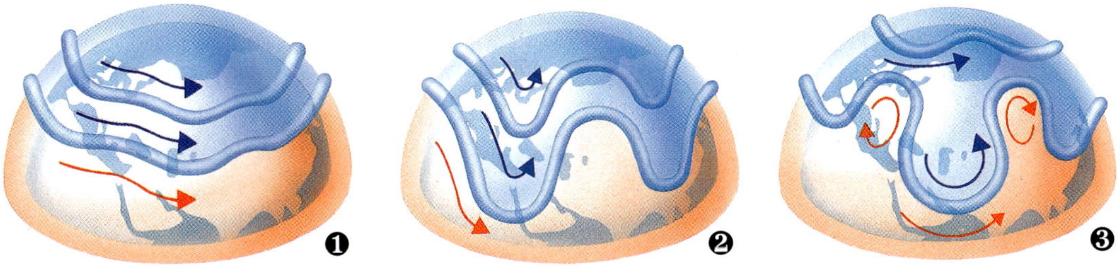

BLOCKING *Die Blockierung der in den mittleren Breiten meist annähernd in west-östlicher Richtung verlaufenden Höhenwinde durch nahezu ortsfeste Hochdruckgebiete beschert Mitteleuropa wechselhaftes Wetter* ❶, *wenn die Blockade mit 1–2 Wochen genügend lang andauert* ❷. *Sie bringt aber auch die schönsten Sommer- und die kältesten Winterwochen, besonders im Frühsommer bzw. im Spätwinter* ❸.

Wege aus dem Chaos

Wer will, kann noch aus den verworrensten Wetter- und Klimakurven regelmäßige Schwingungen ablesen, diese durch geeignete Computer-Software statistisch untermauern und schließlich mit anderen terrestrischen (irdischen) und extraterrestrischen (außerirdischen) Rhythmen verknüpfen – ein weites Feld für Forscher.

Zu den bekanntesten Beispielen zählt ein Phänomen, das sich hinter der Abkürzung QBO verbirgt. QBO steht für *Quasi-biennial-oscillation*, was so viel wie Quasi-zweijährige-Schwingung bedeutet. Damit ist eine Umkehr der Windrichtung von östlichen zu westlichen Winden gemeint, die bei den stratosphärischen Winden über dem Äquator ungefähr alle 2 Jahre stattfindet. Die Ursachen dieses Stratosphärenmonsuns sind unklar – möglicherweise besteht ein Zusammenhang mit der Sonne – ebenso wie die Auswirkungen dieser Erscheinung auf das Klima in bodennahen Luftschichten.

Undeutlichere Zyklen im 3- oder 5-Jahres-Takt sind in vielen klimatologischen Beobachtungsreihen zu erkennen. Möglicherweise spiegeln sich darin Schwankungen der Oberflächentemperaturen im äquatorialen Pazifischen Ozean wider. Im Zusammenhang mit einer warmen Meeresströmung, dem El Niño, gesehen, die hin und wieder vor der Westküste Südamerikas auftritt (s. S. 102), können diese Temperaturschwankungen die mittelfristigen Prognosen im pazifischen Raum auf eine solidere Basis stellen.

Bei der Klärung der Klimarhythmen suchen andere Theorien die Ursachen außerhalb der Erde, vor allem in der Sonne, dem Zentralgestirn unseres Planetensystems. Die Aktivität der Sonne zeigt ausgeprägte Schwankungen, die sich in Sonnenflecken, Sonneneruptionen und Protuberanzen äußern und beinahe zwangsläufig das Erdklima beeinflussen müssen. Mit der Sonnenfleckenperiode, die etwa einen 11-Jahres-Rhythmus aufweist, deckt sich nachweislich die Häufigkeitskurve der Polarlichter (s. S. 262). Man vermutet ferner, dass es auch Zyklen von 23 bzw. von 90 Jahren gibt, doch haben diese wohl keinen stärkeren Einfluss auf das Erdklima.

DIE TEMPERATUR- UND NIEDERSCHLAGSWERTE DER USA *seit 1905 zeigen (obwohl für das gesamte Staatsgebiet gemittelt) etliche deutliche Abweichungen vom normalen Klima. Es ist aber extrem schwer zu sagen, was als normal gilt.*

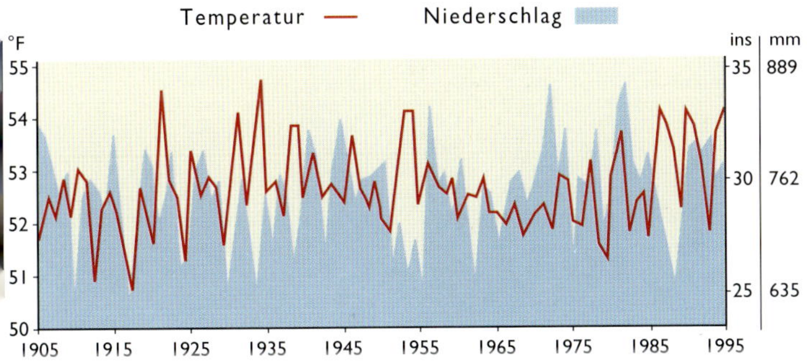

Sag mir doch,

wetterkundige Vogelscheuche,

wo dieser kalte Wind

so plötzlich herkommt.

ISSA (1763–1827), japanischer Dichter

Ursachen des Wandels

Alles fließt, sagten die alten Griechen: das Wasser, die Luft … Warum sollte das Klima unveränderlich sein?

Klimaschwankungen können verschiedene Ursachen haben und der Ideenreichtum der Wissenschaftler ist gerade auf diesem Gebiet besonders groß. Allein auf die Frage, welche Ursachen die Eiszeiten hatten, wurden bisher mindestens vier Dutzend Antworten gegeben, und ständig kommen neue Eiszeittheorien hinzu. Fasst man die Erklärungsmodelle zu Gruppen zusammen, dann verbleiben immer noch sieben mögliche Hauptursachen, die sich ihrerseits in zwei große Gruppen einteilen lassen.

Zum einen sind es so genannte extraterrestrische Ursachen, also Einflüsse, die von außen auf die Erde einwirken, zum andern gibt es Ursachen, die von unserem Planeten selbst ausgehen. Dies ist jedoch eine rein theoretische Einteilung, denn es ist ja durchaus möglich, dass beide Arten von Ursachen die Eiszeiten zusammen auslösten.

Die Verfechter extraterrestrischer Ursachen erklären die mehrfache großflächige Vereisung der Kontinente im Lauf der Erdgeschichte durch eine zeitweise verminderte Sonnenstrahlung und/oder die Schwächung der Strahlung durch Gas- und Staubwolken, die sich zwischen Sonne und Erde schoben. Zu den terrestrischen Theorien zählt dagegen jenes Modell, demzufolge sich das Phänomen Eiszeit durch die Drift der Kontinente und die Entstehung der großen Gebirgsketten der Erde erklärt. So könnte z. B. das jüngste Eiszeitalter dadurch ausgelöst worden sein, dass die Antarktis während der Erdneuzeit ins Südpolargebiet driftete und sich dort mit einem riesigen Inlandeispanzer überzog.

VULKANAUSBRÜCHE *(links) verschmutzen die Erdatmosphäre durch den Ausstoß von Gasen und vulkanischen Aschen. Dadurch können sie das Klima erheblich beeinflussen (s. S. 271) und Kälteperioden verursachen.*

DAS GROSSE OZEANISCHE FLIESSBAND

Ein erdumspannendes System von Meeresströmungen am Grund der Ozeane und an ihrer Oberfläche könnte die Ursache langfristiger Schwankungen der Wassertemperaturen in der obersten, 50–150 m dicken Deckschicht der Weltmeere und damit auch für die Klimaschwankungen verantwortlich sein. Kaltes, salzreiches Wasser strömt in der Tiefe vom Nordatlantik südwärts, umrundet die Südspitze Afrikas, taucht im Indischen Ozean bzw. im Westpazifik auf und wird von der tropischen Sonne kräftig erwärmt. Nahe der Oberfläche wird es wieder zurück in den Nordatlantik befördert, wo der Kreislauf von neuem beginnt. Ein solcher Kreislauf dauert jeweils 500–2000 Jahre. Dabei ändern sich Richtung und Geschwindigkeit der Strömungen mitunter erheblich: Kaltes Tiefenwasser strömt schubweise über die Schwellen am Grund der Ozeane, bildet ausgedehnte Wirbel, ähnlich den Wirbeln der atmosphärischen Zirkulation, während an der Oberfläche Luftströmungen die Richtung und Geschwindigkeit der Drift bestimmen. Diese Änderungen könnten die Kleine Eiszeit hervorgerufen haben, die Europa vom 17. bis 19. Jahrhundert heimsuchte. Seit den 70er-Jahren hat der Zustrom von kaltem Tiefenwasser aus den Meeresgebieten vor Grönland um etwa 80 % abgenommen und so möglicherweise die El Niños (s. S. 103) verursacht.

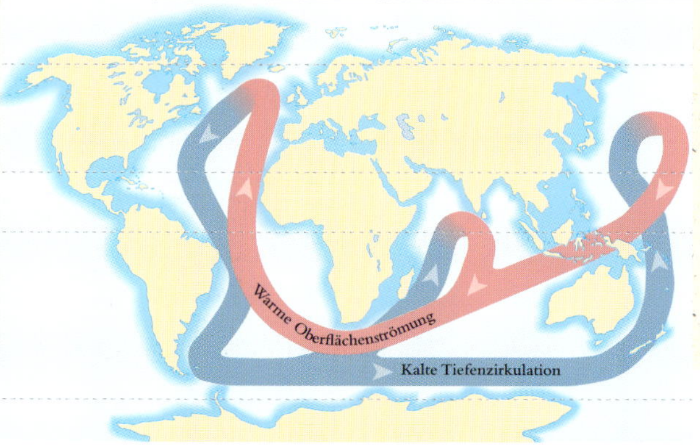

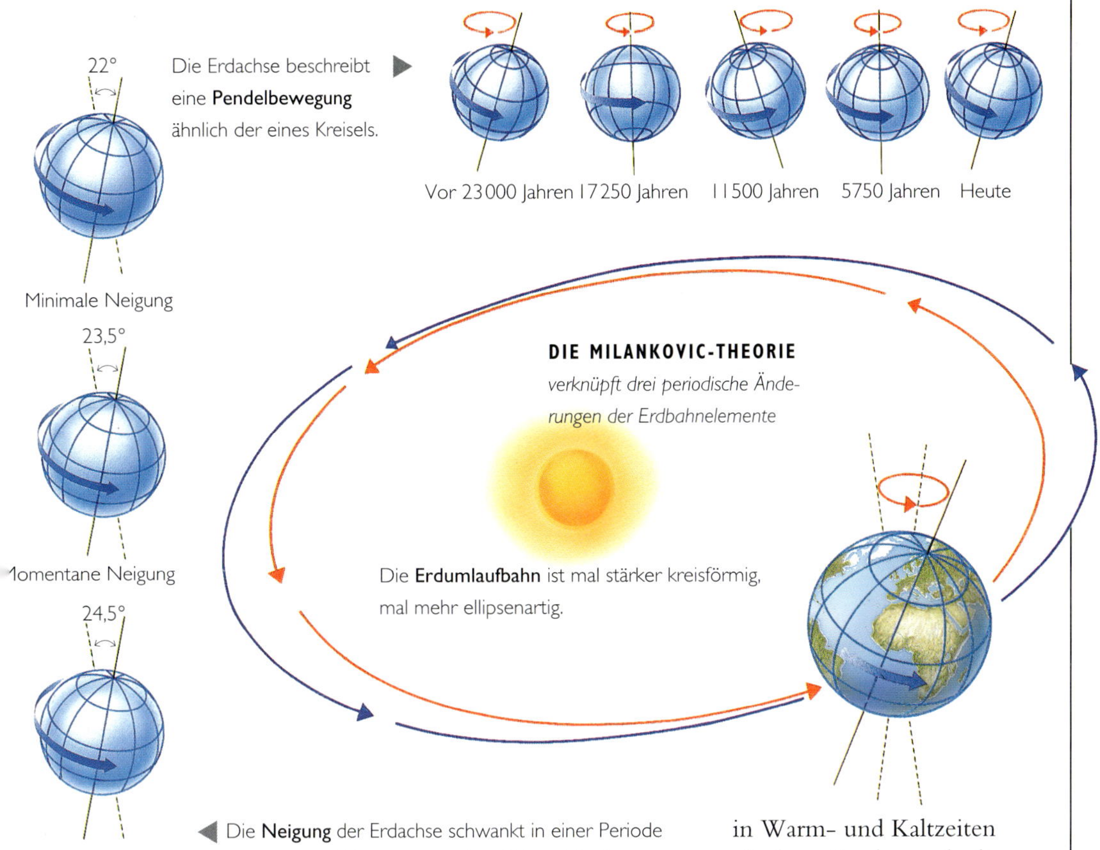

Die Erdachse beschreibt eine **Pendelbewegung** ähnlich der eines Kreisels.

DIE MILANKOVIC-THEORIE *verknüpft drei periodische Änderungen der Erdbahnelemente*

Die **Erdumlaufbahn** ist mal stärker kreisförmig, mal mehr ellipsenartig.

Die **Neigung** der Erdachse schwankt in einer Periode von rund 40000 Jahren zwischen 22° und 24,5°.

STRAHLUNGSKURVEN

Bereits 1842 führte der französische Mathematiker J. F. Adhémar die Entstehung der Eiszeiten auf periodische Änderungen der Erdbahnelemente zurück und berechnete daraus Strahlungskurven, die in den ersten Jahrzehnten des 20. Jahrhunderts durch den jugoslawischen Astronomen Milutin Milankovic weiter verfeinert wurden. Die Kurven deckten sich gut mit der geologischen Eiszeitgliederung; deshalb sahen führende Eiszeitforscher bereits 1920 das Problem der Eiszeiten als gelöst an. Die astronomischen Grundlagen für die Berechnung sind die Neigung der Erdachse, die Exzentrizität der Erdbahn, d. h. die Abweichung von der kreisförmigen Bahn, und die Präzession, also das Schwanken der Drehachse unter dem Einfluss der Anziehungskräfte von Mond und Sonne auf die Erde.

Die Eiszeittheorie von Milankovic fand bis heute viele Anhänger, obwohl in den letzten Jahrzehnten erhebliche Zweifel an ihrer Richtigkeit aufgekommen sind. Die Vertreter dieser Theorie sehen mit ihr gleich zwei wichtige Fragen gelöst. Mithilfe von drei exakten Werten lässt sich ihnen zufolge über Jahrhunderttausende und Jahrmillionen hinweg die Zufuhr von Sonnenenergie zur Erdoberfläche berechnen und zugleich das bzw. die Eiszeitalter nach den „Zacken" der Strahlungskurve in Warm- und Kaltzeiten gliedern. Doch gerade diese vermeintlich mathematisch-exakten „Zacken" verstärken die Zweifel. So liegen die mit den Strahlungskurven dargestellten Kalt- und Warmzeiten in den niederen und mittleren Breiten der Nord- bzw. Südhalbkugel genau entgegengesetzt. Für eine wechselnde Vereisung der beiden Halbkugeln gibt es aber keinerlei geologische Hinweise; vielmehr spricht alles dafür, dass die Vereisungsgeschichte der Erde (zumindest während der Erdneuzeit) im Großen und Ganzen nördlich und südlich des Äquators in den gleichen Bahnen verlief.

DIE MILCHSTRASSE *Interstellare Materie, so genannte Dunkelwolken, durch die sich die Milchstraße bewegt, könnte die Strahlungsenergie der Sonne vermindert, die Erdatmosphäre abgekühlt und so die Eiszeiten ausgelöst haben.*

EINFLÜSSE DES MENSCHEN

Der Einfluss des Menschen auf das Wetter ist meist sehr begrenzt, doch dort, wo er die Erdoberfläche großräumig verändert hat, können die Folgen verheerend sein.

Über das Ausmaß der vom Menschen verursachten Klimaveränderungen wird noch immer heftig diskutiert. An der Tatsache, dass Wetter und Klima durch menschliche Aktivitäten verändert werden können, gibt es jedoch nichts zu rütteln, zumindest wenn man kleinere Ausschnitte der Erdoberfläche betrachtet.

SAURER REGEN *hat diesen Wald (rechts) im westwalisischen Industrierevier bei Mynydd Dinas vernichtet. Im Hintergrund erkennt man Stahlwerke und Ölraffinerien. Der mit Säuren verseuchte Regen macht auch vor Kunstdenkmälern nicht Halt (oben). Oft sind davon Bauwerke des Mittelalters betroffen.*

DAS STADTKLIMA

Das Klima größerer Städte unterscheidet sich deutlich von dem des Umlands. Gebäude und Straßen nehmen die Sonnenenergie auf und speichern sie über längere Zeiträume; hinzukommt die Wärme, die etwa durch den Verkehr, durch die Beheizung von Gebäuden oder in der Industrie freigesetzt wird. In der Innenstadt ist es deshalb immer wärmer als im Umland, vor allem in windstillen, wolkenlosen Nächten, wenn die Lufttemperaturen im Stadtkern um bis zu 10 °C über denen in der ländlichen Umgebung liegen können.

Über den stärker erhitzten Innenstädten steigt die mit Staub- und Rußpartikeln beladene Luft auf, der Wasserdampf kondensiert, es kommt zur Wolkenbildung und zu Niederschlägen, die im Stadtgebiet oft um 5–10 % höher als im Umland sind. Meist fällt der zusätzliche Niederschlag in Form von Starkregen, das Wasser kann in dem mit Beton und Asphalt versiegelten Erdboden nicht versickern, fließt oberflächlich ab und führt mitunter zu katastrophalen Überschwemmungen.

Wolkenkratzer und auch niedrigere Gebäude wirken manchmal wie Düsen, die den Luftstrom verstärken. In der Regel behindert jedes Gebäude den Luftmassenaustausch, was sich besonders bei Smogwetterlagen im Winter oder im Hochsommer unangenehm bemerkbar macht. Wenn dann in den Sommermonaten zur verschmutzten Luft noch die Hitze hinzukommt, wird das Klima in der Stadt geradezu unerträglich.

GROSSSTÄDTE *haben ihr eigenes Klima: Luftschadstoffe sammeln sich bei bestimmten Wetterlagen an und erzeugen Los-Angeles-Smog (oben). In Paris (rechts) herrscht oft ein starkes Temperaturgefälle zwischen der Innenstadt und den Vororten.*

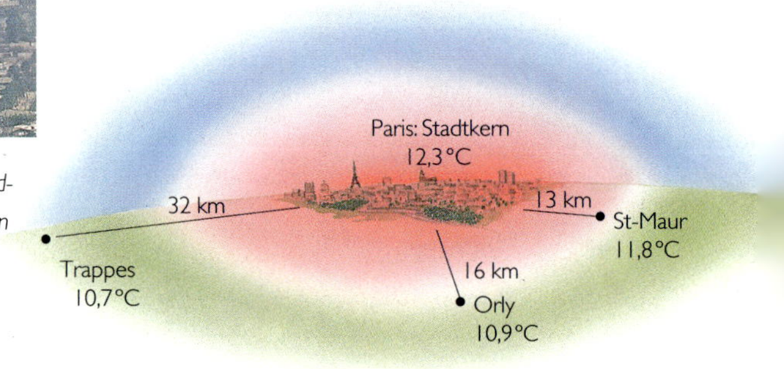

Freilich hat das Stadtklima durchaus auch positive Seiten: Bei den höheren Lufttemperaturen im Kern der Städte sind die Heizkosten im Winter deutlich geringer als in vergleichbaren Vorstadtlagen, der Schnee, der auf dem flachen Land den Verkehr behindert, taut in der Stadt meist schnell weg und Pflanzen leiden hier seltener unter Frost.

Neue Sintfluten

Ob in den USA am Mississippi und seinen Zuflüssen oder an Rhein, Mosel und jüngst an der Oder, ein Jahrhunderthochwasser folgt neuerdings dem anderen. Allein in der ersten Hälfte der 90er-Jahre wurden schon etliche Rekordhochwasser verzeichnet und beim höchsten Hochwasser der Oder seit Menschengedenken im Juli 1997 sprachen die Experten gar von einem Jahrtausendhochwasser. Neuesten Untersuchungen zufolge ist der Jahresniederschlag in den letzten 100 Jahren in Mitteleuropa in weiten Teilen um 50–150 mm gewachsen, also um 10–20 % der Mittelwerte. Dieses Mehr an Niederschlägen fiel vor allem im Winterhalbjahr. Gleichzeitig stiegen die Jahresmittelwerte der Temperatur zwischen Nordsee und Alpen im selben Zeitraum um fast 1 °C; überdurchschnittlich stark war der Anstieg im Herbst und Winter (bis 4 °C). Mildere, niederschlagsreichere Winter erhöhen zwangsläufig die Hochwassergefahr, denn der Niederschlag fällt überwiegend als Regen, die Verdunstung ist während der Vegetationsruhe sehr gering und der Oberflächenabfluss entsprechend groß. Vieles spricht dafür, dass diese Klimaänderung durch massive Eingriffe des Menschen in den Naturhaushalt und durch den Treibhauseffekt verursacht wurde; diesbezüglich sind sich die Experten noch nicht einig. Über die Rolle der Bodenversiegelung und die zunehmende Einengung der Flussauen bei Hochwassergefahr gibt es dagegen keinerlei Meinungsunterschiede. Von einem durch Beton oder Asphalt abgedichteten, versiegelten Boden fließt zwangsläufig mehr Wasser ab als von einer lockeren Bodenkrume, in der das Wasser versickert. Ebenso muss das Hochwasser bei gleich bleibenden Abflussmengen in einer durch Dämme eingeengten Stromaue auf höhere Pegelstände steigen als in einer breiten Niederung, in der sich das Hochwasser ausbreiten kann.

DIE ROLLE DER WÄLDER *im globalen Wettergeschehen ist noch unklar. Möglicherweise hat die Abholzung der borealen Nadelwälder (unten) verheerendere Folgen als die Rodung der tropischen Regenwälder (oben).*

> *Wir leben in einer blauen Kammer, im Innern einer Luftblase, die wir selbst geschaffen haben.*
>
> *The Lives of a Cell,*
> Lewis Thomas (1913–93),
> amerikanischer Schriftsteller

Die Folgen der Entwaldung für den Wasserhaushalt und die Bodenerosion sind längst bekannt. Welche Folgen könnte aber die Abholzung der borealen Nadelwälder haben, des letzten größeren geschlossenen Waldgürtels der Erde? Schneebedeckte Wälder werfen etwa die Hälfte der einfallenden Sonnenstrahlung ins All zurück, schneebedeckte Böden ohne ein natürliches Waldkleid dagegen mehr als zwei Drittel. Die vollständige Abholzung der borealen Nadelwälder würde daher unweigerlich zu einer Abkühlung der Erde um mehrere Grad führen.

Das Ozonloch

Der Abbau der schützenden Ozonschicht seit den 80er-Jahren ist ein Alarmsignal – vielleicht das allerletzte vor der großen Klimakatastrophe.

Ozon ist eine Sonderform des Sauerstoffs, denn seine Moleküle bestehen aus jeweils drei Atomen (O_3). Das Gas, das einen charakteristischen, sehr intensiven Geruch besitzt (griech. *ozon* = das Duftende), kommt in geringen Mengen auch in den unteren Schichten der Atmosphäre vor. Den größten Gehalt an Ozon weist die Luft jedoch in der Stratosphäre in Höhen zwischen 15 und 50 km auf. Das Gas bildet dort die Ozonschicht, einen natürlichen Schutzschirm, der alles Leben auf der Erde vor der schädlichen ultravioletten Strahlung der Sonne schützt.

Dieser Schutzschild ist inzwischen jedoch brüchig und für die energiereiche UV-Strahlung durchlässiger geworden. Umweltforscher hatten schon seit Beginn der 70er-Jahre vor der Gefahr gewarnt, dass durch die Abgase von Überschallflugzeugen, den zunehmenden Verbrauch von mineralischen Düngemitteln, vor allem aber durch Zersetzungsprodukte industriell erzeugter Spurengase (Fluorchlorkohlenwasserstoffe, abgekürzt FCKW) die empfindliche Ozonschicht zerstört werden könnte.

SPRAYDOSEN *(oben) enthielten bis vor wenigen Jahren vielfach FCKW als Treibmittel; diese Chemikalien werden u. a. auch als Kühlmittel eingesetzt.*

Die Ozonschicht

Ozon entsteht innerhalb der oberen Stratosphäre und Mesosphäre (s. S. 25) unter dem Einfluss der Strahlung der Sonne aus molekularem Sauerstoff, wird dort gleichzeitig jedoch auch durch fotochemische Prozesse in Sauerstoffatome zerlegt, die sich dann wieder zu Sauerstoffmolekülen verbinden. Beim natürlichen Aufbau und Zerfall wird einerseits Wärme freigesetzt – die Ozonschicht ist die Heizfläche der oberen Atmosphäre –, zum andern wird dabei der sehr energiereiche und lebensgefährliche UV-Anteil der Sonnenstrahlung fast völlig absorbiert. Die Schicht, in der die Umwandlungsvorgänge ablaufen, ist zwar über 20 km dick, doch das Ozon hat daran lediglich einen winzigen Anteil. Ohne die anderen Gase würde es in konzentrierter Form nur eine im Durchschnitt 2–3 mm dicke Schicht rund um den Erdball bilden. Das meiste Ozon entsteht (und zerfällt) über den Tropen, wo die

DER ABBAU DER OZONSCHICHT *über der Antarktis hat wahrscheinlich verheerende Folgen für die Flora und Fauna, etwa für Dominikanermöwen.*

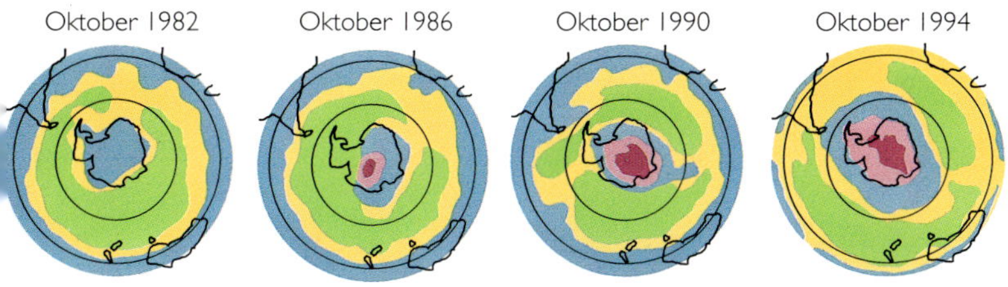

DAS OZONLOCH, *oben in dunkel- und rosaroten Farben dargestellt, hat sich seit den frühen 1980er Jahren über dem Südpolargebiet dramatisch vergrößert und umfasst nun eine Fläche von mehr als 30 Mio. km².*

LUFTVERÄNDERUNGEN MESSEN *Mit mobilen Geräten wie hier auf Hawaii (unten) kann man den Ozongehalt der Luft an verschiedenen Orten feststellen.*

Sonnenstrahlung am stärksten und über das Jahr hinweg am beständigsten ist. Stratosphärenwinde verteilen das Gas von dort um die ganze Erde. Die Austauschbahnen verlaufen ungefähr parallel zur Tropopause und da diese Grenzschicht zwischen Troposphäre und Stratosphäre zu den Polen hin absinkt, gelangen die ozonhaltigen Luftmassen auf dem Weg nach Norden oder Süden in tiefere Stockwerke der Atmosphäre, in denen die Strahlung und damit auch die fotochemische Zersetzung des Ozons weniger intensiv als über den kräftig bestrahlten Tropen ist. Unter natürlichen Bedingungen reichert sich Ozon in der polaren Stratosphäre an und ein Teil fließt von dort wieder zurück zum Äquator.

Die Ozonkiller

Das natürliche Gleichgewicht zwischen Ozonaufbau und -zerfall, das nur hin und wieder durch vulkanische Aschen und Gase bzw. erhöhte Strahlung in Zeiten verstärkter Sonnenaktivität (s. S. 116) gestört wird, droht durch die wachsende Verschmutzung der Atmosphäre aus dem Lot zu geraten. Neben Stickoxiden aus Flugzeugabgasen zehren vor allem die FCKW am Ozonvorrat. Sie setzen in Höhen von 20–40 km unter dem Einfluss der Sonnenstrahlung Chlor frei, das als Katalysator die Umwandlung von Ozon in molekularen Sauerstoff enorm beschleunigt.

Die ersten Spuren dieses Raubbaus zeigten sich Mitte der 70er-Jahre, zu einer Zeit also, als der Mensch die Atmosphäre bereits mit über 7 Mio. t Fluorchlorkohlenwasserstoffen verseucht hatte. Über dem antarktischen Kontinent nahm der Ozongehalt der Stratosphäre von Jahr zu Jahr immer mehr ab. Mitte der 90er-Jahre registrierte man hier einen Rückgang des Ozons um fast 80 % und in der am stärksten betroffenen Schicht der Atmosphäre zwischen 14 und 19 km Höhe lag der Verlust schon bei über 99 %. Inzwischen hat der Ozonschwund in abgeschwächter Form die Gebiete über dem Nordpol erfasst, denn auch hier sind mittlerweile etwa 20 % der Ozonschicht zerstört.

Wir leben in einer Zeit atmosphärischer Tumulte … und das Ergebnis ist ein turbulentes Schauspiel, das wir Wetter nennen.

Knowing the Weather,
T. M. LONGSTRETH (1886–1975),
amerikanischer Schriftsteller

ASCHENERUPTIONEN, *hier des Vulkans Pinatubo auf den Philippinen, haben die Zerstörung der Ozonschicht noch beschleunigt.*

Der Treibhauseffekt

Erst durch die Spurengase wird die Erde zu einem bewohnbaren Planeten, doch eine Spur zu viel davon ist gefährlich.

DER STRASSENVERKEHR *belastet die Atmosphäre der Erde Jahr für Jahr mit mehr als 5000 Mio. t Kohlendioxid – eine der Hauptursachen des Treibhauseffekts.*

Hätte die Erde keine Atmosphäre, dann wäre es an der Erdoberfläche wie auf dem Mond tagsüber kochend heiß (bis zu etwa 120 °C), nachts dagegen eisig kalt (bis etwa –130 °C). Die mittlere Lufttemperatur der gesamten Erde läge dann nicht bei frühlingshaften 15 °C, sondern bei sibirischen –18 °C. Die Atmosphäre versorgt folglich nicht nur alle Lebewesen auf der Erde mit dem lebensnotwendigen Sauerstoff, sie wärmt die Erde auch wie eine warme Decke, mildert die Extreme, sorgt in der Strahlungsbilanz für ein gesundes Gleichgewicht zwischen Soll und Haben, dem Energieverlust durch die Wärmeausstrahlung der Erde und dem Energiegewinn durch Zufuhr von Sonnenenergie. Auf diese Weise pendeln die Temperaturen in einem recht engen Bereich, in dem die meisten Lebewesen existieren können.

Solare Strahlung

Von jeder Kilowattstunde Sonnenenergie, die an der Obergrenze der Erdatmosphäre eintrifft, gelangt im Durchschnitt nur etwa die Hälfte bis zur Erdoberfläche: Fast 30 % werden durch Reflexion und Streuung in der Atmosphäre sofort wieder in den Weltraum zurückgestrahlt und rund 20 % werden von ihr absorbiert. Von der einfallenden Strahlung, die bis zum Grund der Atmosphäre durchdringt, wird dann noch ein mehr oder weniger großer Teil an der Erdoberfläche reflektiert: Frisch gefallener Schnee wirft bis über 90 % zurück, bei Laub- und Nadelwäldern beträgt der Anteil weniger als 10 %, die tropischen Ozeane reflektieren sogar nur etwa 5 % der solaren Strahlung. Dadurch ergeben sich regional und jahreszeitlich große Unterschiede in der Strahlungsbilanz.

Erdstrahlung

Die Erdoberfläche nimmt die einfallende kurzwellige Strahlung auf, wandelt sie in Wärme um und gibt die Wärmeenergie sofort bis auf einen kleinen Rest durch langwellige (infrarote) Strahlung ab. Diese terrestrische Strahlung wird jedoch fast vollständig von Wasserdampf, Kohlendioxid und anderen Spurengasen in der Atmosphäre absorbiert und als atmosphärische Gegenstrahlung wieder zur Erdoberfläche zurückgestrahlt. Der Erdoberfläche verbleibt so im Durchschnitt ein Energiegewinn von 30 %.

Das System Erde–Atmosphäre gleicht daher einem riesigen Gewächshaus, in dem die Atmosphäre wie die Glasscheiben die kurzwellige Sonnenstrahlung zum großen Teil bis zum Erdboden durchdringen lässt, doch die von der erwärmten Erdoberfläche ausgesandte langwellige

SPURENGASE *Durch Verbrennung fossiler Brennstoffe wird Kohlendioxid abgegeben (oben). Die Aufschäumung von Kunststoffen setzt FCKW frei (rechts oben). Aus Rindermägen entweicht Methan (rechts). Gerodete Bäume nehmen kein Kohlendioxid auf (ganz rechts).*

KOHLENDIOXIDGEHALT DER ATMOSPHÄRE

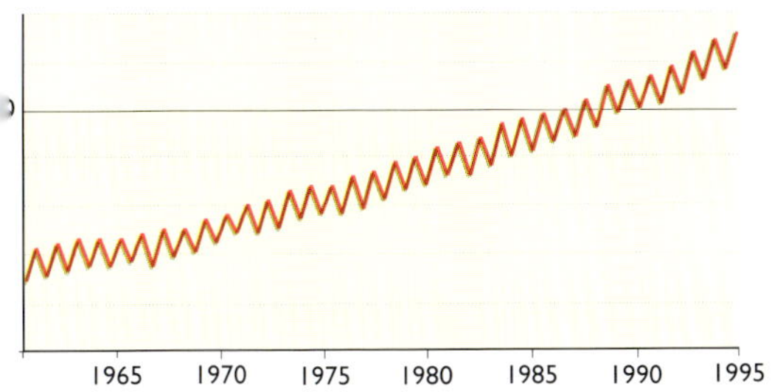

AKTUELLE UND GESCHÄTZTE ERWÄRMUNG

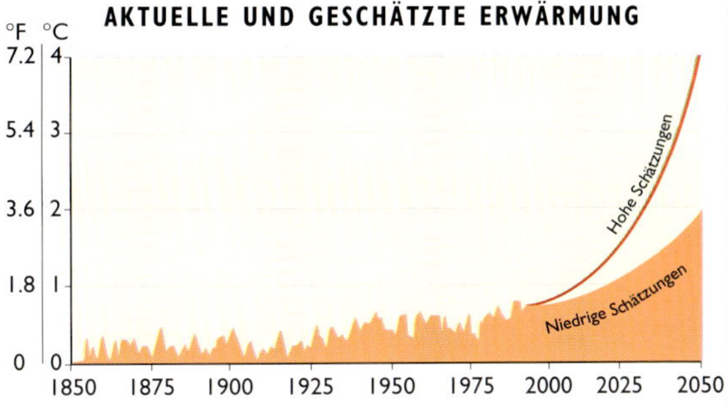

Strahlung absorbiert und in Wärmeenergie umsetzt. Die langwellige Strahlung wird dabei von den Gasen aufgenommen, die von Natur aus nur in Spuren, d. h. in sehr geringen Anteilen, in der Atmosphäre enthalten sind; neben Kohlendioxid und Wasserdampf sind es z. B. auch Methan und Stickoxide. Stickstoff und Sauerstoff als Hauptbestandteile der Luft lassen dagegen die langwellige Strahlung fast ungehindert in den Weltraum entweichen.

Zu viel des Guten

Der Treibhauseffekt ist eine der Grundvoraussetzungen für die Existenz von Lebewesen auf der Erde, die erst dank der Spurengase zu einem bewohnbaren Planeten wird. Ein steigender Anteil von Spurengasen, wie man ihn z. B. seit Jahrzehnten beim Kohlendioxid beobachtet (oben links), ist freilich kein Anlass zur Freude, denn dadurch würde wahrscheinlich die mittlere Lufttemperatur der Erde (oben rechts) weiterhin mehr oder weniger stark ansteigen und u. a. zu einer großräumigen Verschiebung der Klimazonen führen.

❷ **Die Erdstrahlung** im langwelligen (infraroten) Bereich wird zum größten Teil von den Spurengasen absorbiert und danach wieder zur Erdoberfläche zurückgestrahlt.

❸ **Durch menschliche Tätigkeiten, z. B. durch die Verbrennung fossiler Brennstoffe,** steigt der Anteil des Kohlendioxids und anderer Spurengase weit über das normale Maß.

DER TREIBHAUSEFFEKT *ist ein komplexes Wechselspiel zwischen Einstrahlung und Ausstrahlung.*

❶ **Die solare Strahlung** durchdringt nur etwa zur Hälfte die Atmosphäre, die andere Hälfte wird von der Lufthülle reflektiert und absorbiert.. Ein kleiner Anteil wird von der Erdoberfläche reflektiert.

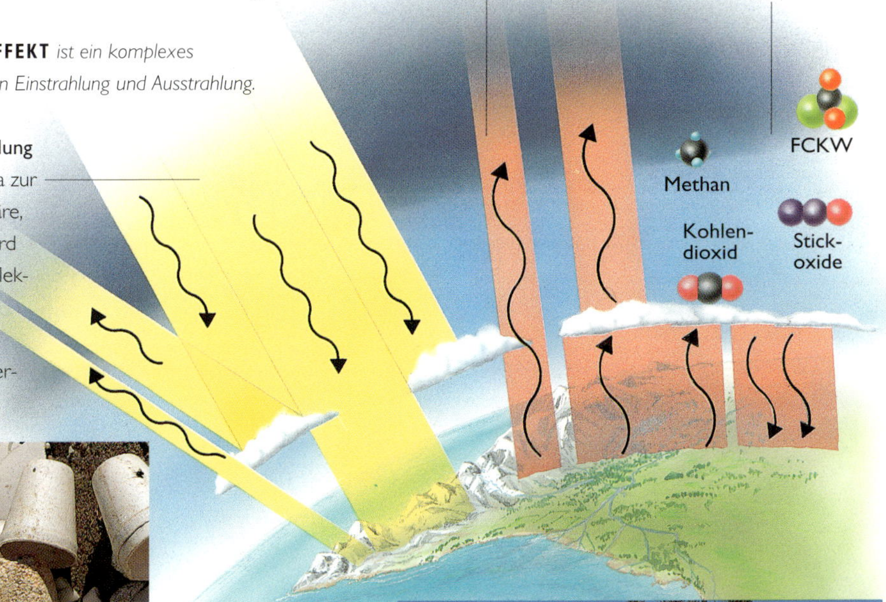

Die globale Erwärmung

Die Erdatmosphäre hat sich erwärmt, dies steht fest, doch die Ursachen und Folgen des Temperaturanstiegs sind noch weitgehend ungeklärt.

Die mittleren Luftwerte in den bodennahen Schichten der Atmosphäre sind in den letzten Jahrzehnten weltweit gestiegen – in Deutschland seit 1891 um fast 1 °C – und die globale Mitteltemperatur hat seit Beginn des 20. Jahrhunderts um 0,5–0,7 °C zugenommen. Diese Werte decken sich recht gut mit Modellrechnungen, die auf der Zunahme des Kohlendioxidgehalts der Atmosphäre beruhen, und dies wiederum spricht dafür, dass menschliche Aktivitäten – wenigstens teilweise – für den Temperaturanstieg verantwortlich sind.

Von einer unwiderlegbaren Beweisführung ist man freilich noch weit entfernt; es gibt im irdischen Ökosystem einfach noch zu viele Faktoren, deren Einfluss unbekannt und unvorhersehbar ist, z. B. die Rolle der Meeresströmungen (s. S. 118) oder der Einfluss der Abholzung der borealen Nadelwälder (s. S. 121), auf die Strahlungsbilanz.

UNSER ENERGIEHUNGER *wird zum Großteil durch die Verbrennung fossiler Brennstoffe gestillt (rechts) – eine Ursache des Treibhauseffekts; Fahrraddemonstration anlässlich der Klimakonferenz in Berlin 1995 (unten)*

Unklarheit besteht auch über die Auswirkungen der Wolken auf das Klima der Erde. Wolken reflektieren einerseits die Sonnenstrahlung und verringern so die Energiezufuhr, wirken andererseits aber auch als eine Art Wärmefalle, indem sie die Strahlung absorbieren. Insgesamt überwiegt jedoch die Reflexion, sodass dickere, geschlossenere Wolkendecken wahrscheinlich eine Abkühlung der bodennahen Schichten der Erdatmosphäre bewirken. Doch vorerst scheint sich der Temperaturanstieg fortzusetzen. Höhere Temperaturen bedeuten höhere Verdunstung sowie einen höheren Wasserdampfgehalt der Atmosphäre, der mit einer dichteren Bewölkung verbunden ist. Die Kondensation des Wasserdampfs und die Wolkenbildung werden dabei zusätzlich durch Verbrennungsprodukte gefördert, die als Kondensationskerne (s. S. 42) wirken.

NACH DIESEM KLIMAMODELL *werden sich die Oberflächentemperaturen der Erde bei einem Anstieg des Kohlendioxidgehalts der Atmosphäre auf das Doppelte der heutigen Werte und vor allem auf der Nordhalbkugel regional um 8–12 °C (roter Farbton) erhöhen.*

DIE GAIA-THEORIE

Gaia, die griechische Göttin der Erde, hat einer Theorie den Namen gegeben, mit der die amerikanische Mikrobiologin Lynn Margulis und der britische Physiker James Lovelock in den 70er-Jahren in der Fachwelt für Aufsehen sorgten. Danach kann man die Erde als einen riesigen Organismus betrachten, in dem die Abermilliarden von Lebewesen wie die Zellen eines Körpers zusammenarbeiten, um die für das Überleben dieses Organismus optimalen Umweltbedingungen zu erhalten.

Angesichts der fortschreitenden Umweltzerstörung mag diese Theorie recht weltfremd erscheinen, doch in zwei Punkten ist sie zweifellos richtig: Das Geschehen auf der Erde ist nur zu begreifen, wenn man sie als Einheit betrachtet, und sie wird als belebter Planet nur dann weiter bestehen, wenn alle Menschen zusammenwirken.

Möglicherweise wird der Temperaturanstieg mit der gleichzeitigen Zunahme des Bewölkungsgrads irgendwann einmal gestoppt und es stellt sich ein neues Gleichgewicht auf höherem Niveau ein, oder aber das Klimapendel schlägt dann wieder zur kälteren Seite hin aus und beschert uns eine neue kleine oder große Eiszeit. Schließlich leben wir in einer Periode der Erdgeschichte, in der es seit mindestens 2 Millionen Jahren wiederholt kräftige Klimaschwankungen zur kalten wie zur warmen Seite hin gab. Warum sollte ausgerechnet zu Beginn einer Epoche, die von den Geologen optimistisch als postglazial, d. h. nacheiszeitlich, bezeichnet wird, das Klimapendel plötzlich zur Ruhe gekommen sein?

Die Lufttemperatur, auf die sich das Augenmerk bei den Modellberechnungen vor allem richtet, ist nur ein einzelner Faktor in dem verwickelten Netz von klimatischen Wechselbeziehungen. Mindestens ebenso groß ist der Einfluss des Niederschlags, dessen Entwicklung man nur schwer abschätzen kann. Unvorhersehbar bleiben auch künftige Änderungen in der Oberflächen- und Tiefenzirkulation der Weltmeere oder der atmosphärischen Zirkulation bei einem verstärkten Temperaturgefälle zwischen den äquatorialen und den polaren Zonen der Erde.

MASSNAHMEN GEGEN DIE ERWÄRMUNG

Die vielen offenen Fragen sollten die Menschheit freilich nicht dazu verleiten, den bequemsten Weg zu gehen: die Hände in den Schoß zu legen und wie von einer Zuschauertribüne aus in aller Ruhe, so als ob sie dies alles überhaupt nichts anginge, zu beobachten, wohin das Klimapendel ausschlägt. Vielleicht verstärkt die Belastung der Atmosphäre mit Spurengasen nur einen natürlichen Klimatrend; doch hier kann der Mensch noch eingreifen, indem er den Ausstoß von Kohlendioxid, von FCKW und anderen Gasen drastisch einschränkt. Mehrere internationale Konferenzen haben sich mit diesem Thema beschäftigt, z. B. 1992 in Rio de Janeiro und 1995 in Berlin. Klimakonventionen wurden verabschiedet und in einigen Bereichen, wie der Produktion und Verwendung von FCKW, wurden auch Erfolge verzeichnet. Der Ausstoß von Kohlendioxid, das maßgeblich an der Erwärmung der Erdatmosphäre beteiligt ist, ist dagegen noch immer zu hoch.

KLIMAKONFERENZEN *wie die von Berlin 1995 (rechts) endeten bisher meist mit unverbindlichen Absichtserklärungen; derweil geht der Temperaturanstieg anscheinend ungebremst weiter und die Desertifikation (oben) schreitet fort.*

KAPITEL 6

DER MENSCH UND DAS WETTER

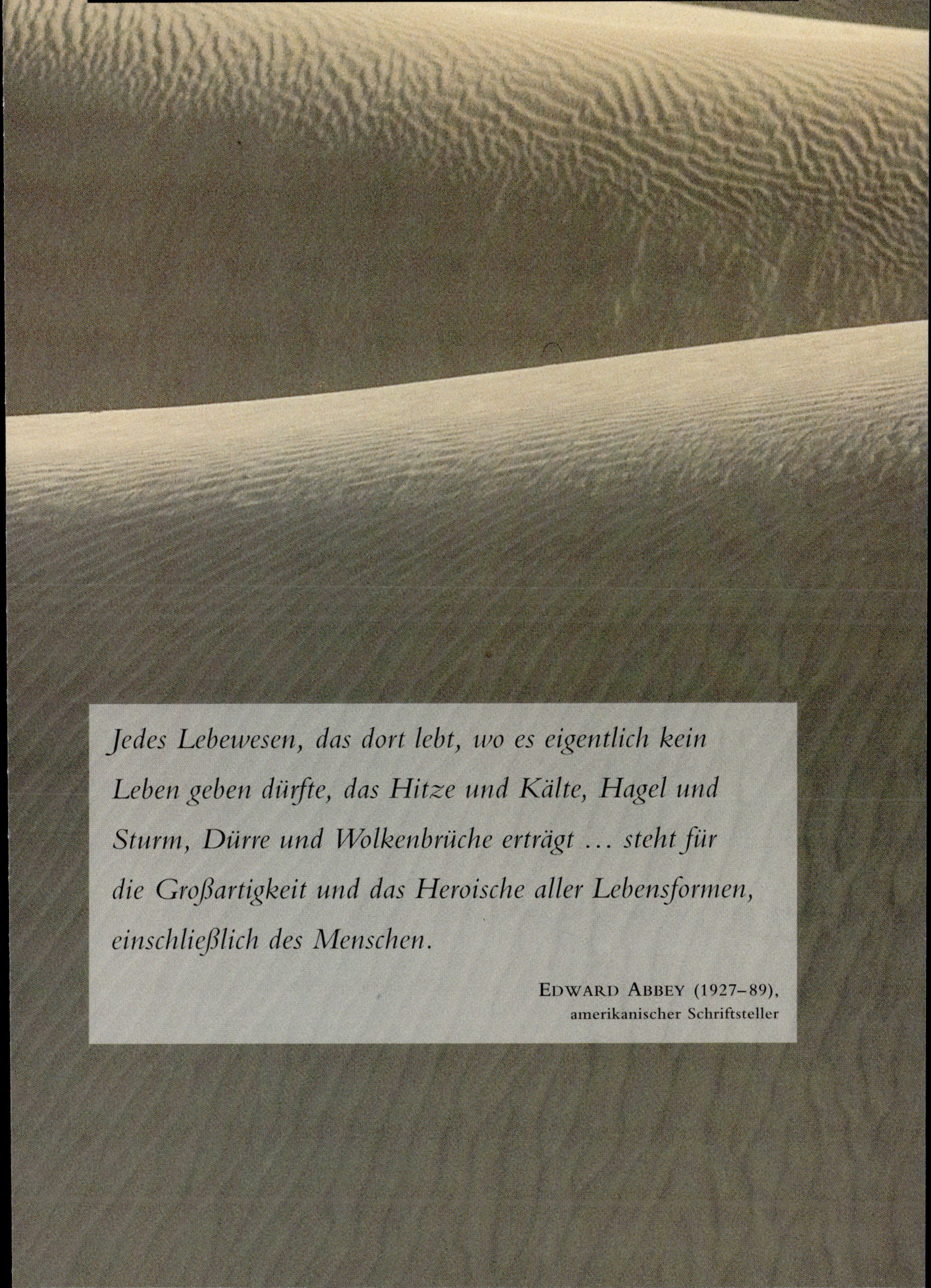

Jedes Lebewesen, das dort lebt, wo es eigentlich kein Leben geben dürfte, das Hitze und Kälte, Hagel und Sturm, Dürre und Wolkenbrüche erträgt … steht für die Großartigkeit und das Heroische aller Lebensformen, einschließlich des Menschen.

EDWARD ABBEY (1927–89),
amerikanischer Schriftsteller

Wetter und Gesundheit

Das Wetter beeinflusst die Gesundheit auf verschiedenste Weise, mitunter ist es sogar lebensgefährlich.

Obwohl sich der Mensch überall auf der Erde an die unterschiedlichsten Klimate angepasst hat, ist der Temperaturbereich, in dem man gesund und angenehm leben kann, relativ eng. Im Körper muss ständig eine Temperatur von etwa 37 °C herrschen, denn größere Schwankungen führen zu Erkrankungen wie Unterkühlung und Frostbeulen bei zu großer Kälte und zu Hitzschlag bei zu hohen Temperaturen.

Hitze und Kälte

In Ländern mit ausgeprägten jahreszeitlichen Temperaturschwankungen sind Todesfälle am häufigsten im Winter, wenn Kreislauferkrankungen, Beschwerden der Atemwege und Infektionen zunehmen. Bei tiefen Temperaturen kühlt die Körperhülle aus, der Blutdruck steigt und das Herz muss mehr leisten. Das Risiko für Menschen mit Kreislaufproblemen ist deshalb erheblich und gefährdete Personen sollten daher körperliche Anstrengungen meiden.

Die Unterkühlung des Körpers verringert außerdem die Widerstandskraft gegenüber Infektionen, von der harmlosen Erkältung bis zu ernsten Erkrankungen wie Grippe. Die Ausbreitung von Krankheiten wird im Winter auch dadurch gefördert, dass sich die Menschen in geschlossenen Räumen treffen.

Kalte, trockene Winterluft trocknet die Haut stark aus und macht sie anfälliger für diverse Hautkrankheiten. Bei sehr strenger Kälte treten schließlich Gewebeschäden in Form von Frostbeulen auf.

Heißes Wetter fördert andererseits die Vermehrung von Bakterien und bei unzureichenden hygienischen Verhältnissen kann es zu Epidemien kommen. Besonders oft treten sie in den Ländern der Dritten Welt auf, wo sauberes Trinkwasser nicht überall verfügbar ist. In den Tropen und Subtropen herrscht vielerorts ein Malariaklima mit einer schwülwarmen Regenzeit. Malaria wird von Mücken übertragen und die stechenden Insekten brauchen warmes, feuchtes Wetter, um sich zu entwickeln.

KALTES WETTER *(oben) schwächt die Widerstandskraft gegenüber Infektionen. Hitzewellen, wie 1895 in Paris (rechts), sind eine Qual für Mensch und Tier.*

DAS WETTER *soll für vieles verantwortlich sein, für die Ungezogenheit der Kinder (oben) wie für Selbstmorde (links).*

;CHMERZ UND WETTER

nfektiöse Atemwegserkran-:ungen und Muskelschmer-en werden offenbar durch ·lötzliche Schwankungen der ,ufttemperatur und -feuch-igkeit beim Durchzug von Varm- und Kaltfronten usgelöst. Ein Wetterum-chwung kann ebenfalls zu Ierz- und Migräneanfällen ihren.

Viele Menschen be-aupten, sie könnten das Vetter nach den Schmer-en in ihren Gliedern vor-ersagen. Es gibt heute war zuverlässigere Prog-oseverfahren, in etlichen tudien wurde jedoch ein-eutig nachgewiesen, dass owohl die bei Gelenkent-ündungen auftretenden chmerzen als auch die 'hantomschmerzen in ampu-erten Gliedern mit einem asch fallenden Luftdruck oder er steigenden Luftfeuchtig-eit beim Durchzug einer Varmfront (s. S. 34) zusam-nenhängen.

VETTERFÜHLIGKEIT

um häufigsten sind jedoch sychische Beschwerden und in Unwohlsein, das allge-nein mit dem Begriff Wetter-ihligkeit umschrieben wird.)as Wetter beeinflusst zwei-ellos die Stimmungslage, ann zu Missstimmungen von eichter Niedergeschlagenheit is zu schweren Depressionen ihren. Auf welche Weise diese Beschwerden entstehen, ist noch gänzlich unbekannt und lässt sich auch nicht ohne weiteres erforschen, weil zwei Personen auf denselben Wetterreiz genau entgegengesetzt reagieren können.

Häufig gilt ein bestimmter Wind als Ursache. Das bekannteste Beispiel ist der (Süd-)Föhn, der an manchen Tagen über die nördlichen Alpen und das nördliche Alpenvorland bis hinauf zur Donau fegt und durch plötzliche Änderungen der Temperatur, der Luftfeuchtigkeit und des Luftdrucks bei vielen Menschen die so genannte Föhnkrankheit auslöst. Zu ihren allgemeinen Symptomen gehören Unruhe und Reizbarkeit, ebenso wie Mattigkeit und Arbeitsunlust. Hitzewellen machen anscheinend manche Menschen aggressiv und gewalttätig. Während der Hitzewelle im Sommer 1988 stieg z. B. in New York die Zahl der Morde um 75 % an. Dies könnte jedoch auch nur eine indirekte Folge der hohen Temperaturen gewesen sein, denn an heißen Tagen wird gewöhnlich mehr Alkohol getrunken, eine Droge, die den einen friedlich, den anderen aber aggressiv stimmt. Auf ähnlichen Umwegen macht sich zuweilen winterliches Wetter negativ bemerkbar. Jeder, der tage- oder gar wochenlang in einer durch hohen Schnee von der Außenwelt abgeschnittenen Berghütte mit anderen Menschen zusammenleben musste, kennt das Phänomen des so genannten Hüttenkollers. Und das größte Problem für Forscher, die in den Polargebieten überwintern müssen, ist nicht die Kälte, sondern die lange, finstere Polarnacht.

SONNIGES WETTER *treibt die Menschen an den Strand, aber bei allzu langem Aufenthalt droht Sonnenbrand.*

Hitzestress

Die Wiege der Menschheit liegt vermutlich in den heißen, trockenen Savannen Afrikas. Erklärt dies, wieso sich jeder von uns an die Hitze anpassen kann?

INNERTROPISCHE REGIONEN *(links) verzeichnen meist nicht so hohe Temperaturen wie die subtropischen Wüsten (oben).*

Wir kühlen uns durch Schwitzen ab: Unsere Hauttemperatur sinkt, indem der Schweiß auf ihr verdunstet. Die menschliche Haut ist mit mehr als drei Millionen Schweißdrüsen besetzt und jede von ihnen scheidet Flüssigkeit aus, die an der Luft verdunstet. Dabei wird die Verdunstung durch die relativ spärliche Behaarung des Körpers beschleunigt. Allerdings gehen wir so das Risiko ein, zu viel Wasser zu verlieren.

Heiss und trocken

In Hitzewüsten kann ein erwachsener Mensch, der sich rasch bewegt, mehr als 2 l Wasser pro Stunde verlieren. Ohne einen regelmäßigen Ausgleich der Wasserverluste kommt es bald zur Austrocknung des Körpers, die unter Umständen mit einem tödlichen Hitzschlag endet.

Die relative Luftfeuchtigkeit (s. S. 40) entscheidet darüber, ob der Abkühlungsprozess erfolgreich ist: je höher die Luftfeuchtigkeit, umso geringer die Abkühlung. In äquatorialen Regionen ist es grundsätzlich nicht wärmer als in weiter nördlich oder südlich davon gelegenen Trockengebieten, doch hier herrscht ein ständig feuchtheißes Klima mit hohen Niederschlägen. Unter solchen Bedingungen verdunstet der ausgeschiedene Schweiß auf der Haut nur langsam, das Schwitzen bringt also keine nennenswerte Abkühlung.

Die Menschen, die in den heißesten, trockensten Gegenden der Welt leben, haben sich offenbar physiologisch im Lauf vieler Generationen auf verschiedene Weise an das ungünstige Klima angepasst. Eine geringe Körpermasse, schlanke Kör-

HITZE UND LUFTFEUCHTIGKEIT

Heißes Wetter kann für den Menschen angenehm sein oder auch nicht. Die Behaglichkeit hängt dabei von der jeweiligen Kombination aus Lufttemperatur und -feuchtigkeit ab. Unangenehm feuchtwarmes Wetter wird allgemein als schwül bezeichnet und es gibt eine ganze Reihe von Verfahren, die subjektiven Empfindungen mit Zahlenwerten zu untermauern und eine Schwülegrenze festzulegen.

Sofern die empfundene Temperatur mehr als 32 °C beträgt, ist das Wetter für etwa die Hälfte der Menschen unbehaglich – sie leiden unter der Schwüle. Bei mehr als 41 °C fühlen sich fast alle Menschen unwohl.

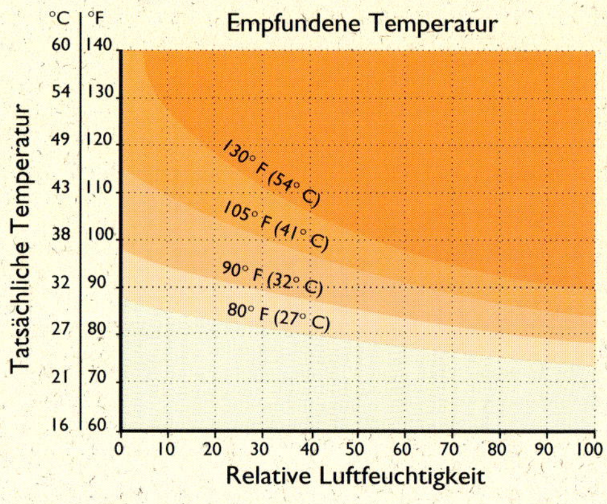

EMPFUNDENE TEMPERATUR *Der Schnittpunkt der senkrechten und waagrechten Linien für die tatsächliche Temperatur bzw. Luftfeuchtigkeit ergibt die empfundene Temperatur.*

pergestalt und lange Gliedmaßen beschleunigen die Abkühlung durch Schwitzen, lange Nasen können die Wasserabgabe durch die Atemluft vermindern und die dunkle Hautfarbe schützt vor der intensiven Sonneneinstrahlung.

In medizinischen Untersuchungen konnte freilich nachgewiesen werden, dass auch Menschen mit vollkommen anderem Körperbau sich ziemlich schnell an die Hitze gewöhnen. Nach 1–2 Wochen fühlen sich Urlauber aus den kühl- oder kaltgemäßigten Klimazonen Mittel- und Nordeuropas selbst in so heißen Regionen wie den Küsten des Roten Meeres wohl. Sie schwitzen mehr, verlieren aber weniger Salze, ihr Herz-Kreislauf-System steht kaum noch unter Stress und die Körpertemperatur steigt bei körperlichen Anstrengungen weniger an.

In der Wüste leben

Die Herausforderung des Lebens in Hitzewüsten besteht weniger in der Hitze, sondern vor allem im Wassermangel. Darauf musste und muss der Mensch immerfort seine gesamte Lebensweise ausrichten, z. B. indem er als Nomade auf der Suche nach Nahrung und Wasser für sich und seine Tiere von einem Ort zum andern zog. Wo Wasser in Trockengebieten reichlicher vorhanden ist, etwa an Flüssen oder ergiebigen Quellen, entwickelten sich Oasen mit einer ganz anderen Wirtschaftsweise, Gesellschaftsstruktur und Denkweise der Bewohner.

In den reichen Industrieländern begegnet man der Hitze mit modernsten Klimaanlagen. Diese erzeugen zwar ein angenehmes Raumklima, verschlingen jedoch viel kostbare Energie und sind nicht gerade gesundheitsfördernd. Eine dem Klima angemessenere Kleidung und Bauweise wären dabei sinnvoller und auf diesem Gebiet kann man einiges von den so genannten Naturvölkern lernen.

Der einfachste Schutz des Körpers vor zu großer Hitze und der schädlichen ultravioletten Strahlung der Sonne ist noch immer eine Kleidung, welche die Sonnenstrahlen absorbieren kann, bevor sie die Haut erreichen. Die westliche Mode will den Körper jedoch von lästigen Hüllen befreien – mit dem entsprechenden Erfolg: Einer Statistik zufolge leiden im australischen Bundesstaat Queensland über drei Viertel der mehr als 65-jährigen Einwohner unter Hautkrebs. Die traditionelle Kleidung der Araber – lange, weit geschnittene, fließende Gewänder – eignet sich viel besser für heiße Klimazonen. Sie lässt die Luft zirkulieren, fördert so die Verdunstung, schützt aber gleichzeitig die Haut vor den schädlichen Sonnenstrahlen.

VERANDEN, *wie hier im tropischen Norden Australiens, fördern die Luftzirkulation.*

WINDTÜRME *sind Beispiele für klimagerechte Architektur. Diesen Bauwerken, die den Wind einfangen und in die Wohnräume leiten, begegnet man vor allem auf der Arabischen Halbinsel (links). Auch die Kleidung (oben) muss luftig sein.*

Kältestress

Der Mensch zählt nicht zu den natürlichen Bewohnern kalter Klimazonen. Um hier dennoch zu überleben, musste er sich Mikroklimate selbst erschaffen.

EIS UND FROST
Des einen Freud, des andern Leid (ganz oben) Winterliches Lappland (oben); ein Inuit-Haus aus Schnee (links)

Menschen sind Kälte gegenüber sehr empfindlich. Ohne schützende Kleidung wird es manchen bereits um 20 °C kalt, sie zittern und erzeugen im Körper mehr Wärme. Starke und andauernde Wärmeverluste können zu Unterkühlung und Erfrierungen führen. Sinkt die Körpertemperatur allgemein unter 20 °C, stirbt der Mensch.

Kälteschutz

Der beste Schutz gegen Kälte ist eine gleichmäßig unter der Haut verteilte Fettschicht. Der weibliche Körper ist diesbezüglich von der Natur besser ausgestattet; dafür frieren Frauen meist leichter an Füßen und Händen. Schweren, stämmigen Menschen wird es dagegen nicht so schnell kalt wie großen, schlanken oder auch Kindern, denn das Verhältnis zwischen der Körpermasse, in der die Wärme erzeugt, und der Körperoberfläche, von der Wärme abgegeben wird, ist bei ihnen günstiger.

Im Unterschied zur bemerkenswerten Fähigkeit, uns hohen Temperaturen rasch anzupassen (s. S. 132), sind wir kaum in der Lage, uns körperlich auf tiefe Temperaturen einzustellen. Allenfalls Hände und Füße können sich an die Kälte gewöhnen. Untersuchungen haben ergeben, dass Menschen, die ständig in kalten Klimazonen arbeiten, besser durchblutete Hände und Füße besitzen. Die Anpassung an die Kälte ist freilich ein langwieriger Prozess und bei einer Reise in kalte Gegenden sollte man daher besser auf warme Handschuhe, Strümpfe und Schuhe vertrauen.

Lebensraum Arktis

Die Polargebiete haben von allen Zonen das unwirtlichste, menschenfeindlichste Klima. Trotzdem leben dort Menschen, und zwar nicht erst seit wenigen Jahrzehnten und mithilfe modernster Technik, sondern schon seit vielen Generationen und nur mit dem, was ihnen die Natur gibt. Die Völker der Arktis, etwa die Samen (Lappen) der Inuit, haben eine Reihe on Strategien entwickelt, mit enen sie die extrem kalten nd langen Winter über- ehen. Dazu gehört in erster inie eine warme, wind- und 'asserdichte Kleidung, die sie 1s den Fellen einheimischer 'iere anfertigen und die sie or den Temperaturen bis 60 °C bewahrt. Genauso 'ichtig ist aber auch eine 'interfeste Behausung, ein elt aus Rentier- oder Kari- ufell, das mit einem kleinen euer beheizt wird, oder ein 1s Schneequadern errichte- r Iglu. Dessen Energie und Iaterial sparende halbkugel- rmige Bauweise vereint nen möglichst großen nnenraum mit einer mög- chst kleinen Oberfläche.

RÄFTIGE NAHRUNG

ie Inuit verzehren große Iengen tierischer Fette, aber aum frisches Gemüse. Diese rnährung gilt nicht eben als esundheitsfördernd, versorgt en Körper jedoch mit der otwendigen Energie. Erkran- ungen des Herz-Kreislauf- ystems, unter denen viele Ienschen in den Industrie- aaten leiden, sind bei den uit relativ selten, offenbar eil sie sich hauptsächlich on Fisch ernähren und die rin enthaltenen Öle ein eringeres Gesundheitsrisiko rstellen.

Mithilfe dieser Kombina- on aus klimagerechter Be- eidung, Behausung und rnährung, dank einer Wirt- haftsweise, die auf Jagd und schfang beruht, durch den omadischen oder halbnoma- schen Lebensstil, der keine zu große Belastung für die türliche Umwelt bildet, önnen die arktischen Völker it Jahrtausenden in den olargebieten überleben.

DIE INUIT *der Arktis fertigen ihre Zelte aus Karibufellen, Knochen und Geweihen.*

EIN KALTER WIND ...

Wind und tiefe Temperaturen führen gemeinsam zu weitaus größeren Wärmeverlusten als strenger Frost allein. Als Maßstab für den Wärmefluss dient der so genannte Wind-Chill-Index, der in Ländern entwickelt wurde, in denen eisige Winde an der Tagesordnung sind. *Wind-chill* bedeutet so viel wie Abkühlung durch den Wind. In Deutschland wird seit einigen Jahren in Wettervorhersagen manchmal die empfundene Temperatur genannt, mit der man bei den zu erwartenden Temperaturen und Windgeschwindigkeiten rechnen muss. Über den Wind und die Lufttemperatur hinaus werden dabei allerdings auch andere Wettereigenschaften wie Luftfeuchtigkeit und Strahlung berücksichtigt. Die vom Menschen empfundene Temperatur kann beträchtlich von der tatsächlich gemessenen Lufttemperatur abweichen. Eine Lufttemperatur von 4 °C und eine Windgeschwindigkeit von knapp 50 km/h ergeben z. B. nach der Wind-Chill-Tabelle eine empfundene Temperatur von −11 °C und bei −7 °C und derselben Windgeschwindigkeit beträgt der Unterschied zwischen tatsächlicher und empfundener Temperatur schon mehr als 20 °C.

Wind in Meilen/h	Tatsächliche Temperatur °F: 40	30	20	10	0
15	23	9	−5	−18	−31
20	19	4	−10	−24	−39
25	16	1	−15	−29	−44
30	12	−2	−18	−33	−49

Wind in km/h	Tatsächliche Temperatur °C: 4	−1	−7	−12	−18
24	−5	−13	−21	−28	−35
32	−7	−16	−23	−31	−39
40	−9	−17	−26	−34	−42
48	−11	−19	−28	−36	−45

WIND-CHILL-TABELLEN *enthalten die empfundenen Temperaturwerte in Abhängigkeit von der tatsächlichen Temperatur und Windgeschwindigkeit.*

HÖHENSTRESS

In größerer Höhe enthält die Luft nicht nur weniger Sauerstoff, sondern sie ist meist auch kälter und trockener. Sonneneinstrahlung, Niederschlag und Windstärke nehmen dagegen zur Höhe hin zu.

Kälte und Trockenheit, peitschende Stürme und sintflutartigen Regen kann man auch in den Niederungen erleben, doch nur die Hochgebirge bescheren dem Menschen das beklemmende Erlebnis, dass er „dünne", sauerstoffarme Luft atmen muss. Die ersten Anzeichen des Sauerstoffmangels treten schon ab 3000 m auf, spätestens jenseits der 5000-m-Höhenlinie spürt auch der konditionsstarke Trekker und Bergsteiger die Folgen: allgemeine Mattigkeit, schnelleren Herzschlag, Schwindel, Kopfschmerzen – um nur die häufigsten Symptome zu nennen.

HÖHENKRANKHEIT

In einer Höhe von 5000 m ist der Luftdruck nur noch etwa halb so hoch wie auf Meeresniveau und der Anteil des Sauerstoffs an der Luft beträgt ebenfalls nur etwa die Hälfte. Außerdem kann unser Blut nicht mehr so viel Sauerstoff wie in tieferen Lagen zu den Organen transportieren: In 2000 m Höhe ist die Transportfähigkeit um 4 % und in 4000 m bereits um 12 % geringer. Beides führt dazu, dass der Mensch viel schneller atmen muss, um den Anteil des lebensnotwendigen Sauerstoffs im Blut auf demselben Niveau zu halten.

Kurzatmigkeit gehört zu den harmloseren Beschwerden, sie verschwindet meist auch, wenn man dem Körper die Gelegenheit bietet, sich an die veränderten Verhältnisse anzupassen. Die Höhenkrankheit, die zunächst manche Menschen noch als sehr angenehmen Zustand, als Höhenrausch oder Höheneuphorie empfinden, wird jedoch mit jedem Höhenmeter zu einer stärkeren Belastung. Da die Luft in größerer Höhe weniger Wasserdampf enthält, kommt es zur Austrocknung des Körpers, die wiederum die Symptome des Sauerstoffmangels verstärkt. Trinken, trinken, trinken – das ist deshalb eine der wichtigsten Grundregeln für das Leben und Überleben in den höchsten Hochgebirgen der Erde. Wenn sich die Höhenkrankheit dennoch verschlimmert, Gleichgewichts- und Bewusstseinsstörungen, Übelkeit und Krämpfe auftreten, dann hilft nur noch die Sauerstoffmaske oder der sofortige Abstieg in

HOCHGEBIRGSVÖLKER *wie die Nomaden Tibets (unten) weiden ihre Herden je nach Jahreszeit in verschiedenen Höhenstufen. Bei der Erstbesteigung des Mount Everest 1953 mussten Edmund Hillary und Tenzing Norgay (oben) auf Sauerstoffgeräte zurückgreifen.*

FREMDE HÖHE *Ein aus dem Tiefland stammender Skiläufer (links) wird sich nie so gut an die Höhe anpassen können wie die Sherpas in Nepal (oben).*

[d]ie Täler, andernfalls droht [H]öhenkollaps oder gar der [H]öhentod.

Die Hoffnungen, ein [M]ensch könnte nach einer [g]ründlichen Akklimatisation [d]en Rest seines Lebens ohne [B]eschwerden im Hochgebirge [v]erbringen oder – worauf [m]anche Spitzensportler ver[t]rauen – danach im Tiefland [st]ändig körperliche Höchst[l]eistungen vollbringen, wer[d]en sich nach neueren Unter[su]chungen allerdings wohl [n]icht erfüllen.

... Auf Felsgraten,

[w]er weiß wie hoch,

[w]einen tausend Gräser

[m]it Tränen aus Tau ...

[K]alter Berg,
[H]ANSHAN (8./9. Jahrhundert),
[c]hinesischer Dichter

BRENNENDE SONNE

Mit jedem Höhenmeter nimmt in den Hochgebirgen der Anteil der schädlichen ultravioletten Sonnenstrahlen zu. Als Faustregel gilt, dass ihr Anteil pro 300 m Höhe um 4 % wächst. In 3000 m Höhe ist die UV-Strahlung um etwa 50 % stärker als auf Meeresspiegelniveau. Der enorme Anstieg wird hauptsächlich durch den geringeren Gehalt der Höhenluft an Wasserdampf und Staubpartikeln verursacht, die in tieferen Lagen die Strahlung absorbieren. Hinzu kommt die Reflexion der Strahlen durch Schnee- und Eisfelder. Die Folgen können Sonnen- oder Gletscherbrand bis hin zu echten Verbrennungen sein. Eine Sonnencreme mit hohem Lichtschutzfaktor gehört daher in den Rucksack jedes Bergtouristen, ebenso eine gute Sonnenbrille, denn die empfindlichen Augen sind durch die alpine Strahlenflut nicht weniger gefährdet.

HÖHENAKKLIMATISATION

Die verschiedenen Formen der Anpassung des menschlichen Organismus an den klimatischen Höhenstress zeigen, wie vielfältig der Körper auf die Belastung reagiert. Menschen, die in Hochgebirgen geboren sind und ihr Leben immer in großen Höhen verbracht haben, besitzen ein viel größeres Lungenvolumen als die Bewohner von Tiefländern. Außerdem enthält ihr Blut meist einen erheblich höheren Anteil von Hämoglobin, dem Farbstoff der roten Blutkörperchen, der für die Bindung, den Transport und die Abgabe von Sauerstoff sorgt. Dieser Anteil nimmt nach einiger Zeit auch bei Menschen zu, die nur vorübergehend im Hochgebirge weilen. Nach der Rückkehr in tiefere Lagen, wo weniger Hämoglobin notwendig ist, sinkt der Gehalt bald wieder auf den Durchschnittswert von 16 %. Eine nachhaltige Akklimatisation wurde bisher nur bei Kindern beobachtet, die schon sehr früh im Hochgebirge lebten. Sie entwickeln ähnliche Eigenschaften wie die Einheimischen. Erwachsene aus dem Tiefland werden sich jedoch nie vollständig akklimatisieren; nach anfänglichen Erfolgen verbessert sich ihr körperlicher Zustand kaum noch.

CUZCO, *die Stadt in den Anden*

Wetter nach Wunsch

Seit Urzeiten haben die Menschen immer wieder versucht, das Wetter zu ändern – mit wenig Erfolg.

Der Gedanke, das Wetter nach seinen Wünschen zu verändern, ist wahrscheinlich so alt wie der Mensch selbst. Heute versucht man es mit ausgeklügelter Technik, früher sollten Gebete und Rituale die Wettergötter gnädig stimmen. Eine der bekanntesten Zeremonien ist der Regentanz der Hopi-Indianer im nordöstlichen Arizona.

Im 19. Jahrhundert schwand in Europa offenbar der Glaube an die Macht der Gebete und man griff zu härteren Mitteln. Im Alpenraum oder in den Weinbaugebieten Burgunds wurden bis ins 20. Jahrhundert hinein Kanonen und Raketen in den Himmel abgefeuert, um den Hagel- schlag auf die empfindlichen Kulturen zu verhindern – ebenso spektakuläre wie wirkungslose Aktionen.

Nachweislich besseren Erfolg haben die seither in vielen Gegenden der Erde angelegten Windschutzstreifen, die in erster Linie die Winderosion auf den Feldern bremsen sollen, zudem aber auch das Wuchsklima und den Bodenwasserhaushalt verbessern.

EIN SCHUSS IN DEN OFEN *war das Hagelschießen, das französische Winzer im 19. Jahrhundert mit mächtigen Kanonen praktizierten (rechts). Zur selben Zeit feuerte man in Australien bei Dürre mit Regenmacherkanonen in den Himmel (links).*

Wolkenimpfen

Windschutzstreifen sind eine Form der passiven Wetterbeeinflussung. Der entscheidende Durchbruch bei der aktiven Beeinflussung gelang erst 1946, als der amerikanische Forscher Vincent Schaefer entdeckte, dass man durch fein verteiltes Trockeneis Niederschlag auslösen kann. Das Eis oder andere Impfsubstanzen müssen dazu nur vom Flugzeug oder vom Boden aus in unterkühlten Wolken

WIND IM SONDERANGEBOT *Die Radierung (links) zeigt einen Schwindler, der Seeleuten Wind verkaufen möchte.*

ausgestreut werden. Trockeneispartikel bestehen aus festem Kohlendioxid, sind sehr kalt (unter –78,5 °C) und bilden deshalb ausgezeichnete Kondensationskerne. An ihnen schlägt sich der Wasserdampf nieder, es formen sich Schneekristalle oder Regentropfen, die weiter wachsen, bis sie so groß und schwer sind, dass sie zum Erdboden fallen. Diese Methode eignet sich auch zur Verhinderung von Starkregen, wenn die Impfsubstanzen frühzeitig in Gewitter- und Schauerwolken ausgebracht werden und kleinere Regentropfen erzeugen, die auf der Erde keinen Schaden anrich-

DER REGENMACHER, *ein Film mit Burt Lancaster in der Titelrolle, erzählt die wahre Geschichte des Charles Hatfield, der 1915 während einer Dürreperiode in Kalifornien versprach, gegen ein Honorar von 10000 Dollar Regen zu machen – mit zu großem Erfolg, denn es kam zu schwerem Hochwasser.*

ten. Schaefers Kollege Bernard Vonnegut fand später heraus, dass Silberjodid ebenso gute Kondensationskerne bildet und zudem auch noch preiswerter als Trockeneis ist. Es wird seither häufig als eine Art Katalysator beim Wolkenimpfen verwendet.

Beeinflussung im grossen Stil

Im Jahr 1947 erfolgten die ersten systematischen Versuche zur Beeinflussung des Wetters über ausgedehnteren Gebieten. Das Projekt „Cirrus" sollte die Gewalt von Hurrikans durch Wolkenimpfen brechen. Unglücklicherweise schlug jedoch der erste Wirbelsturm, den man impfte, einen anderen Kurs ein und richtete in der Hafenstadt Savannah im südöstlichen Georgia schwere Schäden an. Die 50er-Jahre brachten in mehreren Ländern der Erde umfangreiche Impfaktionen, durch die in Dürrezeiten Regenfälle ausgelöst werden sollten. Allerdings regte sich auch bald Widerstand gegen solche Aktionen, zum einen weil damit gewissermaßen mit verbundenen Augen in höchst komplizierte Naturvorgänge eingegriffen wurde, ohne sich über die Tragweite im Klaren zu sein. Zum andern äußerten Wissenschaftler immer wieder Zweifel an der Wirksamkeit der Aktionen, denn es war nämlich nicht auszuschließen, dass der Erfolg nur scheinbar war und dass es auch ohne die Impfungen geregnet hätte.

Die Wetterbeeinflussung ist bis heute heftig umstritten. Lediglich in ein paar Fällen war der Erfolg der Wolkenimpfungen eindeutig nachweisbar, etwa durch ein Projekt über dem Einzugsgebiet des Sees Genezareth in Israel, bei dem der Niederschlag um fast 20% zunahm. Häufiger sind dagegen die Fehlschläge, die auch schwierige rechtliche Fragen aufwerfen. Wer haftet z.B. für die verheerenden Schäden, die 1972 nach Wolkenimpfungen im US-Bundesstaat South Dakota durch Starkregen und ausgedehnte Überschwemmungen entstanden sind? Oder kann Mexiko die USA verklagen, weil diese in den 70er-Jahren beim Versuch, die Hurrikans über der Karibik zu bändigen, dem Norden Mexikos gleichzeitig eine schwere Dürreperiode bescherten?

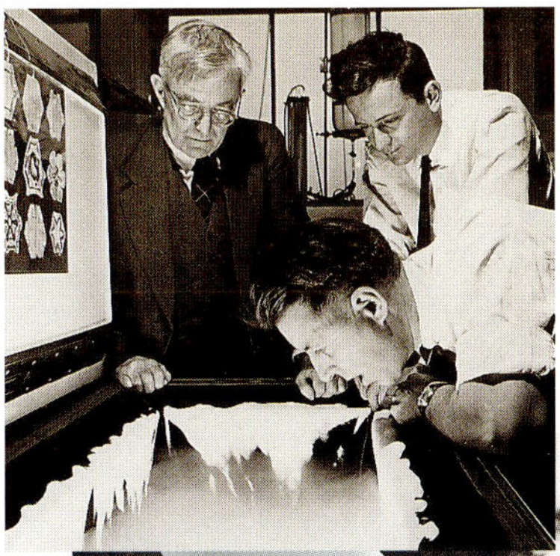

PIONIERE *wie Vincent Schaefer (links vorn) entwickelten das Wolkenimpfen mit Trockeneis; heute werden Silberjodidkristalle durch Generatoren an Flugzeugen (unten) in die Wolken eingebracht.*

Vom Nutzen des Wetters

Die Kräfte des Wetters werden seit langem genutzt, um Maschinen und Schiffe anzutreiben. Heute gelten Wind-, Wasser- und Sonnenenergie als die Energien der Zukunft.

WINDKRÄFTE *Kolumbus nutzte den Wind für seine Entdeckungsreisen (links oben); Windmühlen (rechts) sind seit dem 7. Jahrhundert bekannt; ein moderner Windkraftpark in den USA (oben)*

Seit alters nutzen die Menschen Wasser- und Windkraft. In England gab es im Mittelalter schätzungsweise 6000 Wassermühlen, in denen Korn gemahlen wurde und die die Blasebälge der Schmieden antrieben. Und in Holland halfen Windpumpen, die Polder trockenzulegen und zu entwässern.

Das Wasser ist bis heute die weltweit am meisten genutzte erneuerbare Energiequelle. Es treibt die Turbinen und Generatoren der Wasserkraftwerke an und verwandelt sich auf diese Weise in elektrische Energie. Damit der Energiestrom nicht abreißt und auch nicht von den Launen des Wetters abhängig ist, wird das Wasser in riesigen Stauseen für trockene Zeiten gespeichert.

Wind und Wellen

Windmühlen sind von den Launen des Wetters sehr abhängig. Sie galten früher deshalb eher als Notbehelf, wenn kein Wasser zur Verfügung stand. Heute jedoch sind moderne Windkraftwerke in vielen Ländern der Erde verbreitet; sie liefern einen ständig wachsenden Beitrag zur Versorgung mit Energie. In Deutschland speisen vom Wind angetriebene Generatoren jährlich bereits etwa 1 Mrd. kWh in das Stromnetz ein. Spitzenreiter unter den deutschen Bundesländern ist das meerumschlossene Schleswig-Holstein, das nach der gegenwärtig installierten Windkraftleistung weltweit nach den USA auf dem zweiten Platz steht.

Eine weitere, bisher im nördlichsten deutschen Bundesland im Unterschied zu Norwegen oder Hawaii noch nicht kommerziell genutzte Energiequelle ist der Wellengang der Meere, eine Variante der Sonnenenergie.

WASSERKRAFTWERKE *benötigen riesige Speicherbecken, die oft ganze Tallandschaften unter sich begraben.*

Sonnenenergie

Bei sonnigem Wetter kann die Energie der Sonne direkt als Wärme genutzt oder aber in elektrischen Strom umgewandelt werden. Sonnenkollektoren, die den Haushalt mit Warmwasser versorgen, sind in den sonnenscheinreichen Regionen der Erde alltäglich. Darüber hinaus berücksichtigen die Architekten bei der Planung von Gebäuden wieder mehr das Klima. Sie orientieren sich an der traditionellen Architektur des Landes, versuchen im Winter möglichst viel Sonnenlicht und -wärme in das Gebäude hineinzuholen, im Sommer dagegen die Wärme fern zu halten. So spart man in den Heizungs- und Klimaanlagen sehr viel kostbare Energie.

Die direkte Umwandlung der Sonnenenergie in elektrische Energie ist inzwischen in vielen Bereichen der Technik üblich. Solarzellen versorgen Taschenrechner, aber auch Verkehrsleitanlagen und die Satelliten im Weltraum mit Strom. Die Herstellungskosten der Solarzellen sind in den beiden letzten Jahrzehnten drastisch gesunken, dennoch kann nach wirtschaftlichen Gesichtspunkten diese Form der Energiegewinnung heute noch nicht mit den herkömmlichen Techniken konkurrieren.

Der Verkehr

Das Zeitalter der Segelschiffe ist längst vorüber, wenigstens in der kommerziellen Schifffahrt, doch das Wetter spielt im See- und Luftverkehr noch immer eine entscheidende Rolle. Detaillierte Wettervorhersagen erlauben es den Kapitänen, Routen abzustecken und die Meeresgebiete mit rauer See und widrigen Winden zu umschiffen. Auf diese Weise können die Fahrtzeiten erheblich, z. T. um mehr als 10 %, verkürzt werden. Im Luftverkehr nutzen die Piloten Starkwindzonen der Atmosphäre, die so genannten Strahlströme (s. S. 34), oder lassen sich von Fluglotsen um die Jetstreams herumführen.

SONNENENERGIE *speist diese Notrufsäule an einer australischen Straße.*

Der Einfluss auf die Umwelt

Erneuerbare Energiequellen belasten die Umwelt weit weniger als Wärmekraftwerke, die mit fossilen Brennstoffen betrieben werden. Auch wenn sich bei ihnen nicht die Frage der Entsorgung wie bei den Kernkraftwerken stellt, sind sie dennoch nicht ganz unproblematisch.

Vor allem der Einfluss großer Wasserkraftanlagen auf die Umwelt wird heftig diskutiert. Stauseen verändern die Ökosysteme ausgedehnter Landschaften, überfluten Dörfer und Städte. Viele Seebecken haben sich mittlerweile mit Schlamm gefüllt, sodass dem landwirtschaftlich genutzten Boden in der Stromaue unterhalb des Staudamms nährstoffreiche Sedimente fehlen und dem natürlichen Kreislauf entzogen werden.

Windkraftanlagen, die sich oft gerade in den landschaftlich reizvollsten Gegenden zu ausgedehnten Windparks scharen, verunstalten das Landschaftsbild und stellen darüber hinaus eine Gefahr für die Vogelwelt, insbesondere für Greifvögel, dar. Gezeitenkraftwerke verändern die Ökologie der Küstenlandschaften, und welche Auswirkungen die geballte Technik der Sonnenenergieparks auf die überaus empfindlichen Ökosysteme der Wüsten und Steppen hat, ist bislang noch vollkommen unklar.

… du, gefangen in deiner Welt aus Eis und Felsen,
musst den endlos langen Stürmen der Antarktis trotzen
und von unten wehrlos und in Demut zuschauen,
wie scharfe Eiskristalle eine zerborstene Welt aufwirbeln.

On the Death of an Emperor Penguin in Regent's Park,
DAVID WRIGHT (*1920), aus Südafrika stammender englischer Dichter

KAPITEL 7

ANPASSUNG AN DAS KLIMA

Evolution und Klima

Pflanzen und Tiere haben geniale Techniken entwickelt, mit denen sie in fast allen Klimazonen leben und überleben können.

GUT GERÜSTET *Der Nadelkissenkaktus (oben), eine typische Wüstenpflanze, und das auch in kalten Gegenden heimische Schneeglöckchen (unten) mussten sich ebenso wie der Baumfrosch (oben links) an das Klima in ihrem Lebensraum anpassen.*

Der Überlebenserfolg eines Lebewesens beruht vor allem auf seiner Fähigkeit, Nachkommen hervorzubringen, die sich wiederum vermehren. Nur die Nachkommen mit optimalen Eigenschaften für eine ökologische Nische oder einen bestimmten Lebensraum können überleben und die durch Anpassung erworbenen Eigenschaften an die nächste Generation weitergeben. Das sind die Grundregeln der Selektion, der natürlichen Auslese.

Das Klima in einem Teil der Erde kann sich im Lauf der Zeit ändern und wärmer, trockener, kälter oder feuchter werden. Arten, die sich nicht an die geänderten Klimaverhältnisse anpassen können, werden früher oder später aussterben.

Die Anpassung dauert freilich ihre Zeit. In winzigen Schritten stellen sich die Lebewesen über Hunderte oder gar Tausende von Generationen hinweg auf die neue Umwelt ein. Wenn der Klimawechsel zu schnell erfolgt, wird die Anpassungsfähigkeit überfordert, ganze Organismengruppen sterben aus und machen Platz für andere.

Klimate und Biome

Biome oder Bioregionen sind ausgedehnte Lebensräume mit einem einheitlichen Klimatyp und der dafür charakteristischen Pflanzen- und Tierwelt. Sie decken sich weitgehend mit den großen Klimazonen unseres Planeten, die zwischen den Polen und dem Äquator meist bandförmig um den Erdball verlaufen.

Direkt unter dem Äquator herrscht ein warmes Klima mit viel Regen und geringen jährlichen Temperaturunterschieden. Diesem Klima entspricht als Biom der immergrüne tropische Regenwald. Nach Norden und Süden hin schließen sich an die feuchte äquatoriale Zone die Gürtel der wechselfeuchten Tropenklimate mit unterschiedlich langen Trockenzeiten an. Je nach der Dauer der Trockenzeiten sind dort als natürliche Vegetation Laub abwerfende Wälder, ausgeprägte Trocken-

MAKROKLIMA UND MIKROKLIMA *Geländeformen, Gewässer und Pflanzendecke haben starken Einfluss auf das Klima, verwandeln das scheinbar einheitliche Groß- oder Makroklima in ein Mosaik kleinräumiger Mikroklimate.*

wälder, Savannen und Dorngehölze verbreitet. Polwärts nehmen die Niederschläge weiter ab; beiderseits der Wendekreise, an denen die Tropen enden und die Subtropen beginnen, herrscht schließlich extreme Trockenheit. Wüsten, Halbwüsten und Steppen mit einer spärlichen Flora und Fauna bestimmen das Landschaftsbild.

Die mittleren Breiten der Erde, die von den Wendekreisen bis zu den Polarkreisen reichen, sind die Zonen der gemäßigten Klimate: der warmgemäßigten, kühlgemäßigten und kaltgemäßigten Klimate, die sich aber nicht nur in den durchschnittlichen Temperaturen, sondern auch in der Höhe und der jahreszeitlichen Verteilung der Niederschläge beträchtlich voneinander unterscheiden. Jenseits der Polarkreise, doch oft auch schon am Rand der mittleren Breiten, herrscht das polare Klima der Tundren, Eis- und Frostschuttwüsten, charakterisiert durch kurze Sommer, lange, extrem kalte Winter sowie den Wechsel von Polartag und Polarnacht.

Hochgebirge, Meere und Küsten bilden eigene, inselartig in die Weltkarte eingefügte Klima- und Bioregionen. Darin spiegelt sich neben dem Einfluss der Höhe hauptsächlich der von den Verhältnissen auf dem festen Land sehr unterschiedliche Wärmehaushalt der Meere wider.

WARM UND KALT

Vögel und Säugetiere (einschließlich des Menschen) gehören zu den endothermen (warmblütigen) Lebewesen, die durch Verbrennung von Fett und Kohlenhydraten körpereigene Wärme produzieren können. Sie halten so ihre Körpertemperatur unabhängig von der Umgebungstemperatur auf einem konstanten Wert. Alle anderen Tiere werden als ektotherm bezeichnet, weil sie den größten Teil der Wärmeenergie von außen (griech. *ektos* = außerhalb) beziehen. Für die meisten dieser kaltblütigen oder wechselwarmen Organismen ist die Sonne der wichtigste Wärmelieferant; andere nutzen die im Wasser oder Boden gespeicherte Wärme. Kaltblütig bedeutet jedoch nicht, dass ihre Körpertemperatur generell auf einem niedrigeren Niveau als bei den warmblütigen Tieren läge: Eine Wüstenechse, die sich auf einem Felsen sonnt, kann leicht 38 °C und mehr erreichen – wenn die Sonne untergegangen ist, kühlt sie allerdings bald aus. Andererseits müssen sich die endothermen Tiere den Vorteil der selbstregulierten Körpertemperatur durch einen hohen Energiebedarf, also durch Nahrung, erkaufen. Da Nahrung nicht immer in ausreichenden Mengen zur Verfügung steht, schützen Fell, Gefieder und Fettschichten diese Tiere vor zu großen Wärmeverlusten, manche halten in den kältesten Zeiten Winterruhe.

KALTBLÜTIG *Wechselwarme Tiere, wie der Gecko (oben), sind stärker vom Klima abhängig als Warmblüter wie der Polarfuchs (links).*

Tropische Klimate

Das Klima der äquatorialen Regionen schafft ideale Bedingungen für den tropischen Regenwald mit seiner überwältigenden Artenfülle.

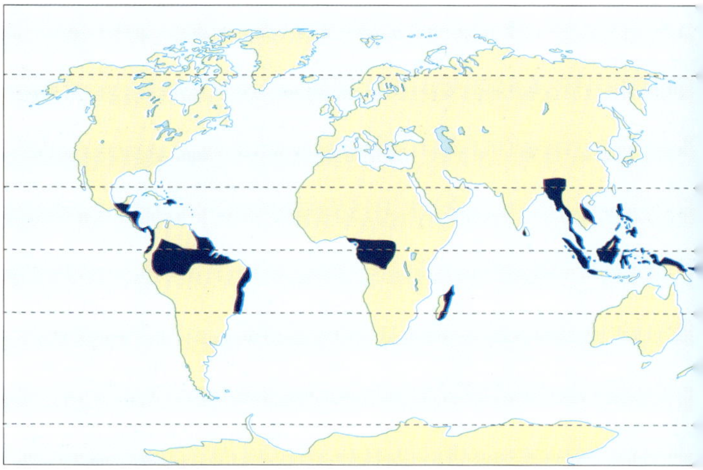

Wenn man von tropischem Klima spricht, dann ist damit meist das tropische Regenklima gemeint, das von wenigen Ausnahmen abgesehen lediglich in einigen Regionen zwischen dem Wendekreis des Krebses im Norden und dem Wendekreis des Steinbocks im Süden herrscht. Hohe, gleichmäßig über das Jahr verteilte Niederschläge, konstant warme Temperaturen und viel Sonnenschein lassen dort die üppige Flora der tropischen Regenwälder gedeihen. Die Tageslänge ändert sich im Lauf des Jahres kaum, ebenso wie die Lufttemperatur, die auch nachts nur selten einmal unter 20 °C sinkt. Mit oft mehr als 2500 mm Regen im Jahresdurchschnitt fällt reichlich Niederschlag und selbst in den etwas niederschlagsärmeren Monaten werden mindestens 100 mm gemessen.

Solche Klimabedingungen sind für viele Lebewesen geradezu ideal. Obwohl die tropischen Regenwälder nur etwa 7 % der gesamten Festlandmasse einnehmen, beherbergen sie doch 50 % aller Tier- und Pflanzenarten der Erde: Das sind insgesamt mindestens 1,5 Millionen Arten – die weitaus größte Artenvielfalt sämtlicher Biome der Erde.

TROPISCHE REGENWÄLDER *wie in Malaysia (links) bieten der Fauna in ihren Stockwerken ökologische Nischen. In den Wäldern Südamerikas leben goldgelbe Blattkäfer (oben) und Aras (links oben).*

Waldstockwerke

Zu den typischen Merkmalen des tropischen Regenwalds zählt die ausgeprägte Gliederung in vier oder mehr Etagen: das Stockwerk der höchsten Baumwipfel, das eigentliche Kronendach, die Zwischenetage der niedrigeren Bäume und Sträucher sowie der Waldboden.

Im obersten Stockwerk, in dem sich die Kronen des bis 60 m hohen Kapokbaums und anderer Baumriesen wie Inseln im Waldmeer ausbreiten, herrscht ein recht raues Klima. Pflanzen, die dort wachsen, müssen intensive Sonneneinstrahlung, Hitze und heftige Winde ertragen können. Zum Schutz vor den schädlichen UV-Strahlen ist das frische Laub mancher

Bäume durch Anthocyanine rötlich gefärbt. Die Farbstoffe absorbieren die energiereiche Strahlung und bewahren das empfindliche Blattgewebe vor Schäden.

Das geschlossene Kronendach setzt sich aus den Wipfeln verschiedener Baumarten zusammen. Sie drängen sich in oft mehreren Schichten eng aneinander und bilden einen dichten Schirm, der das Sonnenlicht und den Wind abhält. Die großen, breiten Blätter besitzen als Schutz vor zu großer Verdunstung eine ledrige Oberfläche, gleichzeitig aber auch eine so genannte Träufelspitze, die dazu dient, das Regenwasser möglichst rasch abrinnen zu lassen. Auf feuchten Blättern siedeln sich nämlich bald Pilze und Algen an, nehmen der Pflanze das Sonnenlicht und beeinträchtigen so die Photosynthese. Eine ähnliche Aufgabe hat die glatte Rinde mancher Baumarten: Sie verhindert, dass sich andere Gewächse als Epiphyten (Aufsitzerpflanzen) auf den Bäumen niederlassen und ihnen Wasser und Nährstoffe entziehen. Viele Gehölzarten locken mit süßen Früchten auch Tiere an, denn unter dem Kronendach ist es meist windstill, Windbestäubung scheidet aus, sodass Tiere dafür sorgen müssen. Hier ist die Luft die ganze Zeit über warm, feucht und ruhig. Die oberen Stockwerke der Vegetation halten über 80 %

Die trichterartigen Blätter der Bromelie leiten Wasser in eine Zisterne.

Lianen (tropische Kletterpflanzen) streben zum Licht und entwickeln daher nur dünne, leichte Sprosse.

WENIG PLATZ *bleibt für die Fülle von Pflanzen im Regenwald. Viele müssen sich deshalb wie Untermieter als Epiphyten auf anderen Pflanzen ansiedeln.*

Philodendronblatt mit Träufelspitze

ERFINDERISCHER WALD *Der Kaiman (oben) benutzt einen Termitenbau als natürlichen Brutkasten; ungiftige Riesenschlangen (ganz links) „tarnen" sich als giftige Vipern, und die Lemuren (links) verwenden bei Sprüngen ihren langen Schwanz als Steuerruder.*

des Niederschlags ab, doch die Pflanzen verdunsten große Wassermengen und die Luftfeuchtigkeit bleibt konstant bei 90–100 %. Nur 1 % des Sonnenlichts gelangt dagegen ins Innere des Waldes. Die Pflanzenarten in den unteren Etagen besitzen daher große Blätter, um möglichst viel Licht aufzunehmen. Mimosen und andere Gewächse sind darüber hinaus mit besonderen Gelenken ausgestattet, mit denen sie die Blätter genau auf die Sonne ausrichten können.

Bei den Pflanzen am Waldboden sind die Blätter oft rosettenartig angeordnet, damit die oberen die unteren nicht beschatten. Die Farne besitzen hier reich gefiederte Wedel, um durch die vergrößerte Oberfläche auch den Energiegewinn zu steigern. Ihren Nährstoffbedarf decken die Pflanzen über ein engmaschiges Wurzelnetz, das aber nur die oberste Bodenkrume durchzieht. Brettwurzeln und andere Stützen verleihen den Flachwurzlern die notwendige Standfestigkeit.

Tropische Fauna

Die üppige Vegetation des tropischen Regenwaldes bildet das breite Fundament der Nahrungspyramide. Zum reichen Nahrungsangebot kommen das günstige Klima und die vielen ökologischen Nischen, die der Wald in seinen Stockwerken bietet. Die Lebensbedingungen für die Tierwelt sind also ideal, was sich in der Vielfalt unterschiedlichster, hoch spezialisierter Lebensformen und dem bisher nur in Umrissen bekannten Artenreichtum der äquatorialen Bioregion widerspiegelt.

Am Waldboden ist vom reichen Tierleben allerdings oft nichts zu bemerken. Viele Tiere verbringen nämlich ihr Leben hoch oben in den Baumkronen. Vor allem sind es verschiedene Affen und Halbaffen, die mit einem ausgezeichneten räumlichen Gesichtssinn sowie Händen und Füßen als perfekten Greifwerkzeugen für das nicht ungefährliche Leben im Kronendach des Regenwaldes, mitunter 50–60 m über der Erde, ausgerüstet wurden.

Fliegen oder wenigstens Gleiten ist die für diesen Lebensraum angemessene Fortbewegungsart. Sogar manche Säugetiere und Reptilien machen es den Insekten und Vögeln nach. Die flugfähigen Tiere – Zehntausende von Insekten und Tausende von Vögeln – stellen das Gros der Arten dar. Kein anderes Biom beherbergt so viele Vogelarten: in Süd- und Mittelamerika Tukane, in Afrika und Asien Nashornvögel, Kolibris, Papageien – alles, was Flügel hat. Auch Fledermäuse und Flughunde, die nachts von den süßen Früchten der Regenwaldbäume naschen.

BAUMSTEIGERFRÖSCHE *Im Unterschied zu den meisten anderen tropischen Fröschen sind die auch als Pfeilgiftfrösche bekannten Amphibien bunt gefärbt. Mit der auffälligen Körperfarbe halten sie Räuber fern, die sehr genau wissen, dass solche Frösche in ihrer Haut tödliche Gifte besitzen.*

DIE BROMELIEN-KINDERSTUBE *Baumsteigerfrösche legen ihre Eier auf Blätter. Sobald die Kaulquappen schlüpfen, tragen die Väter sie auf dem Rücken zu kleinen mit Regenwasser gefüllten Höhlungen auf dem Baum, etwa zu der Zisterne am Grund des Blatttrichters einer Bromelie. Die Mütter besorgen die Brutpflege.*

Ein junger Frosch steigt aus der Bromelien-Zisterne.

Zu den Bewohnern der oberen Etagen gehören auch zahlreiche Reptilien, giftige und ungiftige Schlangen sowie eine ganze Reihe von Echsen, etwa die schlanken Anolis, elegante Kletterechsen und geschickte Jäger. Sie lauern Insekten auf, klammern sich regungslos an Äste und drehen dabei ihren Stoffwechsel so weit auf Sparflamme, dass die Körpertemperatur nur etwa 1–2 °C über der Lufttemperatur liegt. Größere Echsen, wie die Leguane, ernähren sich oft von Pflanzen. Nach einer üppigen Mahlzeit nehmen sie ein längeres Sonnenbad, um die Körpertemperatur zu erhöhen und dadurch die langwierige Verdauung der Pflanzenkost zu beschleunigen. Jungtiere, die noch viel Eiweiß benötigen, ernähren sich hauptsächlich von kleinerem Getier.

Echte Regenwaldbewohner könnten außerhalb der Tropen überhaupt nicht existieren, beispielsweise das Faultier, dessen Stoffwechsel so wenig Wärme erzeugt, dass es bei tieferen Temperaturen unweigerlich zugrunde gehen müsste.

Riesenschlangen, wie Python, Anakonda oder Boa, erreichen ihre beeindruckende Größe nur dadurch, dass sie in der ständig warmen und feuchten Zone am Äquator das ganze Jahr über Nahrung finden. Bei kühleren Temperaturen könnten sie außerdem ihre Kost nicht gründlich verdauen. In einer trockeneren Klimazone würden die an gleichmäßig hohe Luftfeuchtigkeit angepassten Kriechtiere wohl bald an Lungenentzündung sterben.

Die Fahrt flussaufwärts war wie eine Reise in die Urzeit, als die Vegetation rebellierte und die Bäume Könige waren.

Das Herz der Finsternis,
JOSEPH CONRAD (1857–1924),
englischer Erzähler

MONSUNKLIMATE

Zu den Wendekreisen hin lösen Klimate mit ausgeprägten Regen- und Trockenzeiten das immerfeuchte tropische Regenklima ab.

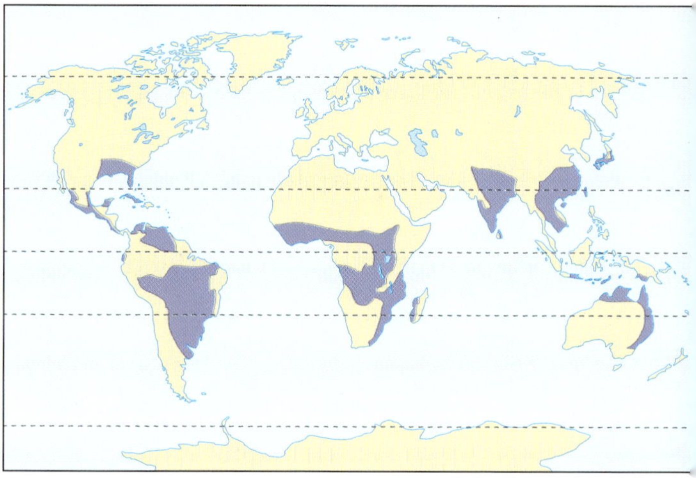

Die äquatoriale Zone ist nicht, wie man vielleicht meinen könnte, die heißeste Zone der Erde. Wegen der meist dichten Bewölkung sind extrem hohe Lufttemperaturen dort selten. Sie treten vielmehr in den äußeren Tropen und in den angrenzenden Subtropen auf, denn hier wechseln Regen- mit Trockenzeiten, in denen sich die Wolken auflösen und die Sonne mit voller Kraft den Boden erhitzt.

In der Klimakarte sind in dem Gürtel zwischen etwa 5° und 35° nördlicher bzw. südlicher Breite eine Reihe von Klimaten dargestellt: tropische Feuchtklimate, wechselfeuchte Tropenklimate, tropische Trockenklimate usw. Alle zeichnen sich durch den jahreszeitlichen Wechsel von Regen- und Trockenzeiten aus, wobei der Regen hauptsächlich im Sommer fällt, der Winter dagegen meist trocken und – im Unterschied zum Winter in unseren Breiten – oft auch die heißeste Jahreszeit ist. Wohl am stärksten wird das Leben der Pflanzen und Tiere ebenso wie das der Menschen in Südasien durch diesen klimatischen Rhythmus bestimmt. Dort hat man dem wechselfeuchten Tropenklima einen Namen gegeben, der am besten für diese Arten von Klimaten passt, weil er den jahreszeitlichen Wechsel der Witterung unmissverständlich nennt: Monsunklima (von arab. *mausim* = Jahreszeit). In Südasien sind oder waren auch die typischen Pflanzengemeinschaften der jahreszeitlichen trockenen Tropenklimate weit verbreitet: Laub abwerfende Wälder und Trockenwälder, Savannen und Dorngehölze.

NEBEL UND REGEN *Nebelwälder sind typisch für tropische Gebirge, wie die Bukit-Barisan-Ketten in Indonesien (links). Monsunwälder, z. B. hier in Nordaustralien (oben), gehören zum Monsunklima.*

MAHLZEIT *Der Tamandua aus der Familie der Ameisenbären (links) ernährt sich in der feuchten Jahreszeit von Ameisen, in den Trockenzeiten bevorzugt er dagegen Termiten, die mehr Wasser enthalten.*

MONSUNWÄLDER

Außer Südasien gehören Südostasien, das nördliche Australien sowie weite Gebiete Afrikas und Südamerikas zum engeren Verbreitungsgebiet der Monsunwälder oder regengrünen tropischen Wälder. In der Trockenzeit, die bis zu 6 Monaten dauert, ist das Wachstum der Pflanzen stark eingeschränkt. Die Bäume der Monsunwälder sind daher niedriger als im Regenwald, meist nur 25–35 m hoch, und die Wälder allgemein lichter. Die meisten Bäume verlieren zudem zu Beginn der Trockenzeit ihr Laub und stehen dann wie unsere sommergrünen Laubbäume im Winter einige Monate lang kahl über der oft noch grünen Strauch- und Krautschicht. Die Monsunwälder und die noch lichteren Trockenwälder lassen sich wesentlich leichter in Acker- und Weideland umwandeln als der dichte immergrüne Regenwald. Sie sind daher heute nur noch selten in naturnahem Zustand erhalten. Möglicherweise ist auch die Savanne, die als natürliche Vegetation der Regionen mit längerer Trockenzeit gilt, nur eine vom Menschen geschaffene Ersatzgesellschaft.

NEBELWÄLDER

Eine klimatisch und ökologisch vollkommen andere Welt sind die inselartig in die wechselfeuchten Klimaregionen eingestreuten Nebel- oder Wolkenwälder. Sie nehmen das Stockwerk der Gebirge ein, das fast ständig von Wolken verhüllt ist und der Vegetation auch in den Trockenzeiten genügend Feuchtigkeit bietet.

DER GRÜNE LEGUAN *ebt in den Wäldern von Mittel- und Südamerika. Während der Trockenzeit scheidet die durch eine Schuppenhaut vor zu großen Wasserverlusten geschützte Echse überschüssiges Salz durch Drüsen an der Nase aus und zieht sich n den Schatten zurück. Bei zu starker Sonneneinstrahlung verändern die über 2 m langen Leguane außerdem ihre Farbe von Dunkel- zu Hellgrün.*

Aride Klimate

Viele Pflanzen und Tiere haben sich darauf eingestellt, in der lebensfeindlichen Welt der Hitzewüsten zu leben.

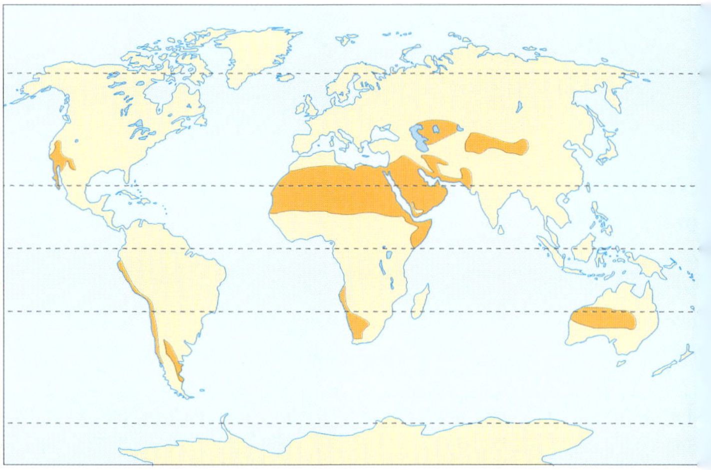

Der Ausdruck aride Klimate bezeichnet Trockenklimate (lat. *aridus* = dürr, trocken), bei denen im Jahresdurchschnitt die Verdunstung größer als der mittlere Niederschlag ist. Je nach dem Grad der Trockenheit werden die ariden Klimate in Wüsten- und Halbwüstenklimate eingeteilt. Der Schwellenwert zwischen semiariden (halbtrockenen) bzw. semihumiden (halbfeuchten) Klimaten auf der einen und ariden Klimaten auf der anderen Seite ist allerdings nicht verbindlich festgelegt; oft gelten 250 mm Jahresniederschlag als Grenzwert. In vielen Wüsten fällt jedoch nur ein Bruchteil davon und in manchen regnet es jahre- und jahrzehntelang überhaupt nicht, z. B. in den Küstenwüsten von Peru und Chile, die zu den trockensten Regionen außerhalb der Antarktis zählen und stellenweise weniger als 5 mm erhalten.

Niederschlagsarmut ist ein Merkmal aller Wüsten, extrem hohe Temperaturen (bis über 50 °C) werden jedoch nur in den Trockengebieten gemessen, die beiderseits der Wendekreise als breite Gürtel über die Festländer der Erde verlaufen. Sie decken sich im Wesentlichen mit den beiden subtropischen Hochdruckgürteln, in denen es bei absinkenden Luftbewegungen nur selten zur Bildung von Regenwolken kommt und deshalb auch kaum Niederschlag fällt. Die Trockengebiete der mittleren Breiten liegen meist im Innern der Kontinente, fernab von den Ozeanen und im Regenschatten hoher Gebirge. Sie erleben im Winter eisige Kälte mit Temperaturen, die unter –30 °C fallen.

ÄHNLICHE LEBENSFORMEN *Der Josuabaum Nordamerikas (rechts) und der Köcherbaum Südafrikas (unten) sind äußerlich zum Verwechseln ähnlich.*

DER KREOSOTBUSCH *ist eine typische Pflanze der nordamerikanischen Trockengebiete und verträgt lange Dürrezeiten. Sein ausgedehntes Wurzelsystem erschließt die letzten Wasserreserven. Außerdem geben die Wurzeln Hemmstoffe ab, die andere Pflanzen als Konkurrenten um das lebensnotwendige Nass ausschalten.*

Durstige Pflanzen

Pflanzliches Gewebe besteht bis zu 95 % aus Wasser. Dieses ist für alle Lebensvorgänge notwendig, z. B. für die Photosynthese. In ariden Zonen herrscht jedoch Wassermangel, der oft noch durch hohe Lufttemperaturen und austrocknende Winde verstärkt wird. Mit verschiedenen Überlebensstrategien können sich viele Pflanzen dennoch in der lebensfeindlichen Umwelt der Wüsten und Halbwüsten behaupten.

Sukkulenten speichern z. B. Wasser in ihren Blättern, Stämmen oder Wurzeln und zehren in Dürrezeiten von diesem Vorrat. Kakteen und viele Wolfsmilchgewächse verkleinern zusätzlich ihre Blätter zu Dornen, besitzen wachsartige Schutzüberzüge, die den Wasserverbrauch durch Verdunstung einschränken. Andere Wüstenpflanzen, wie der Kreosotbusch, haben ein weit reichendes Wurzelnetz und auf den Blättern kleinere Spaltöffnungen, durch die weniger Wasserdampf entweicht. Eine kompakte, halbkugelförmige Wuchsform mit vergleichsweise kurzen Sprossen und entsprechend verkleinerter Gesamtoberfläche ist ein weiteres Mittel, mit dem spärlichen Wasser auszukommen.

Andere Gewächse wiederum entgehen der Austrocknung, indem sie sich mit den Standorten begnügen, an denen der Boden auch in Dürrezeiten noch Wasser enthält, beispielsweise auf der Sohle von Trockentälern. Mit sehr langen Wurzeln zapfen Pflanzen, z. B. der Mesquitebaum, dort das Grundwasser an. Wie Tiere ihren Winterschlaf oder die Winterruhe halten, legen auch Pflanzen in Dürrezeiten eine Ruhepause ein, werfen alle Blätter ab und warten auf den nächsten Regen. Zu den Arten, die in einen solchen „Dürreschlaf" verfallen, gehört der Ocotillo, ein bizarrer Strauch aus der Sandelholzfamilie.

Schließlich gibt es die ephemeren, die vergänglichen Arten, die nur bei günstiger Witterung an der Erdoberfläche erscheinen. Bei Dürre verwelken sie und überdauern in den ungünstigen Jahreszeiten in Form von widerstandsfähigen Samen oder unterirdischen Erneuerungsknospen. Wenn es dann wieder gelegentlich regnet, sprießen sie rasch aus dem Boden hervor, ergrünen und blühen.

DIE WÜSTE BLÜHT *nach einem Regenguss in der australischen Simpsonwüste: ephemere Kräuter und Gräser.*

DAS DROMEDAR *kann bis zu 40% seines Körpergewichts durch Wasserverluste einbüßen, dafür kann es aber auch in 10 Minuten über 100 l Wasser trinken. Außerdem schwitzt das typische Wüstentier erst, wenn die Körpertemperatur auf etwa 40 °C steigt. Es verringert auf diese Weise den Wasserbedarf.*

WÜSTENFAUNA

Tiere können in den Hitzewüsten existieren, indem sie sich entweder an das heiße, trockene Klima anpassen oder sich in den ungünstigsten Tages- und Jahreszeiten an geschütztere Orte zurückziehen. Einige überstehen die Trockenzeit regelmäßig in einer Art Trockenruhe und bringen ihren Nachwuchs in den feuchteren Jahreszeiten zur Welt; andere drosseln ihren Stoffwechsel dagegen nur dann, wenn Wasser und Nahrung knapp werden. Tiere, die das ganze Jahr über aktiv bleiben, verlegen ihre Aktivitäten in die kühleren und feuchteren Nachtstunden oder besitzen spezielle Anpassungsformen, mit denen sie gegen Hitze und Trockenheit gewappnet sind.

Die maximalen Körpertemperaturen, die Tiere ertragen können, schwanken in der Regel zwischen 45 und 50 °C. In den meisten Klimazonen ist die Verdunstungskühlung durch Schwitzen oder Hecheln die beste Technik, dem Hitzetod vorzubeugen. Dafür muss aber immer genügend Wasser zum Ausgleich der Verluste vorhanden sein, was in den Wüsten jedoch selten der Fall ist. Darüber hinaus ist Wassermangel oft auch mit Nahrungsmangel verbunden und wahrscheinlich verhungern in den Hitzewüsten mehr Tiere, als dort verdursten. Arten, die den Energiebedarf im Notfall einschränken können, sind daher für das Wüstenleben bestens gerüstet.

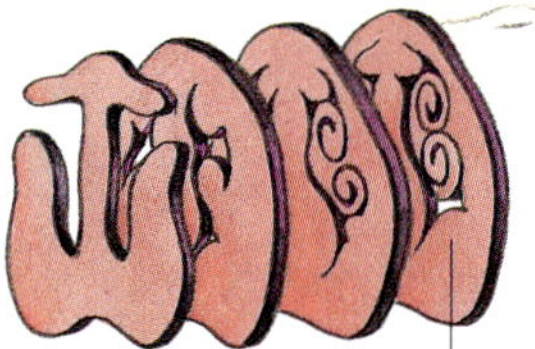

Lange, gewundene Nasengänge nehmen die ausgeatmete Feuchtigkeit z.T. auf und geben sie dem Körper zurück.

Dichte Augenwimpern schützen vor Sand.

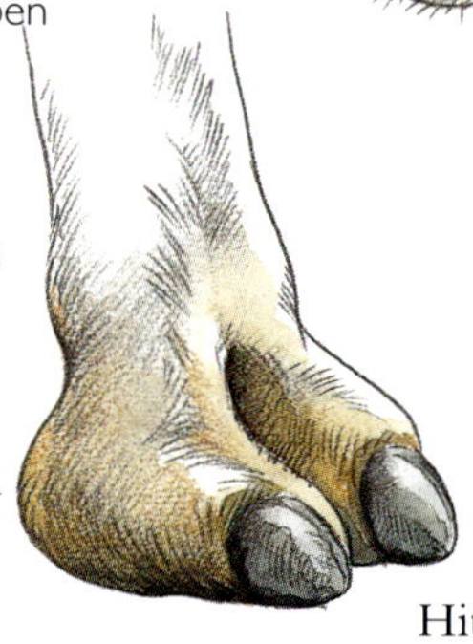

Breite Fußballen verhindern das Einsinken der Füße im lockeren Sand.

DIE KÄNGURURATTEN *der amerikanischen Wüsten kommen praktisch ganz ohne Wasser aus.*

AFRIKANISCHE WÜSTENSPEZIALISTEN *wie diese Schildkröte speichern Wasser in der Harnblase. Der Skorpion erträgt Körpertemperaturen bis 50 °C.*

KALTBLÜTIG

Bei kaltblütigen wechselwarmen Tieren schwankt die Körpertemperatur mit der Umgebungstemperatur. Ebenso hängt der Stoffwechsel dieser Tiere eng mit der Außentemperatur zusammen und kann unter Umständen sehr gering sein. Sie kommen daher mit etwa einem Siebtel der Nahrungsmenge aus, die ein Säugetier vergleichbarer Größe benötigen würde – in Wüsten, wo mit dem Wasser oft auch die Nahrung knapp wird, ein entscheidender Vorteil. Die Schuppenhaut der Reptilien oder die wachsartigen Überzüge mancher Insekten vermindern die Verdunstungsverluste. Schließlich schränken viele Wüstentiere die Wasserabgabe durch den Urin so weit ein, dass oft nur noch eine weißliche Paste ausgeschieden wird. Andere Organismen benutzen eine Art Hitzeschutzanzug aus Blütenstaub, umgeben ihren Körper mit einem Polster aus Wärme dämmender Luft oder ziehen sich wie die Schlangen oder Skorpione einfach in eine kühle Erdhöhle oder unter einen Stein zurück, bis die Außentemperatur wieder erträglicher ist. Vögel und Säuger, warmblütige Tiere, schützen sich vor dem lebensfeindlichen Wüstenklima auf verschiedenste Weise. Wüstenvögel steigen hoch in kühlere Luftschichten auf, viele überleben außerdem Wasserverluste von 40–50% ihres Körpergewichts ohne Schaden, beim Menschen sind dagegen schon 12% meist tödlich.

Bei extremen, sehr hohen oder sehr tiefen Temperaturen legen Fledermäuse und die meisten Wüstennager eine Energie sparende Ruhepause ein, ähnlich dem Winterschlaf kleinerer Hochgebirgstiere in unseren gemäßigten Breiten. Känguruhratten genügt das Wasser, das in ihrer Nahrung enthalten ist; sie verzehren zudem ihren Kot, um das mit den Exkrementen ausgeschiedene Wasser wieder zu nutzen. Wie die Mehrzahl der Wüstenbewohner verbringen die Nager die heißen Tagesstunden in ihren kühlen Erdhöhlen, wo die Luftfeuchtigkeit relativ hoch und die Verdunstung entsprechend geringer ist. Wüstenkaninchen fächeln sich mit ihren großen Ohren kühle Luft zu, diese dienen aber nicht in erster Linie als Fächer, sie sind vielmehr hervorragende Wärmetauscher, die Wärme abstrahlen. Die Liste der an aride Klimate angepassten Bewohner ließe sich beliebig fortführen, doch immer endet sie beim Dromedar, dem typischen Wüstentier.

ECHSEN *schmiegen sich bei kühler Witterung oft eng an die von der Sonne erwärmte Gesteinsoberfläche, halten bei Hitze jedoch gebührenden Abstand.*

Semiaride Klimate

Bunte Blumen und riesige Huftierherden beleben von Natur aus das triste Bild der semiariden Regionen.

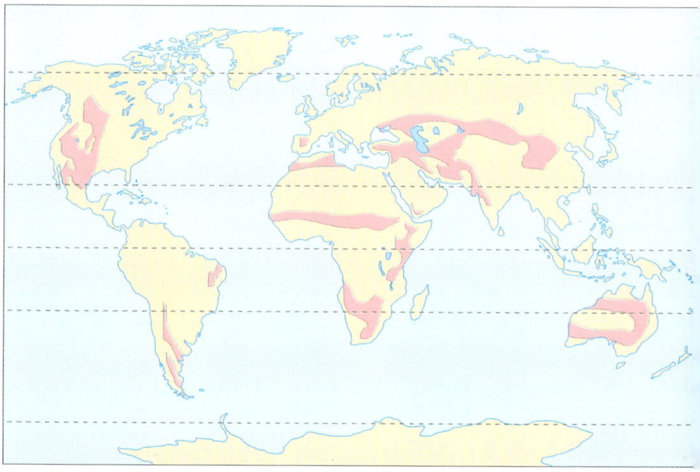

Die semiariden (halbtrockenen) Klimate der Erde zeichnen sich durch geringe Niederschläge von 250–750 mm pro Jahr aus: zu wenig, um eine Waldvegetation zu ernähren; zu viel, um eine echte Wüste entstehen zu lassen. Die semiariden Regionen werden stattdessen von ausgedehnten Grasländern geprägt, die man in Nordamerika Prärien, in Südrussland und in der Ukraine Steppen, in Südamerika Pampas und in Afrika Veld nennt. Savannen sind Grasländer, die genügend Regen für einen lichten Baum- oder Strauchwuchs erhalten. Alle Grasländer unseres Planeten leiden regelmäßig unter schweren Dürrezeiten und oft auch unter Stürmen, die sich über dem offenen, meist flachen Gelände ungehemmt austoben können und die Bodenkrume erodieren.

IM FRÜHJAHR *sind die Wiesensteppen und stärker beregneten Prärien mit den bunten Blüten der Kräuter übersät.*

Klima für Gräser

Jahreszeitliche Brände und weidende Huftierherden sorgen dafür, dass die Grasnarbe immer kurz und frisch gehalten wird und die in den verwelkten Gräsern enthaltenen Nährstoffe dem Boden wieder zugeführt werden. Feuer und Fauna halten ebenfalls Gehölze fern, die sich sonst in den Grasländern ausbreiten, die Gräser beschatten und verdrängen könnten. Auch der Mensch trägt dazu bei.

AMPHIBIEN, *wie der Schaufelfuß (rechts), brauchen Wasser für die Fortpflanzung, überstehen aber auch Dürrezeiten.*

DER GEPARD, *ein Bewohner der afrikanischen Savannen (links) und schnellstes Landsäugetier der Welt, jagt vor allem Gazellen und Antilopen. Zebras (rechts) sind Pflanzenfresser.*

Graslandfauna

Zu den charakteristischen Tieren der Steppen- und Savannenklimate gehören die Huftiere, die sich zu großen Herden zusammenschließen: Gazellen, Gnus und Zebras in Afrika, Kamele in Zentralasien, Gabelböcke, Bisons und Antilopen in Nordamerika sowie mehrere Hirscharten. Die Herden ziehen oft im Rhythmus der Jahreszeiten auf bestimmten Wegen durch die Grasländer, verteilen so die Belastung der Vegetation gleichmäßig auf ein größeres Gebiet und sorgen zugleich für deren regelmäßige Erneuerung. In der Trockenzeit versammeln sich die Huftiere an den Wasserstellen in den Niederungen und ziehen mit Beginn der Regenzeit zu den frischen Weiden in den Bergländern.

Wie die meisten Säugetiere bringen auch die Huftiere der Grasländer ihre Jungen gegen Ende der ungünstigen Jahreszeit zur Welt. Der Nachwuchs hat so die besten Überlebenschancen, wächst in eine Welt hinein, in der es Wasser und Nahrung im Überfluss gibt.

Gazellen sind auf verschiedenste Weise an die Hitze und Trockenheit der semiariden Klimate angepasst: Ihr Fell reflektiert die Sonnenstrahlen und in den Nasengängen wird ein großer Teil der ausgeatmeten Feuchtigkeit wieder dem Körper zugeführt. Die flinken, zierlichen Horntiere weiden außerdem oft nachts oder am frühen Morgen, wenn die Gräser vom Tau nass sind.

In den Grasländern wachsen nur wenige Bäume. Die meisten Vögel nisten deshalb auf dem Erdboden und erheben sich nur selten einmal in die Luft. Als größter Vogel der Welt besitzt der Afrikanische Strauß lange, kräftige Beine, mit denen er beachtliche Geschwindigkeiten erreichen und Verfolger hinter sich lassen kann. In Südamerika nimmt der Nandu eine ähnliche ökologische Nische in den Grasländern ein wie der Emu in Australien. Die wichtigste Nische befindet sich jedoch unter dem Erdboden und sie beherbergt vom Ziesel bis zum Präriehund zahlreiche Tierarten.

DER SCHAUFELFUSS *übersteht die Dürremonate, indem er sich mit den harten Grabschaufeln der Hinterfüße in den Boden wühlt und im feuchten Erdreich auf bessere Zeiten wartet. Sobald der Donner des ersten Gewitters zu hören ist, kommen die Schaufelfüße rasch aus ihren Quartieren und machen sich gleich an die Fortpflanzung. Schon 10 Tage später sind die Kaulquappen voll entwickelt und verlassen die Regenwasserpfützen. So schnell pflanzen sich nur wenige Lurche fort.*

Halb eingegraben
n Schlamm

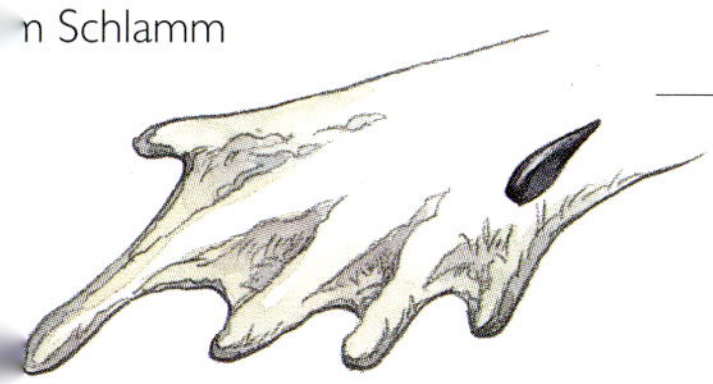

Harte Grabschaufeln an den Hinterfüßen

Kaulquappen im Schlammtümpel

Mediterrane Klimate

Milde, feuchte Winter und heiße, trockene Sommer fordern von der Pflanzen- und Tierwelt eine große Anpassungsfähigkeit.

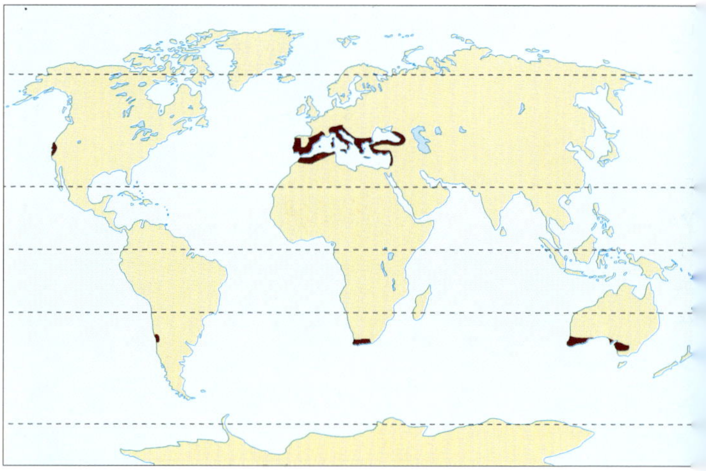

Mediterrane Klimate herrschen nur in einem schmalen Übergangsstreifen zwischen den subtropischen und den gemäßigten Zonen der Erde und in ihnen treffen auch die Extreme beider Zonen aufeinander.

Die Winter sind dort mild und feucht, die Sommer dagegen heiß und trocken. Im Allgemeinen fällt 4–6 Monate lang kein oder nur sehr geringer Niederschlag, die meisten Pflanzen blühen und fruchten deshalb im Frühjahr nach den ergiebigen Winterregen.

Die Flora

Für das sommertrockene Klima sind am besten jene Sträucher und Bäume ausgerüstet, die mit tief reichenden Wurzeln die Wasservorräte im Boden gewissermaßen bis zum letzten Tropfen nutzen können. Das natürliche Pflanzenkleid besteht daher hauptsächlich aus Laub- und Nadelwäldern, die allerdings durch den jahrhunderte- bis jahrtausendelangen Raubbau des Menschen an der Natur, besonders durch die Überweidung, oft zu Gebüschen und mediterranen Heiden verkümmert sind. In Südeuropa nennt man diese sehr dichten, fast undurchdringlichen Gebüsche Macchie, in Kalifornien heißen sie Chaparral, in Chile Matorral, Fynbos im südafrikanischen Kapland und Mallee im südlichen Australien.

Die Gehölzflora ist in den stärker beregneten Regionen meist artenreich, wobei sich die einzelnen Arten mit ihrem immergrünen, hartblättrigen Laub für den Laien äußerlich nur wenig voneinander unterscheiden. Immergrüne Bäume und Sträucher haben gegenüber denen, die ihr Laub verlieren, den Vorteil, dass sie am Anfang der günstigen Jahreszeit sozusagen aus dem Stand, ohne zuvor neue Blätter zu entwickeln, mit der Photosynthese beginnen

MACCHIE UND CHAPARRAL *Ölbäume sind typisch für die mediterrane Flora, die im Sommer oft unter Buschbränden leidet. Dem Buschhäher (ganz oben) genügt das Wasser in der Nahrung.*

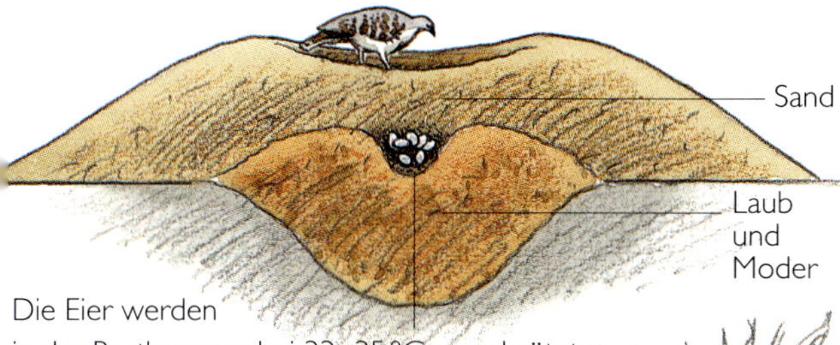

DAS THERMOMETERHUHN *Australiens hat seinen Namen vom außergewöhnlichen Brutverhalten: Es häuft große Hügel aus Erde und Pflanzenteilen auf und lässt die Eier durch die Wärme ausbrüten, die bei der Verwesung der Pflanzenteile entsteht.*

können. Die kleinen, ledrigen Blätter besitzen Wachsüberzüge, die das Sonnenlicht :eflektieren und zugleich die Wasserverluste durch Verdunstung vermindern. Dieselbe Aufgabe hat das feste Blattgewebe der Hartlaubgehölze, denn es wurde estgestellt, dass Blätter, die ich im Wind biegen, mehr Feuchtigkeit verlieren. Gefräßige Tiere und unliebsame Konkurrenten um Wasser und Nährstoffe werden durch therische Öle fern gehalten, lie von den Blättern ausgeschieden werden. Diese Öle ntzünden sich jedoch leicht und sind daher eine der Ursachen der häufigen Wald- und Buschbrände in der mediterranen Klimazone, an die sich iele Pflanzenarten angepasst aben und ohne die sie oft icht existieren könnten.

Säuger und Vögel

Die Tiere entgehen den Bränden, indem sie sich in Erdhöhlen zurückziehen oder vor der Feuerwalze in sichere Gebiete flüchten. Nach dem Brand kehren sie jedoch bald zurück, denn die Pflanzen sprießen dann auf dem mit Asche gedüngten, lichtüberfluteten Boden umso üppiger.

In der Fauna vereinigen sich Arten der subtropischen und gemäßigten Klimazonen. Löwen waren einst in den Mittelmeerländern ebenso heimisch wie Braunbären oder Wölfe. Doch viele Tierarten sind dort schon längst ausgerottet oder von den Weidetieren verdrängt worden, die sich über die spärliche Nahrung hermachen und die natürliche Vegetation langsam, aber sicher zerstören. Ursprünglicher ist die Vogelwelt der mediterranen Zonen geblieben, die im Winter durch Millionen von Zugvögeln aus den kühleren Regionen verstärkt wird. Zu den typischen Eigenarten der einheimischen Arten gehören die oft recht kurzen Flügel und langen Schwanzfedern. Damit können die Vögel besser in den Dickichten umherfliegen.

EUROPÄISCHE KANINCHEN *verzehren ihre eigenen Exkremente, um das Nährstoffangebot optimal zu nutzen.*

Gemässigte Klimate

Gemäßigte Klimate sind Jahreszeitenklimate mit krassen Temperaturunterschieden, die den Lebensrhythmus bestimmen.

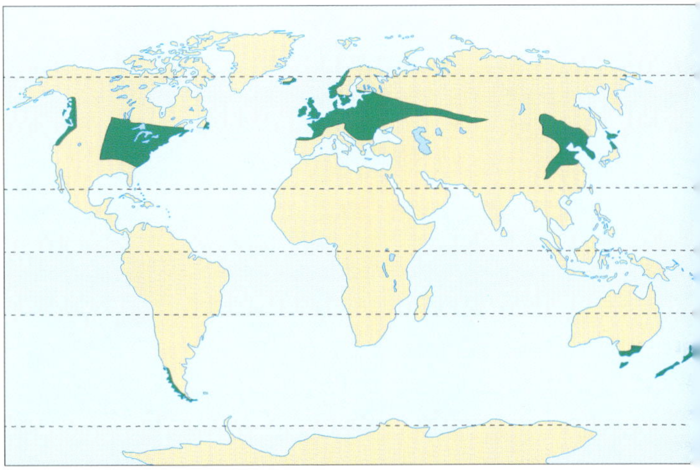

Zu den gemäßigten Klimaten zählen eine ganze Reihe von Klimatypen, z. B. die warmgemäßigten, die kühlgemäßigten oder kaltgemäßigten Klimate. Ihr Charakter ist jedoch oft keineswegs gemäßigt, denn in keiner anderen Zone der Erde gibt es so schroffe Temperaturunterschiede zwischen Sommer und Winter, und die Wetterkarte gleicht an vielen Tagen eher einem Schlachtfeld. Dies gilt auch für die gemäßigten Klimate im engeren Sinn, die vor allem in Europa, in Ostasien und im Nordosten der USA sowie in einigen Regionen der Südhalbkugel herrschen. Sie haben relativ warme Sommer und kalte Winter mit Schneefall. Der jährliche Niederschlag reicht von weniger als 500 bis über 1500 mm, die Lufttemperaturen pendeln im Extrem zwischen tropischheißen +40 °C und arktischkalten −40 °C. Obwohl der Niederschlag recht gleichmäßig über das Jahr verteilt ist, leidet die Flora zuweilen unter Trockenheit, besonders unter der Frosttrocknis im Winter, wenn die Pflanzen bei sonnigem Wetter über die Blätter Wasser verdunsten, der Wassernachschub aus dem gefrorenen Boden aber unterbrochen ist. Die meisten einheimischen Gehölzarten werfen deshalb ihre Blätter im Herbst ab und treiben im Frühjahr neue aus.

IMMERFEUCHTES WALDKLIMA

Vor dem Laubfall zeigt sich der Wald von seiner schönsten Seite. Der Weißwedelhirsch (links) legt das Winterfell an und der Feuchtigkeit liebende Feuersalamander (oben) sucht sein Wnterquartier.

Sommergrüner Wald

Die Variante des kühlgemäßigten Klimas, die in Mitteleuropa herrscht, wird auch Buchenklima genannt, weil die Rotbuche zusammen mit einigen Dutzend anderen Laubbäumen die natürliche Vegetation bildet: mehrere Unterarten sommergrüner Wälder.

Das im Sommer dicht geschlossene Laubdach dieser Wälder hält über 90 % des Sonnenlichts zurück, die Blätter in den unteren Stockwerken des Waldes sind daher vergleichsweise groß, um möglichst viel vom einfallenden Licht aufzunehmen. Blätter mit einer großen Oberfläche geben andererseits durch ihre Poren aber auch viel Wasser ab und brauchen daher eine kontinuierliche Wasserversorgung aus dem Erdboden. Bevor der Frost den Zustrom kappt, verlieren die Bäume deshalb ihr Laub, nicht ohne es vorher noch einmal prächtig zu färben.

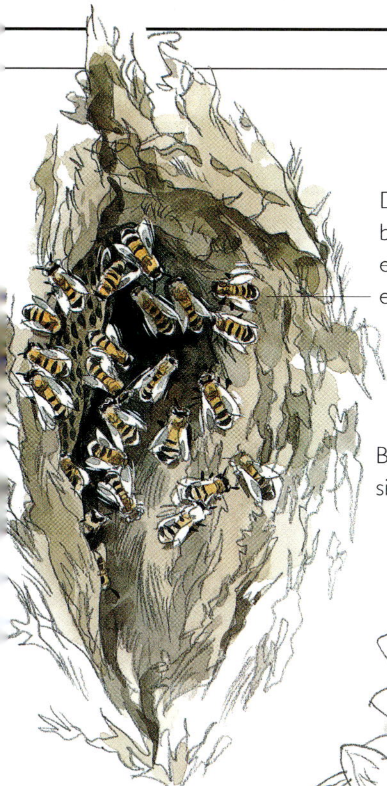

BIENEN *spritzen Wasser auf die Waben, fächeln mit den Flügeln und sorgen durch Verdunstungskühlung für erträglichere Temperaturen. Wenn es kalt wird, halten sie sich durch Bewegungen der Flugmuskulatur warm.*

ÜBERLEBENSKUNST

Die Tierwelt der gemäßigten Klimazonen muss sich auf die kalten Winter und den dann herrschenden Nahrungsmangel einrichten. Einige stellen ihre Ernährungsweise radikal um, z. B. von Insekten auf Samen und Beeren, die Zugvögel wandern in wärmere Klimazonen mit einem sicheren Nahrungsangebot aus. Die zurückgebliebenen Tiere versuchen, mit Fettreserven im Körper den Winter zu überstehen, indem sie den Energieverbrauch durch den Winterschlaf oder die Winterruhe drosseln.

Dazu gehören die meisten Schildkröten, die sich in winterkalten Gegenden oft in den Schlamm am Grund eines Gewässers graben und dort überwintern. Sie drosseln dabei den Stoffwechsel, zum einen um Energie zu sparen, zum andern um mit weniger Sauerstoff auszukommen.

Die Salamander, die in mehreren Arten von der Iberischen Halbinsel bis zum Ural über Europa verbreitet sind, passen sich in der Fortpflanzungsweise an das Klima an: Normalerweise setzen sie Larven im Wasser ab, der Feuersalamander kann in kalten Gegenden aber auch fertig entwickelte Jungsalamander gebären.

FROSTSCHUTZ UND NACHWUCHS *Die Zierschildkröte (unten) produziert im Körper eine Art Frostschutzmittel, das die Organe im Winter vor Frostschäden bewahrt; Vögel, z. B. Grasmücken (links), haben in gemäßigten Klimazonen mehr Junge.*

BOREALE KLIMATE

Trotz klirrenden Frostes, meterhohen Schnees und eines kurzen Sommers beherbergen die endlosen Nadelwälder und Moore am Rand der Arktis eine Vielfalt von Pflanzen und Tieren.

Die kaltgemäßigten Klimazonen Eurasiens und Nordamerikas decken sich weitgehend mit dem größten Nadelwaldgürtel der Erde: dem borealen Nadelwald, den man diesseits des Atlantiks Taiga nennt. Die Klimate, die in diesem Teil der Welt herrschen, werden nach Boreas, dem griechischen Gott des Nordwindes, deshalb auch als boreale Klimate bezeichnet. Sie bilden eine Übergangszone zwischen der arktischen Tundra im Norden und dem sommergrünen Laubwaldgürtel der kühlgemäßigten Klimate im Süden – ein riesiges Areal, das sich allein in Eurasien über 8000 km weit erstreckt.

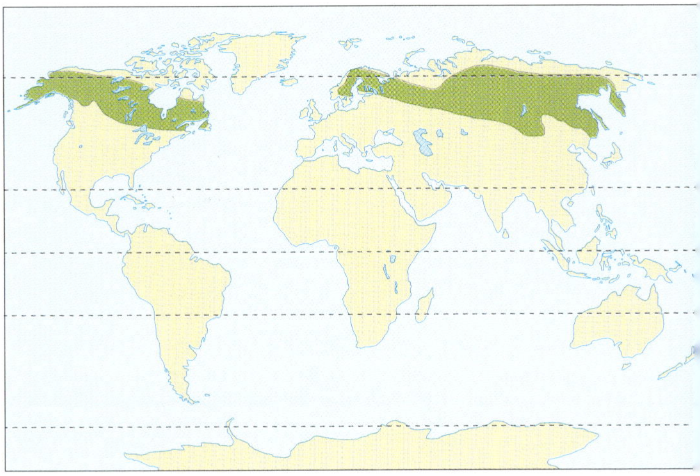

Die borealen Regionen werden bis zu 9 Monate des Jahres von Frost und Schnee beherrscht. Während dieser Zeit steht den Pflanzen nur sehr wenig Feuchtigkeit zur Verfügung. Nach der Schneeschmelze im Frühjahr ist der Erdboden dagegen oft wochenlang mit Schmelzwasser durchtränkt, das nicht versickern kann, weil sich darunter der Permafrost, ein ständig gefrorener, wasserundurchlässiger Boden befindet. Bei dem Wasserüberschuss und den tiefen Temperaturen zersetzen sich die abgestorbenen Pflanzenteile nur langsam, bilden bei der Verwesung starke organische Säuren, die den ohnehin nährstoffarmen Boden auslaugen.

KARNIVOREN UND KONIFEREN

Der Sonnentau (oben) löst das Nährstoffproblem, indem er gefangene Insekten verdaut. Fichten (links) und andere Koniferen befreien sich durch ihren schlanken Wuchs von gefährlichen Schneelasten.

NORDISCHE PFLANZEN

Im Sommer mit seinen langen Polartagen und oft erstaunlich warmen Temperaturen können Bäume gedeihen, doch den strengen Winter überstehen die meisten Laubhölzer nicht. Abgesehen von wenigen Laubholzarten, wie Birken, Pappeln, Erlen und Weiden, beherrschen daher Nadelbäume den borealen Wald: verschiedene Fichten, Tannen, Kiefern und Lärchen.

Im Unterwuchs der Wälder kommen Kräuter, Flechten, Zwergsträucher und vor allem Moose hinzu. Große Flächen der moorigen Böden sind mit dicken Torfmoospolstern überzogen. Diese robusten, anspruchslosen Moose vertragen nahezu alle klimatischen Torturen, vom Frost über wochenlange Überflutung bis zum vollständigen Austrocknen, begnügen sich dazu noch mit den Nährstoffen, die Win und Regen herbeiführen.

SCHNEESCHUHHASEN *haben recht große, stark behaarte Füße mit gespreizten Zehen, welche die scheuen Tiere wie Schneeschuhe sicher über die Schneedecke tragen. Im Winter verzehren die dann durch ein schneeweißes Haarkleid perfekt getarnten Hasen neben Knospen und Baumrinde auch Tannennadeln.*

Tiere der Taiga

Wegen der kalten Winter und des einseitigen Nahrungsangebots ist die Tierwelt der borealen Nadelwälder recht spärlich. Die meisten Vögel verbringen die Wintermonate in wärmeren Klimazonen, und die kleineren Säuger ziehen sich dann zum Winterschlaf in ihre Quartiere zurück. Zu den ständigen Bewohnern der Taiga gehören die großen Vier – Braunbär, Luchs, Wolf und Vielfraß, die dem Ren und dem Elch nachstellen, aber auch kleinere Beutetiere und pflanzliche Kost nicht verschmähen.

Wählerisch dürfen die Tiere des Nadelwaldgürtels ohnehin nicht sein, sondern müssen jede Nahrungsquelle nutzen. Der Elch steht z. B. oft in metertiefem Wasser und äst Sumpf- und Wasserpflanzen, die von anderen Pflanzenfressern nicht beachtet werden. Und die Fichten- oder Kiefernkreuzschnäbel suchen nicht nur nach den von ihnen geschätzten Zapfen, sondern verspeisen im Notfall auch Beeren und Insekten.

DER BRAUNBÄR *(links), ein Allesfresser, legt sich im Sommer ein Fettpolster zu, von dem er im Winter zehrt.*

Kerbtiere kommen in den nördlichen Nadelwäldern reichlich vor, und zwar unter der Borke von Nadelbäumen, wo sie regelmäßig zu ausgesprochenen Plagen werden, häufiger jedoch über den Mooren und zahllosen Seen und Sümpfen. Tundra und Taiga sind berühmt-berüchtigt für die Mückenschwärme, die im Sommer den Aufenthalt im Freien zur Folter machen. Die Mückenlarven entwickeln sich in seichten Seen und Tümpeln, die im Winter bis zum Grund gefrieren und so den natürlichen Feinden der Stechmücken – den Fischen und Amphibien – keinen Lebensraum bieten. Im Frühjahr wird dann die nächste Mückengeneration aktiv.

GEBIRGSKLIMATE

Jede der drei großen Höhenstufen der Gebirge – die montane, subalpine und alpine – hat ihr eigenes Klima und daher eine eigene Flora und Fauna.

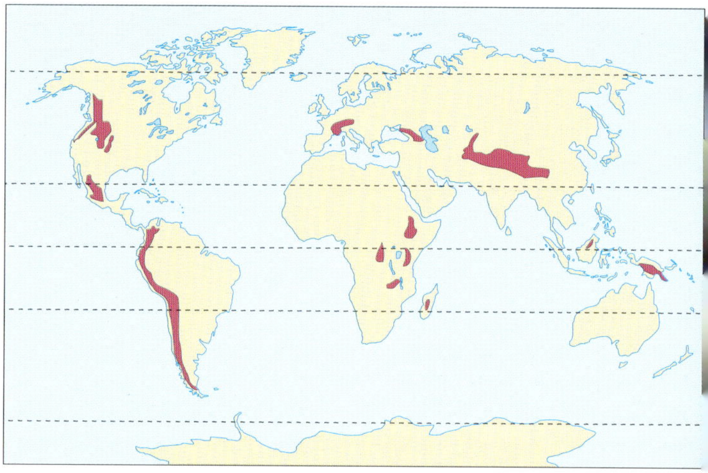

Der Einfluss der Gebirge auf das Klima reicht weit, mitunter Hunderte bis Tausende von Kilometern, über den eigentlichen Gebirgsraum hinaus. Sie lenken die Luftströmungen ab, werfen einen weiten Regenschatten, beeinflussen Temperaturen, Niederschläge und Bewölkung in ihren Vorländern und besitzen darüber hinaus ihr eigenes Klima, das sich zur Höhe hin mit jedem Meter ändert.

Luftmassen, die an Berghängen aufsteigen, kühlen in der Regel um annähernd 0,5 °C pro 100 m ab. Damit verringert sich gleichzeitig auch die Aufnahmefähigkeit für Wasserdampf. Wolken entstehen, es regnet oder schneit (s. S. 36). Die dünne, trockene Hochgebirgsluft kühlt in klaren Nächten rasch ab und die Kälte wird durch heftige Winde und Stürme oft noch unerträglicher.

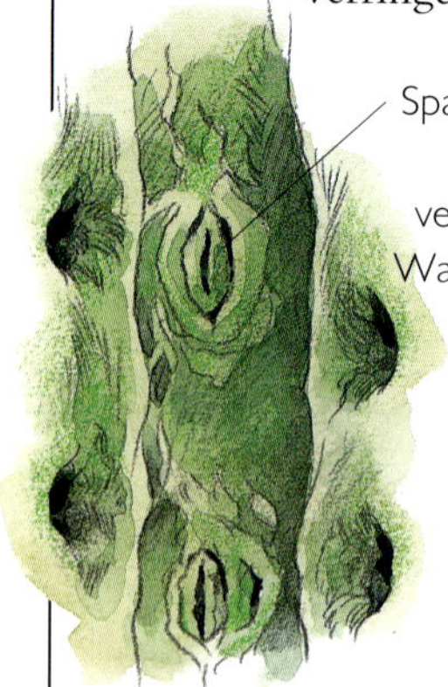

Spaltöffnungen (Stomata) verringern die Wasserabgabe.

FICHTEN *entwickeln Wuchsformen, die den Schnee abrutschen lassen. Wie andere Koniferen beginnen sie im Frühjahr nach der Schneeschmelze sofort mit der Photosynthese. Brand hemmende Stoffe in der Rinde schützen vor Waldbränden.*

Nadeln haben weite Zellzwischenräume, damit sie nicht beschädigt werden, wenn das Wasser in ihnen gefriert.

Wurzeln haben winzige Pilze, die Stickstoff binden können und so die Nährstoffzufuhr verbessern.

STÄNDIGE BEWOHNER *wie Bären (unten rechts) oder Streifenhörnchen (ganz unten) halten Winterruhe oder Winterschlaf, während das Auerhuhn aktiv bleibt und sich von Knospen und Samen ernährt. Bailey-Kette, Washington, USA (rechts)*

HÖHENSTUFEN

Alle höheren Gebirge gliedern sich in mehrere klar voneinander abgegrenzte Stockwerke mit einer jeweils eigenen Pflanzen- und Tierwelt. In den mittleren Breiten nehmen die Grasländer (s. S. 156) und/oder sommergrünen Wälder (s. S. 160) die unterste Etage ein. Die Montanstufe ist der Lebensraum der Nadelwälder. Verkrüppelte Bäume und Sträucher prägen die subalpine Stufe und jenseits der Waldgrenze beginnt die alpine Stufe. Gebirge, deren Gipfel über die temporäre oder klimatische Schneegrenze ragen, tragen in der Höhe eine Schneedecke oder Gletscher. An den der Hauptwindrichtung abgewandten Gebirgsflanken ist das Klima oft trockener und wärmer; dort breitet sich eine an die Trockenheit angepasste Vegetation aus und bei extrem geringen Niederschlägen kann im Regenschatten der Gebirge eine echte Wüste entstehen.

DIE MONTANE STUFE

Je nach der geographischen Breite verläuft die montane Stufe in unterschiedlichen Höhen. Im Himalaya beginnt sie bei 2700 m, in der kalifornischen Sierra Nevada bei 1200 m, in den Westalpen dagegen bei 900 m und in den Gebirgen Alaskas und Skandinaviens oft schon auf Meereshöhe.

Nadelbäume wie beispielsweise Fichten, Kiefern oder Tannen überstehen die langen, kalten und schneereichen Winter am besten. Sie drängen sich eng aneinander und erzeugen mit ihrem dichten Nadelkleid ihr eigenes Mikroklima. Darin sind selbst die Temperaturextreme gemäßigter und auch die Windgeschwindigkeiten etwas geringer.

Für die Pflanzen, die auf dem schattigen, viele Wochen lang schneebedeckten Waldboden gedeihen müssen, ist die Vegetationszeit freilich kurz und der kalte, nährstoffarme Boden erlaubt nur ein langsames Wachstum. Mykorrhizen, d. h. Lebensgemeinschaften von Pilzen und den Wurzeln höherer Pflanzen, verbessern jedoch die Existenzbedingungen der Nadelbäume, indem sie die Nährstoffe und das Wasser im Boden binden.

Für die Tiere ist das Nahrungsangebot in den Wäldern allerdings oft recht bescheiden; viele Arten steigen deshalb im Frühjahr in höhere Stockwerke auf, wo die Pflanzen üppiger gedeihen. Im Herbst ziehen sich die Tiere wieder in die Niederungen zurück und suchen einen passenden Schlupfwinkel für den Winter. Im Frühjahr nimmt dann die Wanderung der Tiere, diesmal jedoch in umgekehrter Richtung, ihren alten Lauf.

GEGEN DEN WIND *Viele Bäume der subalpinen Stufe, wie diese Weißstammkiefer (links), sind windgeschoren. Die Kräuter bilden oft Polster (oben) und schmiegen sich an den Boden, der Schutz vor dem Wind bietet. Das Guanako (unten), ein wild lebendes Lama, ist mit einer großen Lunge für das Leben in der sauerstoffarmen Höhenluft gerüstet.*

Die subalpine Stufe

Zwischen den dichten Bergwäldern und den baumlosen alpinen Matten erstreckt sich ein Übergangsgürtel: die subalpine Höhenstufe. In den Alpen bezeichnet man diese Etage nach den eng an den Boden gepressten, verkrüppelten Gehölzen auch als Krummholzgürtel.

Die wenigen Fichten, Kiefern und Tannen, die in den unteren Lagen noch über die von Lawinen niedergewalzten Gebüsche aufragen, sind oft vom Wind geformt und werden an der der Hauptwindrichtung zugewandten Seite durch die vom Wind aufgewirbelten messerscharfen Eiskristalle regelrecht „rasiert".

Die Fauna der subalpinen Stufe ist ein Gemisch aus Tierarten der angrenzenden Höhenstufen. Viele sind bei ihren Wanderungen dort nur zeitweise zu Gast, besonders im Frühjahr und Spätsommer; manche überwintern in der Grenzzone des Waldes, etwa der Steinbock, der den Sommer hoch oben auf den alpinen Matten verbringt und im Winter in der tieferen Stufe Schutz sucht. Zu den ständigen Bewohnern gehören die Streifenhörnchen der amerikanischen Hochgebirge und eine Vielzahl von Wirbellosen wie Milben oder Spinnen.

Die alpine Stufe

Das Klima der alpinen Höhenstufe hat vieles mit den Klimaten der Polargebiete gemeinsam: sehr lange, extrem kalte Winter, heftige Winde, Schnee und Eis. Der jahreszeitliche Wechsel von Polartag und Polarnacht fehlt jedoch in den meisten Hochgebirgen der Erde; dafür zeichnet sich die alpine Stufe an sonnigen Tagen überall durch eine kräftige Sonneneinstrahlung, besonders auch im ultravioletten Bereich, aus.

Für die Vegetation spielt darüber hinaus die Schneedecke eine wichtige Rolle: Ist der Schnee sehr dick und taut erst spät, dann schrumpft die ohnehin nur kurze Vegetationszeit noch weiter. Ist die Decke dagegen dünn und lückenhaft, dann sind die Pflanzen schroffen Temperaturschwankungen, Stürmen und dem damit verbundenen „Schneestrahlgebläse" schutzlos ausgesetzt.

DER PFEIFHASE, *ein Verwandter des Kaninchens, lebt in den Hochgebirgen Asiens und Nordamerikas. Seine kompakte Körperform mit kurzen Ohren und Beinen verringert die Wärmeverluste. Auch im tiefsten Winter bleibt er aktiv.*

HEUSTAPLER *nennen die Russen die meerschweinchengroßen Pfeifhasen, weil sie im Spätsommer getrocknete Futterpflanzen für den Winter sammeln.*

Für den Baumwuchs ist das subalpine Klima zu rau. Hier können nur kleine, niedrige Pflanzen existieren, die kaum über die Bodenoberfläche ragen und im Winter vollständig mit Schnee bedeckt werden. Ähnlich wie bei den Wüstenpflanzen verbirgt sich der größte Teil der Biomasse alpiner Pflanzen unter der Erdoberfläche im ausgedehnten Wurzelnetz. Es verankert die Gewächse im Boden und erschließt die kargen Wasser- und Nährstoffreserven. Ein anderes gemeinsames Merkmal von Wüsten- und Hochgebirgspflanzen ist die meist dichte Behaarung, wie beim Edelweiß. Das Haarkleid schützt vor Hitze und Kälte und hält gleichzeitig die in der Höhe sehr intensive ultraviolette Strahlung der Sonne ab.

Alpine Tierarten

Nur eine kleine Elite besonders robuster und anspruchsloser Arten lebt das ganze Jahr über in der alpinen Höhenstufe, darunter die Schneemaus, neben der Gemse das Charaktertier der Alpen. Es ist ein winziges Geschöpf, das keinen Winterschlaf hält, weil es in seinem Körper einfach nicht die Fettmassen speichern kann, die als Energievorrat notwendig wären.

HOCHGEBIRGSTIERE *wie das Gelbbäuchige Murmeltier oder die Schneeziege haben oft Verwandte in den Grasländern der Erde.*

Tiere mittlerer Größe, wie das Alpenmurmeltier, legen sich solche Energiereserven an und gehen damit in den Winterschlaf, der bis zu 7 Monate dauern kann. Bei den großen Tieren, etwa den Schneeziegen oder Steinböcken, würde der Winterschlaf kaum Vorteile bringen, denn sie haben – gemessen an ihrer Körpermasse – ohnehin einen niedrigen Stoffwechsel und die Erhöhung der Temperatur beim Erwachen würde jedes Mal unverhältnismäßig viel Energie kosten. Also bleiben sie aktiv, suchen tiefere Lagen auf und legen ein Winterfell an.

Polare Klimate

Sogar die öden Tundren und Frostschuttwüsten der Arktis und Antarktis beherbergen eine Fülle von Pflanzen und Tieren.

Die Polargebiete sind neben dem Innern Ostsibiriens mit seinem extremen Kontinentalklima die unwirtlichsten und kältesten Regionen der Erde. Schnee und ewiges Eis bedecken den Boden, im Winter bleibt die Sonne tage- bis wochenlang unter dem Horizont, geht dafür aber im Sommer ebenso lange nicht unter.

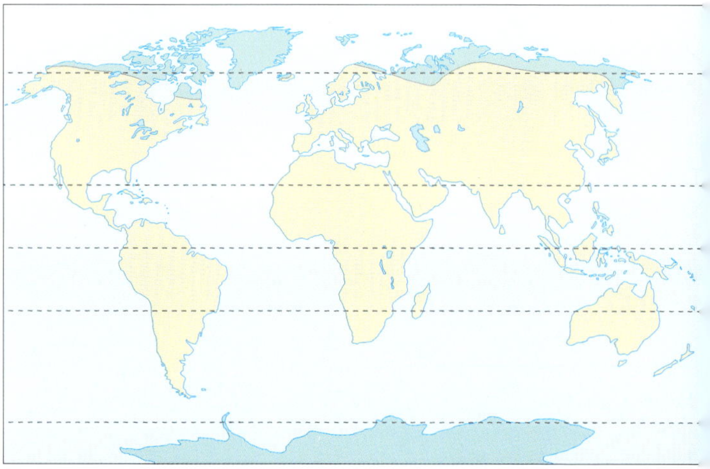

Arktisches Klima

Die Arktis umschließt die Meere und Landgebiete jenseits der Baum- und der südlichen Treibeisgrenze: das Nordpolarmeer, weite Teile Eurasiens und Nordamerikas sowie Grönland. Die Grenzen zum borealen Nadelwaldgürtel sind fließend. Zunächst löst sich der Wald in die Waldinseln der Waldtundra auf. Dann folgt die eigentliche baumlose Tundra, die mit der in kleinere Vegetationsinseln zersplitterten Fleckentundra zu den kahlen Frostschuttwüsten und vereisten Gebieten der Arktis überleitet.

RUSKA *heißt in Finnland die Jahreszeit, in der sich das Laub der Zwergsträucher in der Tundra prachtvoll verfärbt – der Indian Summer des Nordens.*

HAARE UND FEDERN *Der Moschusochse (oben) hat unter allen wild lebenden Säugetieren die längsten Haare: Sie messen am Hinterteil 60 – 90 cm. Beim Alpenschneehuhn (oben links) mit seinem dichten Gefieder sind sogar die Füße weiß befiedert.*

Tiefe Temperaturen, verhältnismäßig geringe Niederschläge und eine kurze Vegetationsperiode sind die hervorstechendsten Merkmale des Tundrenklimas. Nur in 1–4 Monaten des Jahres steigen die Temperaturen über den Gefrierpunkt und selbst im wärmsten Monat (meist der Juli) bleibt die Temperatur im Monatsdurchschnitt unter 10 °C. Der spärliche Niederschlag – selten mehr als 300 mm, oft sind es sogar nur 150–200 mm – fällt überwiegend als Schnee. Solange die durchwurzelten Schichten des Bodens gefroren sind, leiden die Pflanzen unter Wassermangel; nach der Schneeschmelze gibt es dann aber plötzlich für einige Wochen Wasser im Überfluss. Es staut sich über dem ständig gefrorenen Permafrost im Untergrund und bildet zahllose Tümpel und Pfützen.

DIE SILBERWURZ *aus der Familie der Rosengewächse, eine der bekanntesten Tundrenpflanzen, war während der Eiszeiten über ganz Mitteleuropa verbreitet.*

Es war eine gläserne Welt, glitzernd und regungslos … Alles war erstarrt und versiegelt.

LAURIE LEE (* 1914), englischer Schriftsteller

ARKTISCHE FLORA

Trotz des rauen Klimas ist die Pflanzenwelt der Tundra oft überraschend artenreich, in manchen Tundrengebieten zählt man 200–300 Arten von Blütenpflanzen, dazu viele Moose und Flechten, die den häufigen Wechsel zwischen Trockenheit und Nässe, das ständige Pendeln der Lufttemperatur um den Gefrierpunkt am besten vertragen. Wegen der kurzen Vegetationsperiode und der mangelhaften Nährstoffversorgung zeigen viele Pflanzen jedoch „Hungersymptome“ – ein sehr langsames Wachstum bzw. Zwergwuchs. Dazu zählen vor allem die für große Areale der Tundra typischen Zwergsträucher. Birken, Weiden und Heidekrautgewächse, deren Vettern in wärmeren Klimazonen weit über 10 m hoch werden, erreichen hier mitunter nur 10 cm.

ARKTISCHE FAUNA

Viele arktische Tiere treten im Winter vor Frost, Polarnacht, Schnee und Sturm den geordneten Rückzug an. Mehr als 120 Vogelarten überwintern im Süden. Rentiere und Karibus ziehen sich in die Waldtundra zurück, die kleineren Säuger wie Schneemäuse oder Lemminge graben Gänge in den Schnee, wo sie vor den schlimmsten Unbilden des Wetters einigermaßen geschützt sind. Das schneeweiße Winterkleid, z. B. des Alpenschneehuhns oder des Polarfuchses, dient nicht nur der Tarnung, sondern beschert den Tieren durch Spiegelung der Sonnenstrahlen an Haaren und Federn bis zur Haut auch einen bescheidenen Wärmegewinn.

EISBÄREN *besitzen in ihrem Herz-Kreislauf-System eine Art Wärmetauscher, wobei der warme Blutstrom vom Herzen den kühleren Rückstrom erwärmt.*

DIE ANTARKTIS *wird von Inlandeis (links) bedeckt, das über 80 % der Süßwasservorräte der Erde enthält. Die Robben (unten) leben auf Treibeisschollen, von denen sie sich kopfüber ins Meer stürzen, um winzige Krebse zu erbeuten; Flechten (ganz unten) besiedeln die Felsstandorte.*

Polare Klimate der Antarktis

Das kälteste, trockenste und stürmischste Klima der Erde herrscht in der Antarktis, dem eisigen Kontinent am Südpol, der fast ganz vom Südlichen Polarkreis bei 66,5° südlicher Breite umschlossen wird. Das antarktische Binnenland verzeichnet mittlere Jahreswerte um −50 °C und Tiefsttemperaturen um −90 °C. Der ausschließlich als Schnee fallende Niederschlag beträgt oft weniger als 50 mm im Jahr und die Windgeschwindigkeiten können mit über 160 km/h die Stärke tropischer Wirbelstürme erreichen.

Lebewesen, Pflanzen oder Tiere, besiedeln lediglich die etwas milderen Küstenzonen und die Antarktische Halbinsel. Dort steigen die Lufttemperaturen in den wärmsten Sommermonaten knapp über den Gefrierpunkt, während sie im Winter auf etwa −18 °C fallen. Die jährliche Niederschlagsmenge schwankt bei etwa 400 mm.

Robuste Pflanzen

Nur ein paar Pflanzenarten besiedeln den lebensfeindlichen Kontinent und hier vor allem die mit einem etwas milderen Klima gesegnete Antarktische Halbinsel, die sich zwischen dem Weddell- und dem Bellingshausenmeer in gemäßigtere Breiten vorschiebt. Die antarktische Flora besteht fast ausschließlich aus Algen, Flechten und Moosen – Pflanzen, die mit einem Minimum an Wasser und Nährstoffen auskommen können. Die beiden einzigen bekannten Blütenpflanzen sind die Antarktische Zwergschmiele, eine kleine Grasart, die kaum mehr als 5 cm hoch wird, sowie das Antarktische Mastkraut, eine Polsterpflanze mit winzigen sukkulenten Blättern.

Als Flechten bezeichnet man Organismen, die von miteinander in Symbiose lebenden Algen und Pilzen gebildet werden. Die Pilze steuern in dieser Partnerschaft den günstigen Lebensraum bei, in dem die Algen auch bei tiefen Temperaturen durch Photosynthese bestimmte Kohlenhydrate aufbauen können, von denen sich wiederum die Pilze ernähren. Flechten brauchen daher keinen Boden, denn sie erhalten alle Nährstoffe aus der Luft und dem nackten Gestein, auf dem sie wachsen. Andererseits bereiten Flechten mit der Säureverwitterung den Standort für die Besiedlung durch Moose und andere Pflanzen vor. Sie schaffen den lockeren Boden, auf dem sich jedoch unter dem strengen Klima keine nennenswerte Vegetation entwickeln kann.

UNTER NULL *Die antarktische Fauna reicht von Seespinnen bis zu Seehunden.*

LEBEN AUS DEM MEER

Die Meere rund um die Antarktis bieten für viele Tiere reichlich Nahrung, besonders für die Vögel, die auf dem antarktischen Kontinent nisten, wie Sturmvögel, Sturmschwalben, Seeschwalben oder Raubmöwen. Wie die meisten Seevögel bestreichen diese Vögel das Gefieder mit einer öligen Flüssigkeit und machen es Wasser abstoßend. Bei den Robben, die in den antarktischen Gewässern in sechs Arten vorkommen, sind die Deckhaare Wasser abstoßend, während das dichte Unterhaar mit den zahllosen darin eingeschlossenen Luftbläschen die Wärmedämmschicht bildet. Da kaltes Wasser mehr gelösten Sauerstoff als warmes enthält, brauchen die antarktischen Fische weniger Hämoglobin. Bei den Eisfischen fehlt dieser Farbstoff der roten Blutkörperchen, der der Bindung und dem Transport von Sauerstoff dient, ganz und entsprechend geisterhaft blutleer sehen die Fische auch aus. Weniger spektakulär ist die Landfauna der Antarktis, die nur wenige Arten umfasst, z. B. zwölf Vogelarten, die dort brüten, und ebenso viele Insektenarten. In Anpassung an das stürmische Klima besitzen einige Fluginsekten hier keine Flügel, sie würden sonst von den heftigen Winden ins Meer geweht werden.

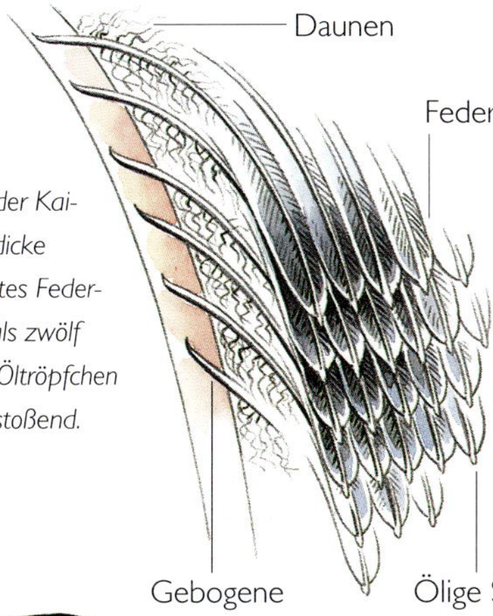

ALS WÄRMESCHUTZ *besitzt der Kaiserpinguin unter der Haut eine dicke Fettschicht und darüber ein dichtes Federkleid mit durchschnittlich mehr als zwölf Federn pro Quadratzentimeter. Öltröpfchen machen das Gefieder wasserabstoßend.*

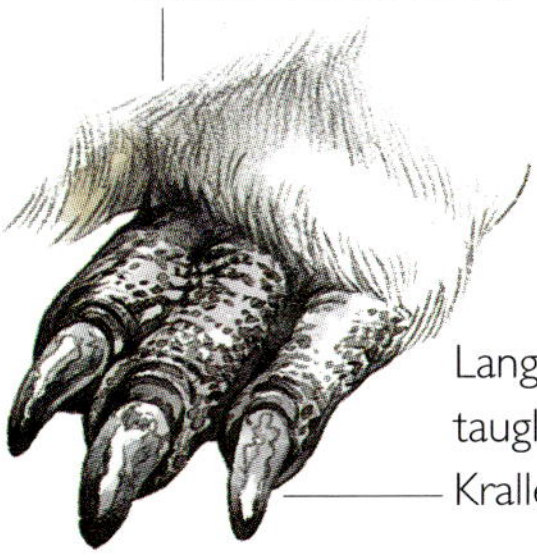

DIE ARTERIEN *und Venen in den Füßen und Flossen liegen dicht beieinander und tauschen so die Wärme des Blutes aus.*

KAISERPINGUINE *vertragen die Kälte besser als jedes andere Tier der Erde. Sie überstehen in völliger Finsternis wochenlang Temperaturen bis zu –60 °C und eisige Stürme mit Windgeschwindigkeiten bis zu 200 km/h. Dabei drängen sie sich in riesigen Brutkolonien eng aneinander und verringern so die Wärmeverluste um etwa die Hälfte. Die Eier werden im Winter gelegt, sodass die Jungen in den milderen Sommermonaten heranwachsen können.*

Küstenklimate

Im Grenzsaum zwischen Land und Meer müssen sich Pflanzen und Tiere vor allem an Sturm und Salz anpassen.

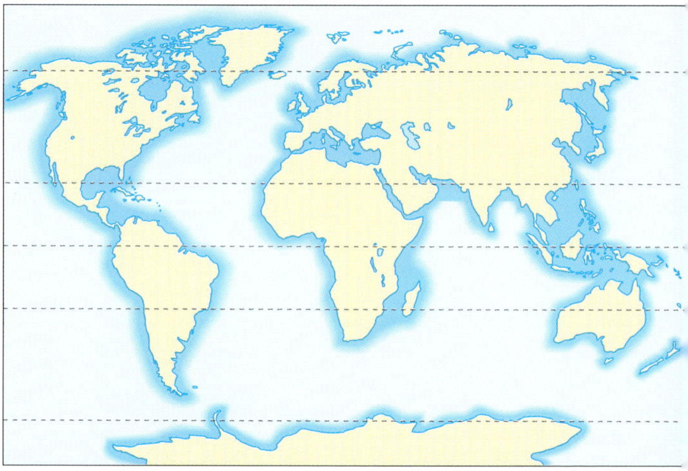

Die Lufttemperaturen sind an den Küsten wesentlich ausgeglichener als im küstenfernen Binnenland, denn das Wasser der Ozeane erwärmt sich langsamer als der Erdboden, kühlt aber auch langsamer ab. Dies bedeutet jedoch nicht, dass das Klima an den Küsten grundsätzlich milder und für Flora und Fauna günstiger wäre – im Gegenteil: Starke Winde und der hohe Salzgehalt von Luft und Boden stellen die Anpassungsfähigkeit der Lebewesen auf eine harte Bewährungsprobe.

Sandküsten

Sandstrände und Dünen gehören zu den ungünstigsten Lebensräumen an den Küsten. Das Regenwasser versickert rasch im lockeren Sand, der Boden enthält wie in den Wüsten kaum Feuchtigkeit und der Sandkörner und Salzkristalle mitführende Wind wirkt wie ein natürliches Sandstrahlgebläse.

Dünenpflanzen haben oft kleine ledrige oder dicht behaarte Blätter, um die Wasserabgabe einzuschränken. Ein engmaschiges Wurzelnetz verleiht ihnen sicheren Halt im lockeren Sand und erschließt die geringen Bodenwasserreserven. Zu den ersten Pflanzen, die sich an unseren Küsten auf Dünen ansiedeln, gehört der Strandhafer, dessen wissenschaftlicher Gattungsname *Ammophila* Sand liebend bedeutet. Er kann überhaupt nur auf lockerem, bewegtem Sand existieren, denn dort bleibt das blaugrüne Gras von den Fadenwürmern verschont, die in ruhendem Sand seine Wurzeln auffressen.

Die oberirdische Fauna hat mit den meist heftigen Winden und der bei Sonnenschein oft brennend heißen Bodenoberfläche zu kämpfen. Unter den Insekten sind daher viele flügellose Arten zu beobachten. Kaninchen, Nager und andere Säugetiere verhalten sich so wie ihre Verwandten in den Hitzewüsten: Sie sind nur in den kühlen Nachtstunden aktiv und verbringen den Tag in Höhlen und Mulden, die sie in den lockeren Dünensand scharren.

LEBEN AM MEER *Mangroven (oben) besitzen Atemwurzeln; die Zwergmaus (rechts) trinkt auch Salzwasser und das Eiskraut (ganz oben) ist mit Salzdrüsen überzogen, die Eiskristallen gleichen.*

HEFTIGE WINDE *lassen die Pflanzen an den Kliffen der britischen Insel Lundy Island nur fußhoch wachsen.*

DER BRAUNE PELIKAN *Amerikas kann seine Körpertemperatur je nach Umgebungstemperatur um einige Grad erhöhen oder senken. Er hechelt und taucht seine Füße ins kalte Wasser, um sich abzukühlen, oder zittert an kalten Tagen wie ein Mensch, um mit den Muskelbewegungen ein wenig Wärme zu erzeugen.*

Drüsen an der Nase scheiden Salze aus; der Vogel kann daher Salzwasser trinken.

Der Kehlsack dient auch der Kühlung.

Kehlsäcke regulieren die Körpertemperatur, fördern die Schwimmfähigkeit und mildern den Aufprall beim Kopfsprung.

FELSKÜSTEN

An felsigen Küsten ist die Brandung häufig besonders stark (und damit auch der salzige Gischtregen, der auf die Flora niedergeht), außerdem fehlt an den Kliffen jede Bodenkrume. Die Pflanzen siedeln auf dem nackten Fels oder in Klüften, müssen sich daher mit wenig Wasser und Nährstoffen begnügen. Etliche Arten sind Sukkulenten, wie die Fetthenne mit ihren dickfleischigen Blättern. Andere schränken den Wasserverbrauch durch verkleinerte Blätter ein, z. B. der Strandflieder, oder schützen sich durch Behaarung. Für viele Seevögel, die an den Kliffen nisten, ist das steile Gelände der beste Schutz. Hier sind sie vor Verfolgern sicher und die Aufwinde erleichtern zudem den Start.

SCHLICKKÜSTEN

Vor Küstenabschnitten mit schwächerer Strömung und Wellenschlag lagert sich nährstoffreicher Schlick ab und bildet dort mit den Schlickwatten und Mangrovenwäldern zwei der interessantesten und reichsten Ökosysteme der Welt. Mangrovenwälder sind fast nur in den Tropen verbreitet, Schlickwatten dagegen an allen Gezeitenküsten. Beide amphibische Ökosysteme sind relativ arm an Tierarten, die dafür jedoch mitunter in riesigen Zahlen vorkommen.

Nasses Gefieder wird mit Öl Wasser abstoßend gemacht.

… jedes Bild des Himmels ist auf seine Weise schön, und jeder Sturm, der dein Blut peitscht, lässt es nur noch kräftiger durch die Adern strömen.

The Private Papers of Henry Ryecroft,
GEORGE ROBERT GISSING (1857–1903), englischer Erzähler

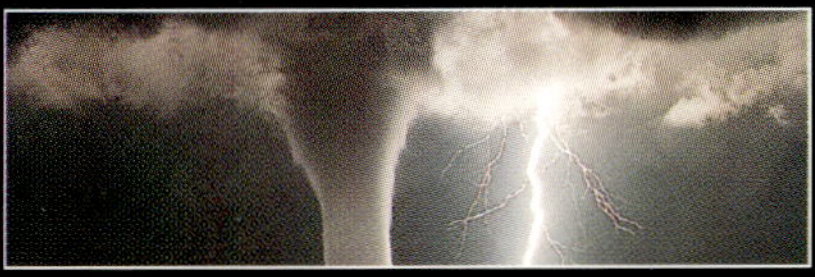

KAPITEL 8

ILLUSTRIERTES WETTERLEXIKON

Leitfaden zur Benutzung

Nach so viel Theorie folgt nun endlich die Praxis:
die Bestimmung und Erklärung der häufigsten Wettererscheinungen.

Auf den folgenden Seiten werden 57 der häufigsten Wettererscheinungen beschrieben. Bei jedem Phänomen ist angegeben, wo und wann man es beobachten kann, wie es entsteht und mit welchen anderen Wettererscheinungen es gewöhnlich verknüpft ist.

Wo es möglich und sinnvoll ist, wird bei dem betreffenden Phänomen jeweils dessen Bedeutung als Wetterzeichen, als Hinweis auf die Wetterentwicklung in den nächsten Stunden oder Tagen, erwähnt, denn schließlich will der engagierte Hobbymeteorologe auch eigene Prognosen wagen. In diesem Zusammenhang muss freilich vor übertriebenen Erwartungen gewarnt werden: Bei einem Puzzle, das aus mehreren Hundert Teilen besteht, vermitteln drei oder vier Steine, die richtig aneinander gelegt sind, bestenfalls ein grobes Bild des Ganzen und ähnlich verhält es sich mit ein paar isolierten Beobachtungen bei der Wettervorhersage.

Ein Bestimmungsbuch für Wetterphänomene kann und darf man auch nicht so benutzen wie Bestimmungsbücher für Pflanzen, Tiere oder Gesteine. Im Unterschied zu anderen Teilen der belebten und unbelebten Natur sind die Wettererscheinungen meist vergängliche Spiegelbilder von Prozessen, die sich in der Atmosphäre abspielen, und keine Objekte, die man nach Hause tragen und archivieren kann. Diese Eigenart der Wettererscheinungen erschwert ihre genaue Bestimmung und Zuordnung zu einer Kategorie. Unsere Einteilung gliedert die Phänomene deshalb auch nur grob in fünf Gruppen:

Tau, Nebel und Reif, allesamt Phänomene, die durch Kondensation und/oder Sublimation (s. S. 40) am oder in der Nähe des Erdbodens entstehen, in der Luftschicht, in der wir und die meisten anderen Lebewesen leben.

*Der **Bildstreifen** am oberen Seitenrand stellt die jeweilige Kategorie von Wetterphänomenen dar (s. S. 177 oben).*

Der Steckbrief enthält:

- *in der Regel das internationale **Wetterkartensymbol** (vgl. Symbolliste auf S. 85).*
- ✦ ***Verbreitung** des Phänomens weltweit oder in Abhängigkeit von Landschaftsformen, Böden und Gewässern.*
- ↕ ***Höhenspanne**, in der das betreffende Phänomen normalerweise beobachtet werden kann (entweder die absolute Höhe über dem Meeresspiegel oder die Höhe über dem Erdboden).*
- ◉ ***Wichtigste Ursachen und Entstehungsweisen** der jeweiligen Wettererscheinung.*
- ➤ ***Typische Begleiterscheinungen** oder auch Folgen.*
- ⚠ ***Wetterwarnungen**, Gefahren, die von dem Wetterphänomen ausgehen.*

Tau, Nebel und Reif 178

Wolken 188

Niederschläge 218

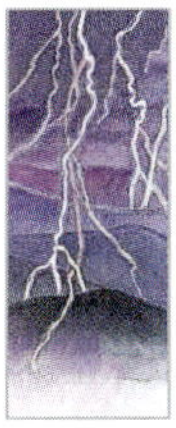

Unwetter 236

Optische Phänomene 254

Wolken bilden sich durch Kondensation und/oder Sublimation in höheren Etagen der Atmosphäre (s. S. 42). Je nach ihrer Höhe werden dabei vier Wolkenfamilien unterschieden.

Niederschläge sind hier nur die fallenden flüssigen und festen Niederschläge, die aus Wolken fallen. Aufgewirbelte und abgesetzte Niederschläge werden nicht erwähnt.

Unwetter umfassen meteorologische Ereignisse, die größere Schäden verursachen, etwa tropische Wirbelstürme, heftige Gewitter oder lang anhaltende Dürreperioden.

Optische Phänomene haben im Unterschied zu Regen, Wind und den meisten anderen Wetterelementen keinen unmittelbaren Einfluss auf das Wettergeschehen. Sie sind lediglich sehenswerte Licht- und Farberscheinungen, kündigen jedoch als Vorboten häufig Wetterverschlechterung an und sind daher auch für den Meteorologen interessant.

Nebel

Gelegentlich kommen der Sonne schwache Winde zu Hilfe und vertreiben den Nebel aus den Niederungen. Regen oder Schnee fällt nur selten aus dem grauen Hochnebel, allenfalls feiner Nieselregen oder bei tiefen Lufttemperaturen ein

paar Schneeflocken. Gefährlich werden die Nebelschwaden, die sich bei Hochdruckwetterlagen tagelang halten können, für den Luft- und Straßenverkehr, und zwar besonders in den Gebirgen. Bei der Fahrt über einen hohen Pass kann man oft erleben, dass im Tal die Sicht recht gut ist, man in der Nebelzone dagegen kaum noch die eigene Hand vor Augen sieht, während kurz darauf die graue Nebeldecke plötzlich aufreißt und strahlender Sonnenschein die Augen blendet.

Hochnebel im Grand-Teton-Gebirge, Wyoming, USA (oben), und über den Rebgärten im Sonoma-Tal in Kalifornien (unten)

***Das große Foto** zeigt meist ein typisches Beispiel, hin und wieder aber auch eine bemerkenswerte Variante des beschriebenen Phänomens.*

***Der Haupttext** erläutert im Detail die sichtbaren Charaktermerkmale der Wettererscheinung sowie deren Verbreitung, Entstehung und Bedeutung für die Wetterentwicklung in nächster Zeit.*

***Kleinere Fotos** zeigen Varianten, Begleiterscheinungen sowie historische Aspekte des betreffenden Phänomens.*

***Farbige Handskizzen** veranschaulichen die Entstehungsweise der jeweiligen Wettererscheinung.*

Tau, Nebel und Reif

Tau

Nach einer kühlen, klaren Nacht sind der Erdboden, die Pflanzendecke und andere Gegenstände unter freiem Himmel oft mit winzigen Wassertröpfchen besetzt, die im Licht der aufgehenden Sonne wie Edelsteine funkeln. Die Legende erklärt sie als Tränen gefallener Engel, für die Wetterkundler ist Tau jedoch nichts anderes als ein abgesetzter Niederschlag, eine Art, die nicht vom Himmel fällt, sondern sich unmittelbar an der Erdoberfläche bildet.

STECKBRIEF

Weltweit; vor allem in Klimazonen mit hoher Luftfeuchtigkeit und starken täglichen Temperaturschwankungen

Am Erdboden, an Pflanzen oder sonstigen Gegenständen

Kondensation von Wasserdampf in Bodennähe

Dieser Wüstenkäfer macht einen Kopfstand, um den Tau in den Mund rinnen zu lassen.

Tautröpfchen entstehen durch Kondensation von Wasserdampf an jenen Oberflächen, deren Temperatur unterhalb der Taupunkttemperatur der Luft in der unmittelbaren Umgebung liegt. Meist kühlen die Flächen durch nächtliche Ausstrahlung so stark ab, dass dieser Schwellenwert unterschritten wird. Dann spricht man von Strahlungstau. Er lagert sich besonders an waagrechten Flächen ab. Advektionstau, der durch die Kondensation vorbeistreichender feuchter und wärmerer Luft an kühleren Oberflächen entsteht, benetzt hingegen hauptsächlich die senkrechten Flächen.

Die Taumengen, die sich im Jahresdurchschnitt am Boden absetzen, sind beachtlich. Bis zu 200 l Wasser pro Quadratmeter können in 1 Jahr so zusammenkommen – für die Tier- und Pflanzenwelt in den Wüsten oft die einzige zuverlässige Wasserquelle. Der Anteil am Gesamtniederschlag beträgt etwa 2–5 %.

Nach einer kühlen Nacht ist dieser Falter mit Tau benetzt, doch bei Sonnenschein verdunsten die Tröpfchen bald wieder.

Strahlungsnebel

Nebel ist eigentlich nur eine Wolke, die den Erdboden berührt und durch die zahllosen in der Luft schwebenden Wassertröpfchen die Sicht in Bodennähe auf weniger als 1 km vermindert. Die Nebelschwaden entstehen auf dieselbe Weise wie die Wolken: durch Kondensation des Wasserdampfs. Der gasförmige Wasserdampf verwandelt sich in Wassertröpfchen, wenn feuchte Luft bis zum Taupunkt abkühlt, wenn der Wasserdampfgehalt der Luft durch Verdunstung erhöht wird oder wenn sich feuchtwarme und kalte Luftmassen mischen. Nach diesen drei Ursachen werden die drei Nebeltypen unterschieden: Abkühlungsnebel, Verdunstungsnebel und Mischungsnebel.

Der Abkühlungsnebel ist der häufigste Nebeltyp. Zu ihm gehört neben dem Advektionsnebel (s. S. 182) der Strahlungsnebel (oder besser: Ausstrahlungsnebel), bei dem – worauf der Name schon hinweist – die Abkühlung des Erdbodens und der bodennahen Luftschichten durch kräftige Ausstrahlung in klaren, wolkenarmen bis wolkenlosen Nächten mit schwachem Wind oder Windstille verursacht wird.

STECKBRIEF

- Weltweit
- Mächtigkeit bis etwa 300 m
- Abkühlung der bodennahen Luftschichten durch Ausstrahlung
- Bei Temperaturen unter dem Gefrierpunkt Strahlungsreif
- Geringe Sichtweiten

Häufig kühlt die Luft lediglich in den untersten nur wenige Meter dicken Schichten bis zum Taupunkt ab, und zwar hauptsächlich in Tälern und Mulden, in denen sich bei ruhigem Wetter nachts die Kaltluft sammelt. Diese Eigenschaft macht den Strahlungsnebel für den Straßenverkehr so gefährlich: Eben noch herrscht auf der Straße beste Sicht und im nächsten Augenblick kann man in Nebelschwaden geraten, in denen man buchstäblich die eigene Hand vor den Augen nicht mehr erkennen kann.

Dichten Nebel über den Docks von Liverpool zeigt das Gemälde des englischen Malers John Atkinson Grimshaw (1836–93).

Advektionsnebel

So wie der Strahlungsnebel (s. S. 181) entsteht auch diese mächtigste und dauerhafteste Nebelart durch Abkühlung, allerdings geschieht dies nicht durch starke Wärmeverluste des Erdbodens in klaren Nächten, sondern wenn feuchtwarme Luft über einen kälteren Untergrund strömt und dabei bis unter den Taupunkt abkühlt.

Im Unterschied zum Strahlungsnebel, der in den meisten Fällen nachts bzw. in den frühen Morgen- und späten Abendstunden auftritt, kann sich der Advektionsnebel zu jeder Tageszeit bilden. Die zweite Art des Abkühlungsnebels ist darüber hinaus oft mit leichtem bis mäßigem Wind verbunden.

STECKBRIEF

Weltweit; besonders über den Meeren und an den Küsten

Mächtigkeit bis 300 m

Feuchtwarme Luft, die über einem kälteren Untergrund abkühlt

Sprühregen oder leichter Schneefall

Geringe Sichtweite

Nebelbänke über der westlichen Nordsee (Satellitenbild, oben); Advektionsnebel über der Bucht von San Francisco (ganz oben)

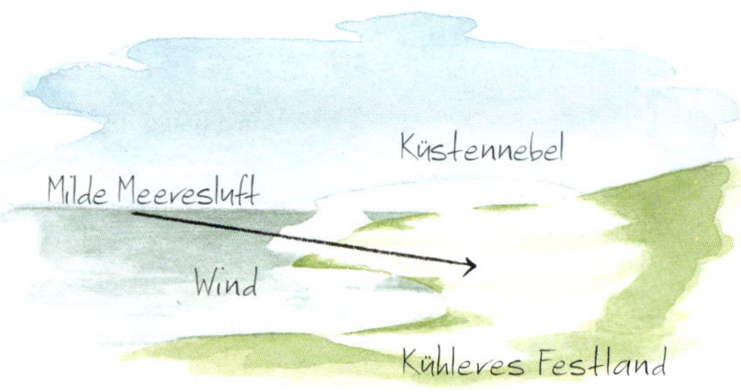

Advektionsnebel entstehen am häufigsten über den Meeren und an Küsten, vor allem über kalten Meeresströmungen oder dort, wo Winde vom Meer her über kühleres Land streichen. Bei den Neufundlandbänken, einer der berüchtigtsten Nebelecken der Welt, ist beispielsweise der kalte Labradorstrom die Ursache. Doch nicht selten zieht der Nebel in dichten Schwaden weit landeinwärts. In Mitteleuropa tritt Advektionsnebel regelmäßig auf, wenn im Winter wärmere und feuchte ozeanische Luftmassen aus südwestlichen bis westlichen Himmelsrichtungen gegen das kalte, oft schneebedeckte Festland strömen.

Berg- und Hangnebel

Die Unterschiede zwischen orographischem Nebel (griech. *óros* = Berg) und orographischen Wolken (s. S. 192) sind naturgemäß nur sehr gering. Sowohl Nebel als auch Wolken entstehen dadurch, dass der Wind feuchte und wärmere Luft aus dem Tal an den Gebirgsflanken hangaufwärts in kühlere Etagen der Atmosphäre führt, in denen der gasförmige Wasserdampf zu winzigen Wassertröpfchen kondensiert. Ein einfaches Unterscheidungsmerkmal ist die Windstärke: In Nebelschwaden spürt man meist kaum einen leichten Lufthauch, während die Wolkenfetzen an der Unterseite von Regenwolken dagegen in Windeseile am Bergwanderer vorbeigetrieben werden.

Mit Berg- und Hangnebel (und den damit verbundenen Gefahren) muss man in allen Gebirgen rechnen. Eine fast alltägliche Erscheinung ist er in den mittleren Erdbreiten an den nach Westen gerichteten Gebirgsflanken, im Gürtel der Passatwinde hingegen besonders an den Nordost- oder Südosthängen, wie etwa auf Teneriffa, Gran Canaria und den anderen Kanarischen Inseln. Diese Flanken sind beinahe ständig von dichten Nebelschwaden verhüllt, während über den entgegengesetzten Hängen die Sonne scheint.

STECKBRIEF

- Weltweit; vor allem in küstennahen Gebirgen
- Mächtigkeit bis 300 m
- Aufstieg feuchter Luftmassen bis zum Kondensationsniveau
- Sprühregen oder leichter Schneefall
- Geringe Sichtweite

Die aufsteigende Luft kühlt allmählich ab, bis der Wasserdampf zu Nebel kondensiert.

Hochnebel

In der Regel berührt der Nebel den Erdboden. Oft liegt er als Bodennebel in einer nur wenige Meter dicken Schicht direkt über der Erdoberfläche und darüber scheint die Sonne. Manchmal ist es aber genau umgekehrt: In Bodennähe herrscht gute Sicht und wenige Hundert Meter über der Erde erstrecken sich graue Nebeldecken.

Die Nebelschichten, deren Untergrenze in einiger Entfernung zur Erdoberfläche liegt, werden als Hochnebel bezeichnet. Sie bieten häufig das gleiche Bild wie tiefe Schichtwolken (s. S. 190) und entstehen auch auf ähnliche Weise. Manchmal bildet sich der Hochnebel durch Wärmeausstrahlung an einer relativ hoch über dem Boden gelegenen Inversion (Strahlungshochnebel); häufiger entsteht er jedoch durch Auflösung und scheinbare Hebung ursprünglich bodennaher Nebeldecken.

STECKBRIEF

—

Weltweit; besonders in weiten Senken und Hochgebirgstälern

Mächtigkeit bis 600 m

Ausstrahlung bzw. Auflösung von bodennahem Nebel

Sprühregen oder leichter Schneefall

Geringe Sichtweite

Auf und davon

Nach kalten, klaren, windstillen Nächten sind die Täler frühmorgens oft mit dichtem Strahlungsnebel (s. S. 181) gefüllt. Im Hochwinter löst sich der Nebel meist tagsüber nicht auf, bei höherem Sonnenstand und stärkerer Einstrahlung verdunsten die Nebeltröpfchen dagegen in der Nähe der Talhänge und am Talgrund, wo sich der Erdboden am stärksten erwärmt. Die Sicht wird dann allmählich besser und die Untergrenze der Nebelschwaden verlagert sich zur Höhe hin. Der Nebel löst sich von unten und den Seiten her auf und verschwindet innerhalb kürzester Zeit.

Hochnebelschwaden über einem Tal in den Schweizer Alpen

Gelegentlich kommen der Sonne schwache
inde zu Hilfe und vertreiben den Nebel aus den
ederungen. Regen oder Schnee fällt nur selten
s dem grauen Hochnebel, allenfalls feiner Nie-
regen oder bei tiefen Lufttemperaturen ein paar Schneeflocken. Gefährlich werden die Nebelschwaden, die sich bei Hochdruckwetterlagen tagelang halten können, für den Luft- und Straßenverkehr, und zwar besonders in den Gebirgen. Bei der Fahrt über einen hohen Pass kann man oft erleben, dass im Tal die Sicht recht gut ist, man in der Nebelzone dagegen kaum noch die eigene Hand vor Augen sieht, während kurz darauf die graue Nebeldecke plötzlich aufreißt und strahlender Sonnenschein die Augen blendet.

Hochnebel im Grand-Teton-Gebirge, Wyoming, USA (oben), und über den Rebgärten im Sonoma-Tal in Kalifornien (unten)

Reif

STECKBRIEF

Weltweit, in den Tropen jedoch nur in Hochgebirgen

Auf dem Erdboden, aber auch auf Pflanzen, Gebäuden, Straßen und anderen Oberflächen

Sublimation oder Anfrieren herangewehter Wassertröpfchen

Reifglätte; gefährliche Eislasten an Bäumen oder Hochspannungsleitungen

Wie beim Tau (s. S. 180) unterscheidet man beim Reif zwei Arten, die durch Sublimation, d. h. durch den unmittelbaren Übergang von gasförmigem Wasserdampf in festes Eis (also ohne Umweg über den flüssigen Zustand), entstehen: den Strahlungsreif und den Advektionsreif. Beide Reifarten bilden sich nur bei Oberflächentemperaturen unter dem Reifpunkt (vergleichbar dem Taupunkt) sowie höherem Wasserdampfgehalt der Luft.

Strahlungsreif entsteht in kalten, klaren und windarmen bis windstillen Nächten, wenn die Temperatur der Erdoberfläche, von Pflanzen oder anderen Gegenständen durch die nächtliche Wärmeausstrahlung bis auf einen Wert sinkt, bei dem die Umgebungsluft mit Wasserdampf übersättigt ist. Dadurch bildet sich auf den Oberflächen Eis in den verschiedensten Formen: schuppen- oder nadelartige Eiskristalle in der typischen Gestalt mit sechseckigem Querschnitt. Der Eisüberzug haftet fest auf den Gegenständen, ist jedoch oft lückenhaft und lässt die Farbe der Haftfläche durchschimmern.

Advektionsreif bildet meist eine dickere, geschlossene Schicht mit federähnlichen Gebilden, so wie man sie von den Eisblumen auf Fensterscheiben her kennt. Diese Reifart entsteht vor allem nach einer längeren Frostperiode, wenn feuchtwarme Luft auf Mauern oder andere Oberflächen trifft, in denen die Temperatur noch unter dem Gefrierpunkt liegt. Dann scheidet sich der Wasserdampf im Allgemeinen schnell ab und überzieht die Flächen mit einer Eisschicht.

Jack Frost verkörpert in der angelsächsischen Sagenwelt die Schrecken des Winters. Wahrscheinlich hat die Sage ihre Wurzeln in altnordischen Mythen (britische Karikatur aus dem 19. Jahrhundert).

Strahlungsreif (links unten) besteht aus deutlich entwickelten Eiskristallen. Die Eisblumen (oben) zeigen ähnlich wie viele Mineralien dendritische Wachstumsformen (griech. dendron = Baum).

Raureif

Der Eisansatz durch Reif stellt für Pflanzen, Gebäude, Hochspannungsleitungen, Funktürme oder andere Bauwerke keine stärkere Belastung dar. Gefährliche Lasten, unter denen selbst dicke Bäume wie Streichhölzer brechen, können sich jedoch durch Raureif auftürmen. Bei bestimmten Wetterlagen setzt sich mitunter Eis in großen Mengen auf den Pflanzen oder Bauwerken ab und führt zum gefürchteten Eisbruch, unter dem vor allem die Wälder in den Gebirgen der kalten und kühlgemäßigten Klimazonen leiden.

Raureif unterscheidet sich in seiner Entstehungsweise grundsätzlich vom gewöhnlichen Reif. In diesem Fall lagern sich nämlich bei Frost von Luftströmungen herangeführte Nebel- oder Wolkentröpfchen durch Anfrieren als Eis

auf Pflanzen oder Gegenständen ab. Je nach der Temperatur und dem Gehalt an schwebenden Wassertröpfchen in der Luft entstehen verschiedene Arten von Eisablagerungen, vom Klareis, einem wasserklaren bis hellgrauen Eisansatz, bis zum weißlichen Raueis, das in mehr oder weniger langen Fahnen dem Wind entgegenwächst. Im Unterschied zum Reif, der als Lieferant von Feuchtigkeit kaum eine Rolle spielt, können sich in kälteren Klimazonen an wind- und wolkenreichen Standorten erhebliche Mengen von Wasser in Form von Raureif absetzen.

Wolken

Stratus

Einförmige Wolken, die den Himmel in ausgedehnten Feldern oder Schichten (lat. *stratus* = ausgebreitet) bedecken, kommen in allen drei Wolkenstockwerken vor. Der eigentliche Stratus bildet sich meist bei ruhigem Hochdruckwetter wenige Hundert Meter über dem Erdboden durch Wärmeausstrahlung an Inversionen, die an solchen Tagen besonders häufig auftreten. Die Luft kühlt an diesen Sperrschichten weitflächig ab und der Wasserdampf kondensiert. Es folgt allerdings nur selten einmal stärkerer Niederschlag.

STECKBRIEF

Weltweit, am häufigsten in Gebirgen und an Küsten

0–2000 m

Vor allem durch Abkühlung der unteren Luftschichten

Sprühregen oder leichter Schneefall

Tiefe Schichtwolken sind eine Gefahr für den Luftverkehr

Auf diese Weise entstandene Schichtwolken unterscheiden sich kaum vom Hochnebel (s. S. 184). Sofern sich der Stratus jedoch aus absinkenden Haufenwolken bildet oder an einer Schlechtwetterfront durch turbulente Mischung feuchter Luftmassen entsteht, nehmen die eintönig grauen Decken Konturen an und zerfallen oft in hellere und dunklere Schlechtwetterfetzen.

Das wichtigste Merkmal zur Gliederung des Stratus in Unterarten ist die Lichtdurchlässigkeit. Bei den dünnen, mehr schleierartigen Schichtwolken sind die Umrisse von Sonne und Mond zu erkennen, mächtigere Wolken verhüllen dagegen die beiden Himmelskörper. Der Nimbostratus hat von Namen und Erscheinungsbild her Gemeinsamkeiten mit dem Stratus, gehört jedoch zu einer eigenen Wolkengattung und bringt anders als die tiefen Schichtwolken in unseren Breitengraden lang anhaltende und zugleich ergiebige Niederschläge.

Schichtwolken mildern das Licht und die Kontraste auf diesem 1849 entstandenen Gemälde des Malers Charles Blunt.

Stratocumulus

STECKBRIEF

Weltweit

600–2000 m

In erster Linie durch zellenförmige Konvektion in den labil geschichteten Luftmassen unterhalb einer Inversion

Seltener, meist nur geringer Niederschlag in Form von leichtem Nieselregen oder Schneefall

Er ist ein Kosmopolit unter den Wolken, der zwischen Äquator und den Polarkreisen häufig vorkommt und fast ausschließlich das Stockwerk zwischen 600 und rund 2000 m über dem Erdboden besiedelt. Mit ihrer geringen Mächtigkeit bringt die Haufenschichtwolke, wie man den wissenschaftlichen Namen übersetzen könnte, keinen nennenswerten Niederschlag, sondern ist im Gegenteil oft lediglich der Vorbote einer wenn auch nur vorübergehenden Wetterbesserung.

Wie der Stratus kommt der Stratocumulus in schichtförmigen Feldern vor, die zuweilen Hunderte von Quadratkilometern bedecken. Er bildet jedoch keine geschlossene Decke, sondern setzt sich aus zahllosen einzelnen Wolken zusammen, die teilweise miteinander verwachsen sind. Zwischen den schollen-, ballen- oder walzenförmigen, schneeweiß bis dunkelgrau gefärbten Formationen gibt es stets mehr oder weniger große Lücken, durch die man den blauen Himmel erkennen kann. Manchmal formen die Lücken in der Wolkendecke ein bienenwabenartiges Netz.

Runde, ausgefranste Löcher deuten darauf hin, dass sich der Stratocumulus durch teilweise Auflösung einer geschlossenen Schichtwolke entwickelt. Doch häufiger entsteht das lebhafte Muster durch Konvektion unterhalb einer Grenzschicht, an der die Luft durch Ausstrahlung abkühlt. Die kühlere Luft sinkt herab, wird dabei wärmer, wodurch die Wolkentröpfchen verdunsten, während an anderen Stellen erwärmte Luft aufsteigt, abkühlt und in der Höhe Wolken bildet.

Stimmungsvoller Stratocumulus, meisterhaft dargestellt vom französischen Naturmaler Théodore Rousseau (1812–67)

Orographische Wolken

Höhere Gebirge haben auf Wetter und Klima einen großen Einfluss. Wenn z. B. der Wind feuchte Luft gegen eine etwa quer zur vorherrschenden Windrichtung verlaufende Gebirgskette treibt, muss sie an den Gebirgsflanken aufsteigen und gelangt dabei in kühlere Stockwerke der Atmosphäre. Sobald das Kondensationsniveau erreicht wird, bilden sich Wolken bzw. Berg- und Hangnebel (s. S. 183), oft verbunden mit orographischem Niederschlag, hin und wieder auch mit einem orographischen Gewitter. Meist liegen die Wolken dicht über dem Erdboden, aber zuweilen auch weit darüber.

STECKBRIEF

- *Weltweit über Gebirgen und einzelnen hohen Bergen*
- *Mächtigkeit bis über 300 m*
- *Vor allem durch die Hebung feuchter Luft und die damit verbundene Abkühlung*
- *Nebel, meist nur leichter Regen oder Schneefall*
- *Geringe Sichtweite, dadurch Gefährdung des Luftverkehrs*

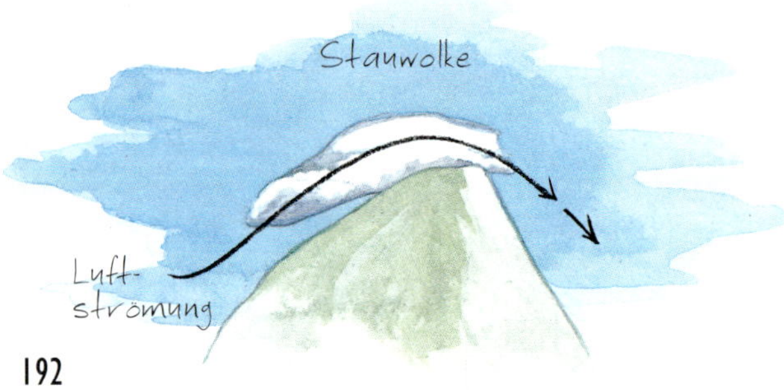

Orographische Wolken kommen in den verschiedensten Formen vor, vom kleinen Cumulus, der häufig bei sonst wolkenlosem Himmel die Gipfel unserer Mittelgebirge krönt, bis hin zum mächtigen Cumulonimbus, der sich in der Monsunzeit an den Südflanken des Himalaya auftürmt. Am häufigsten sind jedoch ausgedehnte Schichtwolken, vor allem in den Gebirgen an Küsten und auf Inseln, wo der Wasserdampfgehalt der Luft besonders hoch ist. Sie bringen nur leichten Sprühregen, der dafür aber stunden- bis tagelang anhält und für die Flora eine wichtige Wasserquelle darstellt.

Bergwanderer können eine merkwürdige Beobachtung machen: Obwohl die meisten orographischen Wolken im Innern ständig in Bewegung sind, manchmal regelrecht durcheinander gewirbelt werden, verändern sie ihre Lage kaum, sondern ruhen wie verankerte Schiffe über einem Berghang oder Gipfel. Häufig wallen die Wolkenfetzen ab einer bestimmten Höhenstufe an den Luvhängen des Gebirges empor und vereinigen sich zum geschlossenen

Stratus, der noch ein Stück über den Kamm hinweg auf die Leeseite reicht, dort jedoch als hohe Wolkenmauer jäh abbricht. An der Luvseite kühlt die Luft in der aufsteigenden Strömung ab, bis ihre Aufnahmefähigkeit für Wasserdampf erschöpft ist und die überschüssige Feuchtigkeit in Form von Wolkentröpfchen ausgeschieden werden muss. Jenseits des Bergkamms, wo die großräumigen Luftströmungen abwärts gerichtet sind, erwärmt sich die Luft beim Abstieg, kann folglich mehr Wasserdampf aufnehmen, die Wolkentröpfchen verdunsten und die Wolke löst sich auf. Das wohl schönste Beispiel einer solchen Wolkenformation ist das Tafeltuch, eine Schichtwolke, die an vielen Tagen das Gipfelplateau des Tafelbergs über Kapstadt in Südafrika verhüllt.

Rauchende Berge

Noch spektakulärer sind die Leewolkenfahnen, die sich oft im Windschatten der Felsgipfel des Mount Everest, des Matterhorns und zahlloser anderer Berge der Erde entwickeln. Aus größerer Entfernung betrachtet, sieht es beinahe so aus, als ob dichte Rauch- und Dampfschwaden an der windabgewandten Seite aus den Felswänden steigen würden. Doch in Wirklichkeit handelt es sich dabei um orographische Wolken, die durch die vom Wind erzeugten Druckunterschiede in Luv und Lee entstehen. Bei hohem Druck kann die Luft nämlich mehr Wasserdampf aufnehmen, der beim plötzlichen Druckabfall im Windschatten des Gipfels kondensiert.

Das berühmte Tafeltuch auf dem Tafelberg bei Kapstadt (oben); Leewolkenfahne an einem Himalayagipfel (rechts)

Cumulus humilis

STECKBRIEF

Weltweit, mit Ausnahme der Antarktis

600–1000 m

Schwache Konvektion

Keine

Cumulus (lat. = Haufen) genannte Wolken kommen in drei Hauptarten vor. Alle entstehen bei labiler Schichtung der Luftmassen, verbunden mit entsprechender Konvektion und Turbulenz. Je nach ihrer Höhenlage ordnet man sie den tiefen Wolken oder aber den Wolken mit großer Vertikalerstreckung zu.

Cumulus humilis besiedelt das unterste Wolkenstockwerk. Er ist die kleinste Art der Gattung, eine Einzelwolke, die durch relativ schwache Konvektion entsteht (lat. *humilis* = bescheiden). Zu ihren typischen Merkmalen gehören die annähernd horizontal verlaufende graue Untergrenze, die leicht aufgequollene, recht scharf begrenzte weiße Oberseite und die insgesamt nur geringe Höhenerstreckung von einigen Hundert Metern. Sie hat daher in der Regel eine walzenförmige Gestalt und erscheint vom Erdboden aus gesehen stets breiter als hoch.

Der *C. humilis* zählt zu den Wasserwolken. Je nach dem Feuchtigkeitsgehalt der Luftmassen kondensiert der Wasserdampf in geringerer oder größerer Höhe zu Wolkentröpfchen. In feuchtwarmen Regionen, etwa über Küsten oder in den inneren Tropen, liegen die Untergrenzen der Wolken deshalb manchmal schon bei 600 m, in den Trockengebieten setzt dagegen die Kondensation erst viel höher über dem Erdboden ein. Hier wie dort bringt der *C. humilis* keinen messbaren Niederschlag und hat meist auch nur eine begrenzte Lebensdauer. In Mitteleuropa bildet er sich häufig erst am späten Vormittag und löst sich am Abend dann wieder auf. Besonders schön lässt sich dieser tägliche Zyklus an sonnigen Frühlingstagen nach Kaltlufteinbrüchen beobachten.

Der Cumulus humilis gilt auch als typische Schönwetterwolke.

Cumulus mediocris

Wenn die Haufenwolke aus dem Blickwinkel eines Beobachters vom Erdboden gesehen ungefähr so hoch wie breit erscheint, sich darüber hinaus an der Oberseite einzelne deutliche Aufquellungen oder emporschießende Wolkenteile zeigen, dann sprechen die Meteorologen von einem mäßig entwickelten *Cumulus mediocris* (lat. = mittelmäßig).

STECKBRIEF

Weltweit, mit Ausnahme der Antarktis

600–1200 m

Mäßige Konvektion

Keine

Das Gemälde Weizenfelder des dänischen Malers Peter Hansen (1868–1938) zeigt am blauen Himmel typische Haufenwolken.

Der wegen der Abschattung dunklere Fuß der Wolke kann bei hohem Wasserdampfgehalt der Luft nur 600 m über dem Erdboden liegen. Ihr von der Sonne beschienener leuchtend weißer Gipfel befindet sich im Allgemeinen noch im tiefsten Wolkenstockwerk, reicht mitunter aber auch ein Stück in die nächsthöhere Etage des Himmels hinein.

Häufig ist der *C. mediocris* eine kurzlebige Übergangsform zwischen dem geringer entwickelten *C. humilis* und dem stärker aufgequollenen *C. congestus* (s. S. 196). Dieses Stadium der Wolkenentwicklung wird in Mitteleuropa meist erst am Nachmittag erreicht. Je früher diese Phase eintritt, umso größer ist die Wahrscheinlichkeit, dass ein Gewitter auftritt. Bei stärkerem Wind wird der *C. humilis*, wie übrigens auch andere Haufenwolken, in Fetzen zerrissen. Man bezeichnet diese Wolkenfetzen, die rasch und mit sich ständig ändernden Umrissen über den Himmel getrieben werden, als *fractus* (lat. = zerbrochen, zerrissen).

Cumulus congestus

Der *Cumulus congestus* stellt in der Entwicklung der Haufenwolken nach dem *Cumulus mediocris* (s. S. 195) das nächste Stadium dar. Starke Konvektionsvorgänge lassen den massig aufgeblähten Gipfel der Wolke, die immer höher als breit ist und scharfe Umrisse besitzt, oft über die Grenzen des tiefsten Wolkenstockwerks hinaus bis in eine Höhe von 4500–6000 m aufsteigen.

STECKBRIEF

Weltweit, mit Ausnahme der Antarktis

600–6000 m

Konvektion bei hoch reichend labiler Schichtung der Atmosphäre

Leichte bis heftige Schauer (besonders in den feuchten Tropen)

Mäßige Turbulenz

Aus dem *C. congestus* entwickelt sich vielfach ein Cumulonimbus (s. S. 198), besonders wenn die kilometerhohen Haufenwolken bereits zur Mittagszeit am Himmel auftauchen. Später reichen dann die Sonneneinstrahlung und die Erwärmung des Erdbodens oft nicht mehr aus, um den *C. congestus* bis zum Stadium der Gewitter- und Schauerwolke anwachsen zu lassen. Er fällt am späten Nachmittag oder frühen Abend in sich zusammen, ohne dass es ein Gewitter gegeben hat. Eine nachhaltige Wetterverschlechterung mit Schauern und Windböen ist in Mitteleuropa binnen weniger Stunden zu erwarten, wenn Congestuswolken aus südwestlicher Richtung heranziehen.

Im Unterschied zu den schwächer entwickelten Haufenwolken, aus denen kein bzw. nur geringer Niederschlag fällt, kann der *C. congestus* kräftige Regen- und Schneeschauer bringen. Sie halten allerdings in der Regel nicht lange an und gehen meist auch nur über einem eng begrenzten Gebiet nieder. In erster Linie sind davon die wärmeren Klimazonen betroffen; in den kälteren ist der *C. congestus* ein seltener Gast.

Aus einer einzelnen dunklen Haufenwolke fallen Regenschauer auf die Dächer der Krakauer Altstadt (J. Silbermann, 1888).

Brandwolke

Pyrocumulus (griech. *pyr* = Feuer) ist die international gebräuchliche Bezeichnung für eine Haufenwolke, die sich über einem ausgedehnten Brand bildet. Solche Wolken haben die unterschiedlichsten Dimensionen, umfassen die gesamte Formenpalette vom *Cumulus humilis* (s. S. 194) bis zum *C. congestus* oder gar bis zum Cumulonimbus.

Art und Ursache der Brände sind ebenfalls unterschiedlich: Es können durch Blitzschlag entzündete Wald- und Buschbrände, vom Menschen absichtlich gelegte oder fahrlässig entfachte Feuer, Feuersbrünste in Kriegen oder bei anderen Katastrophen sein. Am häufigsten verdüstern Brandwolken jedoch den Himmel über jenen Gegenden der Erde, in denen regelmäßig in den trockenen Jahreszeiten Waldbrände wüten, also z.B. in Kalifornien oder den Mittelmeerländern.

STECKBRIEF

Über großen Bränden

600–9000 m

Durch Feuer ausgelöste Konvektion

Schauer und Sturmböen

Brandwolken wachsen mitunter zu Gewitterwolken heran und entfachen so weitere Brände

Der Auslöser der Wolkenbildung ist ein Feuer, das die Luft erhitzt und in höhere Stockwerke der Atmosphäre aufsteigen lässt, wo sie abkühlt und der Wasserdampf zu Wolkentröpfchen kondensiert. Sonst laufen die Vorgänge ganz ähnlich wie in einer natürlichen Haufenwolke ab. Nicht selten fällt aus dem Pyrocumulus auch Regen, der das Feuer löscht, doch manchmal kann sich die Brandwolke zur Gewitterwolke weiterentwickeln und Erdblitze entzünden neue Brände.

Brandwolken haben weiße Kronen und sind nur unten durch Rußpartikel dunkler gefärbt.

Cumulonimbus calvus

Die „glatzköpfige Gewitterwolke" (lat. *calvus* = kahl, unbehaart,) ist eine Übergangsform vom *Cumulus congestus* (s. S. 196) zum voll entwickelten *Cumulonimbus incus* (s. S. 200). Ihre Gestalt ändert sich rasch, oft von Minute zu Minute, und je höher sie aufquillt, umso dunkler wird die Unterseite dieser massigen, mit Regen beladenen Quellwolke.

Der Kopf dieser Wolkenart ragt in Höhen bis zu 9000 m, in denen die Lufttemperaturen in der Regel unter dem Gefrierpunkt liegen und der Wasserdampf winzige Eiskristalle bildet. Der *Cumulonimbus calvus* erstrahlt daher im reinsten Schneeweiß, franst wie alle Eiswolken an den Rändern ein wenig aus und verliert so die messerscharfen Umrisse. Vom *Cumulonimbus capillatus* (lat. = behaart), einer im oberen Abschnitt faserigen oder streifigen Wolkenmasse, ist er allerdings noch ein gutes Stück entfernt.

STECKBRIEF

Weltweit, mit Ausnahme der Polargebiete

900–9000 m

Kräftige Konvektion bei hoch reichender Feuchtlabilität der Atmosphäre

Mäßige bis starke Schauer, heftige Böen

Starke Turbulenz

Aus der kilometerhohen Wolke fällt fast immer Niederschlag, und zwar je nach Klimazone mehr oder weniger kräftige Regen- und Schneeschauer. In den Trockengebieten der Erde verdunstet der Regen jedoch mitunter, bevor er den Erdboden erreicht – eine Wolkensonderform, die als Fallstreifen oder *virga* (lat. = dünner Zweig) bezeichnet wird.

Die pilz- oder blumenkohlförmigen Aufquellungen am Kopf des C. calvus zeigen die kräftigen Aufwinde im Innern der Wolke an. Sie können Geschwindigkeiten von 100 km/h erreichen.

Cumulonimbus pileus

Das Wachstum einer Gewitterwolke endet gewöhnlich nicht beim *C. calvus*. Sofern die Konvektion stark genug ist und durch die Umwandlung von Wasserdampf zu Wasser oder Eis genügend Wärmeenergie freigesetzt wird, quillt die Wolke weiter in die Höhe und die aufwärts gerichteten Luftströmungen in ihrem Innern verstärken sich.

STECKBRIEF

Weltweit, mit Ausnahme der Polargebiete

6000–9000 m

Starke Konvektion bei labiler Luftschichtung

Regen und/oder Schnee, der jedoch nicht aus dem Pileus, sondern aus der Quellwolke stammt

Heftige Turbulenz

Ein Pileus aus dem Blickwinkel eines Piloten: Solche Wolken sollte man am besten umfliegen, denn in ihnen ist die Turbulenz groß.

Manchmal verfrachten die Aufwinde ein riesiges Luftpaket in das Stockwerk über dem Gipfel des Cumulonimbus. Dort verwandelt sich der in diesem Paket enthaltene Wasserdampf rasch in Eispartikel, die eine einzelne flache, so genannte Begleitwolke formen. Sie gleicht einer weißen Baskenmütze und wird daher von den Wetterkundlern als *pileus* (lat. = Filzmütze) bezeichnet.

Der *Pileus* ist ein vergängliches Wolkengebilde, weil der Cumulonimbus unter ihm meist weiter nach oben quillt, die Kappe dabei gewissermaßen zerquetscht und schließlich mit den Resten verschmilzt. Spätestens dann kann es Blitz und Donner geben. Die Wahrscheinlichkeit ist groß, dass sich in einem *Cumulonimbus pileus* ein Gewitter entlädt. Zuweilen tragen aber auch harmlose Haufenwolken weiße Kappen oder Schleier.

Cumulonimbus incus

Ein voll entwickelter Cumulonimbus ist zweifellos der König der Wolken, ein majestätisches Wolkengebirge, das bereits in den mittleren Erdbreiten höher als der Mount Everest sein kann und in den tropischen Zonen den höchsten Berg der Erde mitunter gar um das Doppelte übertrifft. Sein Gipfel reicht dabei nicht selten bis zur Obergrenze der Troposphäre.

STECKBRIEF

Weltweit, mit Ausnahme der Antarktika

600 bis über 10000 m

Extrem starke Konvektion bei hochreichend labiler Schichtung

Heftiger Niederschlag, starker Wind

Schwere Turbulenzen; Blitze, Hagelschlag, Sturmböen, mitunter sogar Wirbelstürme

Als Krone trägt der Wolkenkönig ein riesiges schneeweißes Gebilde, das man mit einem Pilz oder noch besser mit einem Amboss vergleichen kann. Und danach (lat. *incus* = Amboss) ist diese besondere Form des Cumulonimbus benannt.

Gewitter- und Schauerwolken entwickeln sich innerhalb weniger Stunden aus harmlosen Haufenwolken. Häufig endet das Wachstum beim *C. calvus* oder *C. capillatus* (s. S. 198); nur besonders energiereiche Wolken quellen bis in die obersten Stockwerke der Troposphäre (s. S. 24) auf und erreichen die Tropopause. Diese Grenzschicht zwischen Troposphäre und Stratosphäre setzt meist auch dem Wachstum des Cumulonimbus Grenzen. Sie liegt wie ein Deckel auf der Wetterschicht und lässt den Gipfel der Wolke

Der ambossförmige Gipfel eines Cumulonimbus reicht gelegentlich bis in 20 km Höhe.

Ein Prachtexemplar eines Cumulonimbus incus *mit der typisch zerfaserten Eiswolkenkrone*

nicht mehr weiter in die Höhe steigen, während darunter kräftige Aufwinde weiter nach oben drängen. Die bei den extrem tiefen Temperaturen (vielfach unter –50 °C) nur aus Eiskristallen bestehende Wolkenmasse muss daher direkt unterhalb der Sperrschicht seitlich ausweichen und nimmt auf diese Weise die amboss- oder pilzartige Form an. An den Rändern wird der Amboss meist von heftigen Höhenwinden zerzaust und zeigt die für Eiswolken kennzeichnenden Umrisse.

Alarmsignale

Gelegentlich kommt es vor, dass der aufquellende Cumulonimbus die Tropopause durchbricht und ein Stück der Wolke bis in die Stratosphäre ragt. Die sonst annähernd ebene Oberfläche des Ambosses ist dann beulenförmig aufgebläht – ein Merkmal einer besonders kräftigen Gewitterwolke, die durch Starkregen, Hagel, Sturmböen und zuweilen auch kleinere oder größere Wirbelstürme am Erdboden schwere Verwüstungen anrichten kann.

Für den Luftverkehr stellen Ambosswolken eine ernste Gefahr dar, zum einen durch die starken Luftströmungen im Innern und an den Rändern solcher Wolken, zum andern durch den Hagel, der die Flugzeuge beschädigen kann. Glücklicherweise sind die Wolken auf den Radarschirmen klar zu erkennen, denn Regen und Hagel werfen die Radarstrahlen zurück. Piloten können daher rechtzeitig auf neuen Kurs gehen und die Gefahrenzonen um- oder überfliegen. Die Passagiere sollten sich dann aber trotzdem anschnallen.

Cumulonimbus mamma

Von der Unterseite einer Gewitterwolke hängen manchmal beutelartige Quellformen herab, die zu den spektakulärsten und interessantesten Wolkenformen gehören. Sie werden von Fachleuten als *mamma* (lat. = weibliche Brust) bezeichnet und zieren neben dem Cumulonimbus eine Reihe weiterer Wolkenarten, vom hohen Cirrocumulus bis zum tiefen Nimbostratus. Besonders auffällig sind sie im rötlichen Licht der tief stehenden Sonne.

STECKBRIEF

Weltweit, mit Ausnahme der Antarktis

4500–7500 m (Mamma)

Starke Konvektion verbunden mit abwärts gerichteter Quellung

Starkregen, heftige Böen, Hagelschauer

Schwere Turbulenzen; Sturm, Hagel, Blitze sowie Gefahr von Tornados

Ein Gewitternetz am Cumulonimbus, gebildet von Mamma

Die Entstehung dieser markanten Formen ist noch nicht vollkommen geklärt. Quellungserscheinungen sind nämlich in der Regel nach oben oder zur Seite gerichtet. Hier quellen die Wolken jedoch eindeutig nach unten.

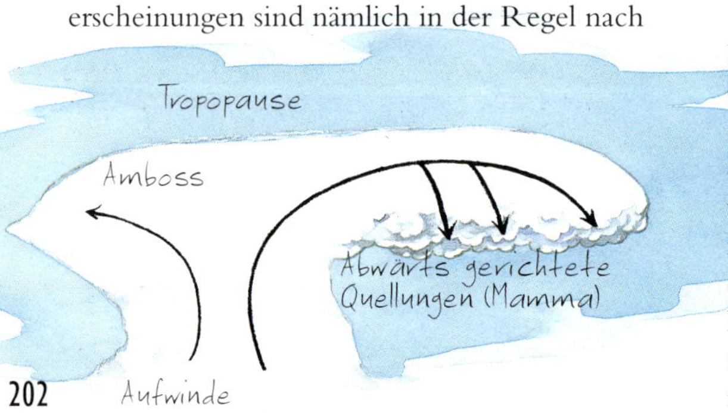

Eine mögliche Ursache dieses seltsamen Phänomens könnte eine abwärts gerichtete Quellung durch Konvektion sein: Innerhalb einer Gewitterwolke wird feuchtwarme Luft durch Aufwinde rasch in größere Höhen verfrachtet. Die Luftmassen können allerdings nicht beliebig weit aufsteigen, sondern werden durch Sperrschichten beim Aufstieg gebremst. Die Bildung des Ambosses beim *Cumulonimbus incus* (s. S. 200) zeigt, dass dann meist nur noch der Ausweg zur Seite hin bleibt. Wärmere

Die Wolkensonderform Mamma *ist nicht nur bei Gewitterwolken, sondern z. B. gelegentlich auch beim Altocumulus zu beobachten.*

Luft schiebt sich deshalb aus der Gewitterwolke seitlich über die in dem entsprechenden Stockwerk kühlere Luft im Umfeld der Wolke. An der Grenzfläche zwischen der wärmeren und der kühleren Luft kommt es zu Konvektionsvorgängen, wobei in diesem Fall die wärmere Luft im Unterschied zur normalen Konvektion nicht aufsteigt, sondern blasenförmig nach unten in die kühlere Luft eindringt. Abwärts gerichtete Luftströmungen, Niederschläge und im Allgemeinen eine labile Schichtung der Atmosphäre verstärken vermutlich noch diese Prozesse.

Mamma-Formen entwickeln sich in der Regel kurz vor dem Ausbruch eines Gewitters an der Unterseite des Cumulonimbus. Sie sind daher gewissermaßen eine letzte Warnung der Natur vor dem bevorstehenden Unwetter. In den durch Tornados gefährdeten Landstrichen der USA folgen dann außer Blitz und Donner öfters auch die verheerenden Wirbelstürme. Diese beutelförmigen Auswüchse an der Unterseite gelten als deutliches Alarmsignal, besonders für den Luftverkehr als unmissverständliche Aufforderung, solche Wolken am besten zu meiden.

Altostratus

Diese Schichtwolke ist im mittleren Wolkenstockwerk beheimatet und bedeckt den Himmel ganz oder teilweise. Je nach der Mächtigkeit der Wolke ist die Sonne wie durch eine Mattscheibe schwach zu erkennen oder die ausgedehnten graublauen, streifigen oder einförmigen Wolkenfelder verdecken Sonne oder Mond völlig.

STECKBRIEF

∠

Weltweit, mit dem Schwerpunkt in den mittleren Erdbreiten

2000 – 5000 m

Vor allem durch weitflächiges Aufgleiten feuchter Luftschichten

Dauerniederschlag

Eisansatz an Flugzeugen

Der Altostratus kann sich aus verschiedenen anderen Wolkenarten entwickeln, z. B. aus einem Cumulonimbus (s. S. 198), dessen vereister Gipfel sich in mittlerer Höhe unterhalb einer Sperrschicht großflächig ausbreitet. Häufiger entsteht die Schichtwolke, die nicht selten Tausende von Quadratkilometern bedeckt und bei ausreichender Mächtigkeit anhaltende Niederschläge bringt, an Luftmassengrenzen durch das Aufgleiten feuchtwarmer auf kältere Luft.

Die mittelhohe Schichtwolke bildet dabei in unseren Breiten häufig die Vorhut eines von Westen heranziehenden Tiefdruckwirbels und kündigt eine Wetterverschlechterung an, die in der Regel mit länger andauerndem Regen oder Schneefall verbunden ist. Meist vergehen dann noch 6 – 12 Stunden, bis der Niederschlag einsetzt. Nach dem Durchzug der Schlechtwetterfront verwandelt sich der Altostratus häufig in den Altocumulus (s. S. 206) aus derselben Wolkenfamilie.

Tagsüber wird die Sonne von Altostratusfeldern verhüllt, abends taucht sie oft für wenige Minuten unter der Wolkendecke auf.

Altostratus undulatus

An Schichtgrenzen innerhalb des mittleren Wolkenstockwerks prägen Wellenbildungen (lat. *undula* = kleine Welle) das Bild dieser markanten Unterart des Altostratus. Die Wellen entwickeln sich hauptsächlich durch Windscherung an den Grenzflächen von Luftmassen unterschiedlicher Strömungsrichtung und/oder -geschwindigkeit. Im Gegensatz zu anderen Wogenwolken, z. B. dem *Altocumulus lenticularis* (s. S. 210), sind höhere Gebirge als Auslöser der Wellen nicht notwendig; die Strömungsunterschiede, oft verstärkt durch Temperatur- und damit Dichteunterschiede, reichen aus.

STECKBRIEF

Weltweit

2000 – 5000 m

Durch weitflächiges Aufgleiten feuchtwarmer Luft auf kältere Luftmassen, verbunden mit Windscherung

Keine

Doch hier wie dort bilden sich die lang gestreckten, walzen- oder ballenförmigen Wolken stets im Bereich der Wellenberge, wo die aufsteigenden Luftmassen das Kondensationsniveau erreichen. Die Wellentäler werden von Wolkenlücken markiert. Dort verdunsten die Wassertröpfchen beim Abstieg in wärmere Stockwerke.

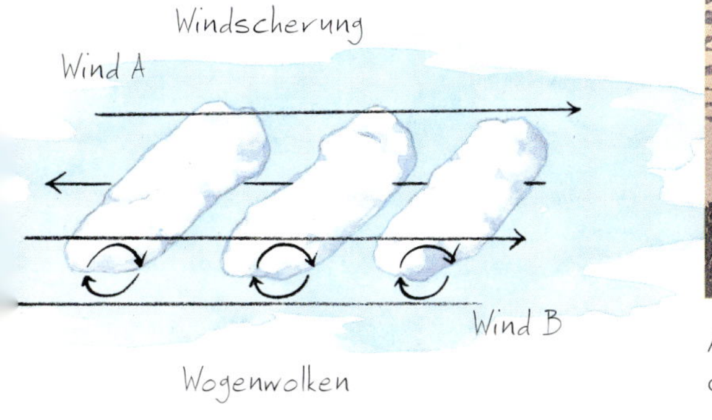

Altostratus undulatus *über dem Fuji, eine der 36 Ansichten des Fuji des japanischen Künstlers K. Hokusai (1760 – 1849)*

Altocumulus

Grobe Schäfchenwolken werden die mittelhohen Haufenwolken auch genannt. Während der Altostratus (s. S. 204) in eintönigen, ungegliederten Schichten den Himmel überzieht, ist der Altocumulus eine der vielfältigsten Wolkenformationen. Nicht selten ordnen sich viele Tausende dieser ballen-, walzen- oder schuppenartigen Haufenwolken zu auffälligen geometrischen Mustern an.

Wie die mittelhohen Schichtwolken entwickelt sich der Altocumulus vor allem am Rand einer Aufgleitzone, wo feuchtwarme und kältere Luftmassen miteinander in Berührung kommen, der Wasserdampf zu unterkühlten Wassertröpfchen kondensiert, sich bei tieferen Temperaturen auch direkt in Eiskristalle umwandelt. Zur Kondensation kommt hier allerdings noch die stärkere Durchmischung der Luftmassen in einer labilen Schicht des mittleren Wolkenstockwerks. Erst dadurch erhalten die Altocumulusfelder, die Areale von der Größe europäischer Länder überziehen können, ihre innere Struktur.

Nur selten bringt der Altocumulus Niederschlag und als Wetterbote eignet er sich ebenfalls kaum. Meist tauchen die Wolken bei uns am Himmel auf, wenn ein Tiefdruckwirbel Mitteleuropa mit seinen Fronten randlich berührt oder aber auf dem Weg zum „Zyklonenfriedhof" über dem östlichen Europa in abgeschwächter Form überquert. Nur wogenförmig angeordnete oder türmchenartig aufgequollene Wolken sind Schlechtwetterboten.

STECKBRIEF

Weltweit

2000–5000 m

Weitflächiges Aufgleiten einer Luftschicht sowie Konvektion und Turbulenz im mittleren Wolkenstockwerk

Gelegentlich leichter Regen oder Schneefall

Eisansatz an Flugzeugen

Tagsüber grauweiß, werden die mittelhohen Wolken in der Dämmerung oft purpurrot.

Altocumulus undulatus

Windscherung, die den *Altostratus undulatus* (s. S. 205) formt, prägt auch die wellenförmig angeordneten Haufenwolken im selben Wolkenstockwerk. Sie treten in einzelnen, durch größere Lücken voneinander getrennten Feldern auf, können sich aber auch über den gesamten sichtbaren Himmel erstrecken. Dann sieht es beinahe so aus, als ob ein starker Wind Wellen mit Schaumkronen über den blauen Himmel treiben würde.

Winde mit unterschiedlicher Strömungsgeschwindigkeit und/oder -richtung spielen in der Tat bei der Entstehung dieser typischen Wogenwolken die Hauptrolle. Hinzu kommen unterschiedliche Temperatur und Dichte beiderseits einer Grenzfläche zwischen den Luftmassen. Die Schichtgrenzen nehmen so ein wellenförmiges Muster an, das durchaus mit den Windriffeln auf einer Düne oder einer „Waschbrettpiste" in der Wüste vergleichbar ist. Das Muster wird in diesem Fall jedoch erst dadurch sichtbar, dass im Bereich der Wellenberge jeweils das Kondensationsniveau erreicht wird und sich dort Haufenwolken bilden.

STECKBRIEF

Weltweit

2000–5000 m

Kondensation in ausgedehnten Feldern, besonders innerhalb einer Aufgleitzone, verbunden mit Konvektion und Turbulenz sowie kräftiger Windscherung

Nur selten leichter Regen, der sich jedoch bald verstärken kann

Höhere Feuchtigkeit und stärkere Luftbewegungen in den mittleren Schichten der Troposphäre sind die Voraussetzungen für die Entstehung des *Altocumulus undulatus*. Er tritt daher häufig als Vorbote einer sich nähernden Schlechtwetterzone mit Niederschlag und oft auch Gewitter auf. Etwa 12–24 Stunden später folgt in der Regel der Wetterumschlag.

Die Wogenwolken im mittleren Wolkenstockwerk entstehen auf ganz ähnliche Weise wie die Wellen im Meer.

Altocumulus radiatus

Die lateinische Bezeichnung *radiatus* für die nicht sehr häufigen Unterarten des *Altocumulus*, des *Cirrus* und verschiedener anderer Wolkenformationen bedeutet so viel wie „mit Strahlen versehen“. Die betreffenden Wolken weisen nämlich breite, parallele Bänder auf oder sind in parallelen Streifen angeordnet, die strahlenförmig am Horizont in einem Punkt zusammenlaufen. Das auffällige Wolkenmuster, das auch an Bänder auf den Makrelenleibern erinnert und in den angelsächsischen Ländern daher als „Makrelen-Himmel“ bezeichnet wird, beruht jedoch teilweise auf einer optischen Täuschung, denn die Bänder oder Streifen vereinigen sich nur in der Perspektive zu einem Strahlenbündel, in Wirklichkeit bleibt ihr Abstand mehr oder weniger gleich.

STECKBRIEF

Weltweit

2000–5000 m

Hebung ausgedehnter Luftmassenkörper, verbunden mit labiler Schichtung und Windscherung

Häufig Anzeichen einer sich nähernden Schlechtwetterzone

Die Entstehung des *A. radiatus* ist noch unklar, wahrscheinlich spielen aber wie beim *A. undulatus* (s. S. 205) die Windscherung sowie Temperatur- und Dichteunterschiede eine Rolle. Als Wetterboten verheißen die scheinbaren Strahlenbündel nichts Gutes: Vor allem wenn sie im obersten Wolkenstockwerk auftreten, sind sie erste Vorboten einer deutlichen Wetterverschlechterung.

Strahlenförmig verlaufende Wolkenstreifen

Altocumulus castellanus

Diese Unterart der mittelhohen Haufenwolke ist nach den türmchenartigen Quellformen benannt, die aus einer gemeinsamen Wolkenbank ragen und ein wenig wie die Zinnen einer mittelalterlichen Burg (lat. *castellum* = Kastell) aussehen. Meist sind die einige Hundert Meter hoch aufquellenden Wolkentürmchen dabei in Reihen angeordnet.

STECKBRIEF

M

Weltweit

2000–5000 m

Konvektion und Turbulenz innerhalb einer labilen Schicht des mittleren Wolkenstockwerks

An Sommertagen ein sicheres Vorzeichen für Gewitter am Nachmittag oder Abend

Der *A. castellanus*, der z. B. auch beim Stratocumulus auftritt, ist immer ein Zeichen für eine labile Schichtung der Luftmassen. Sie kann dadurch entstehen, dass kältere, schwerere Luft über wärmere, leichtere Luft strömt. Die wärmere Luft steigt dann in einzelnen Blasen in die Höhe, während an anderen Stellen kältere Luft herabsinkt. Es kommt zur intensiven Durchmischung der Luftmassen, die durch die Erwärmung des Erdbodens durch Sonneneinstrahlung sowie den Energiegewinn bei der Umwandlung von Wasserdampf in Wassertröpfchen zusätzlich verstärkt wird.

Sofern diese Vorgänge bereits am Vormittag in Gang kommen, ist auch die Wahrscheinlichkeit hoch, dass sich der *A. castellanus* tagsüber zur Gewitterwolke weiter entwickelt. Die Wetterbeobachter widmen deshalb diesen mit Türmchen geschmückten mittelhohen Haufenwolken als Gewittervorboten besondere Aufmerksamkeit.

Meist nimmt die Konvektion erst abends ab.

Altocumulus lenticularis

Die auffällige fisch-, mandel- oder linsenartige Form (lat. *lenticularis* = linsenartig) hat der wohl spektakulärsten Wolkenart ihren Namen beschert. Neben dem wissenschaftlichen Namen kennt man noch etliche lokale Bezeichnungen, etwa „Föhnfische" in den Alpenländern (weil die Wolken dort bei Föhn auftauchen) oder „Moatzagotl-Wolken", was kein Wort aus der Sprache der Azteken, sondern der mundartlich ausgesprochene Name des wetterkundigen Schäfers Gottlieb Matz ist, der die bemerkenswerten Wolken über dem Riesengebirge als Wetterboten deutete.

STECKBRIEF

Weltweit, vor allem im Lee höherer Gebirge

2000–5000 m

Leewellen und Leewirbel, aber auch durch Wellenbildung an Schichtgrenzen in der Atmosphäre

Starke Aufwinde

Gefährliche Turbulenz und Böigkeit

Mitunter werden die sonderbaren Gebilde sogar als Boten aus fernen Welten missverstanden. Zweifellos waren viele der UFOs, die in den vergangenen Jahren in allen Ecken der Erde gesichtet wurden, in Wirklichkeit Lenticulariswolken. Dabei spielen gerade bei der Entstehung dieser Wolkenart irdische Ursachen, nämlich höhere Gebirge, eine entscheidende Rolle.

Wenn eine Luftströmung ungefähr im rechten Winkel auf eine Gebirgskette trifft, entstehen im Lee, also auf der der Windrichtung abgewandten Seite, wellenförmige Schwingungen, verbunden mit walzenförmigen Luftwirbeln, den so genannten Leewirbeln. Wellen und Wirbel sind ortsfest, reichen oft weit über die Gebirgskette hinaus in die Höhe und in das leeseitige Gebirgsvorland hinein. An der Vorderseite der Wellenberge herrschen kräftige Aufwinde, gelegentlich mit Geschwindigkeiten von über 100 km/h; an der Rückseite sinken die

Die linsen- oder mandelförmigen Haufenwolkenarten sind in der Regel ortsfeste Wolken, die ihre Lage nicht oder kaum verändern.

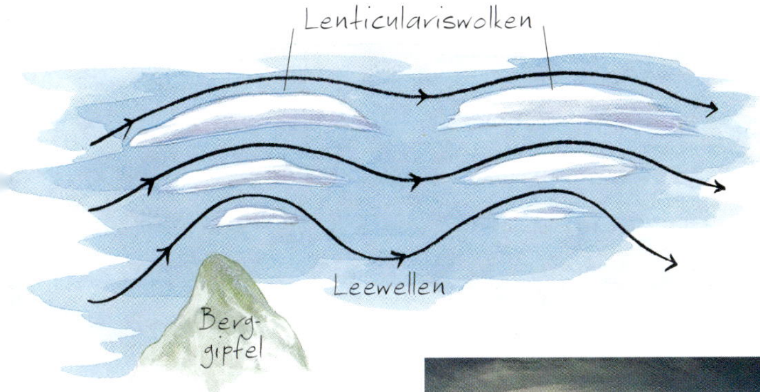

Luftmassen wieder zu den Wellentälern hinab. Einem Beobachter am Erdboden blieben die Wellen verborgen, wenn bei ausreichender Luftfeuchtigkeit der Wasserdampf in den Aufwindgebieten nicht kondensieren und dabei lang gestreckte, etwa parallel zur Gebirgskette verlaufende Wolkenbänke formen würde. In den Abwindgebieten verdunsten die Wolkentröpfchen wegen der Erwärmung der Luft wieder. Die besondere Form der Lenticulariswolken spiegelt also einen Kreislauf von Werden und Vergehen wider.

Eine bizarr geformte Lenticulariswolke über den Süd-Orkney-Inseln

Himmlische Surfer

Segelflieger halten nach linsenförmigen Wolken Ausschau, denn die Aufwindgebiete der Leewellen verheißen stundenlangen Fluggenuss. Ähnlich wie die Brandungssurfer auf der Rückseite des Wellenberges kreuzen die Flieger auf der Vorderseite. Sie müssen sich freilich davor hüten, in die Luftwirbel zu geraten, die sich im Lee (mitunter auch im Luv) der Gebirgskette bilden und das Flugzeug in die Tiefe reißen können. Für die Luftfahrt stellen die Wellen und Wirbel allgemein eine Gefahr dar, die sich beispielsweise im Unterschied zur Turbulenz in Gewitterwolken nicht nur auf das Innere bzw. die unmittelbare Umgebung der Wolken beschränkt. Unter ungünstigen Bedingungen kann die Turbulenzzone nämlich bis zur 20-fachen Höhe des Gebirges hinaufreichen.

Cirrus

Das lateinische Wort *cirrus*, mit dem die Meteorologen einzelne weiße, seidig schimmernde Wolken der höchsten Wolkengattung bezeichnen, bedeutet so viel wie Haarbüschel. Federwolke ist eine andere ebenso anschauliche Bezeichnung für diese zarten Gebilde, die aus Billionen winziger Eiskristalle bestehen und reine Eiswolken sind.

STECKBRIEF

Weltweit

Über 5000 m

Konvektion, turbulente Mischungsvorgänge, Auswehen von Eiskristallen aus Cumulonimben

In Mitteleuropa bei Aufzug aus westlichen Himmelsrichtungen Vorbote eines Wetterumschlags

Der Cirrus kommt in insgesamt acht Arten und Unterarten vor, meist dünne Fäden, weiße Flecken oder schmale Bänder von faserigem, haarähnlichem Aufbau. Zu den markantesten Formen gehören die zopfartig verflochtenen Stränge des *Cirrus intortus*. Seltener, aber nicht weniger auffällig ist der *Cirrus radiatus*, aufgebaut aus langen, dünnen Bändern, die scheinbar an einem Punkt am Horizont zusammenlaufen. Er kündigt oft eine Wetterverschlechterung in den nächsten 1–2 Tagen an. Einzelne, unregelmäßig über den Himmel verteilte Eiswolken sind dagegen eher typisch für eine beständige Schönwetterlage.

Nach einem Gewitter ist der Himmel zuweilen mit hohen Federwolken übersät. Sie stammen vom Amboss, der oft den Cumulonimbus (s. S. 200) krönt und nichts anderes als eine vom Wind zerzauste Eiswolke darstellt. Im Endstadium des Gewitters wird der ambossförmige Kopf der Gewitterwolke durch heftige Höhenwinde regelrecht zerrissen und die Fetzen werden als Cirren durch die höchsten Stockwerke der Troposphäre getrieben. Ähnliche Gebilde entstehen auch, wenn sich andere hoch reichende Wolken auflösen.

Cirrus intortus *über der australischen Südostküste (oben).* Cirrus radiatus *(rechts) ordnet sich in strahlenförmigen Bändern an.*

Cirrus uncinus

Die kommaförmig gebogenen Eiswolken der Gattung Cirrus sind häufig auch als Kommawolken bekannt. Mancher Betrachter denkt bei ihrem Anblick eher an luftige Pferdeschwänze. Am besten kann man sie jedoch mit Haken vergleichen und danach erklärt sich ihre wissenschaftliche Bezeichnung (lat. *uncinus* = Haken).

Starke Winde, welche die Eiskristalle in Höhen zwischen 5 und bis über 10 km aufwirbeln, geben den Hakencirren ihre unverwechselbare Gestalt, und zwar vor allem in den Strahlstromgürteln der Erde (s. S. 31), wo enorme Windscherungen in senkrechter Richtung, verbunden mit extrem hohen Windgeschwindigkeiten, auftreten können. Für Flugzeugpiloten ist der *Cirrus uncinus* stets ein Alarmsignal, denn in seiner Umgebung ist mit heftigen Turbulenzen zu rechnen.

STECKBRIEF

Weltweit

Über 5000 m

Turbulente Durchmischung der obersten Schichten der Troposphäre

Häufig erstes sichtbares Anzeichen einer sich nähernden Schlechtwetterzone

Den Beobachter am Erdboden warnen die markanten Eiswolken vor Regen, Sturm und anderem schlechtem Wetter in ihrem Gefolge. Sie eilen den Schlechtwetterzonen an den Luftmassenfronten weit voraus. Wenn in Mitteleuropa Hakencirren von Südwesten oder Westen her am Himmel auftauchen, ist in spätestens 48 Stunden eine Wetterverschlechterung zu erwarten. Der Cirrus selbst bringt keine Niederschläge, und falls Schneeschauer aus ihm fallen, verdunsten sie bereits in der Höhe.

Manchmal trägt der Cirrus uncinus am Ende der Haken noch kleine Büschel.

Cirrus intortus

Diese Wolke hat ihren Namen nach den dünnen, strangartig ineinander verflochtenen Cirrusfäden (lat. *intortus* = gewunden), die mitunter zu einer waagrecht gelagerten Wolkenspirale angeordnet und nur selten im obersten Wolkenstockwerk sichtbar sind. Meist verschwinden sie nach 1–2 Minuten aus dem Blickfeld.

STECKBRIEF

Weltweit

Oberhalb 5000 m

Kondensation in Aufwindzonen von Wellen und Wirbeln

Keine

Mäßige bis starke Turbulenzen

Die Kurzlebigkeit und die spiralen- oder wirbelartige Gestalt sind deutliche Hinweise auf eine entsprechende Dynamik bei der Entstehung dieser markanten Wolkenformationen. Ähnlich wie bei der Unterart *C. undulatus* spielt die Windscherung, hervorgerufen durch unterschiedliche Strömungsgeschwindigkeiten und/oder -richtungen benachbarter Luftmassen, die entscheidende Rolle. Sie äußert sich in walzenförmigen Luftwirbeln mit annähernd waagrechter Achse, den so genannten Rotoren, die die Luftmassen mit hoher Geschwindigkeit durcheinander wirbeln. Neben der Windscherung können auch Temperatur- und Dichtesprünge an Grenzflächen in der Erdatmosphäre Wirbel und Wellen entstehen lassen.

Der *Cirrus intortus* gehört zur Gruppe der Wogenwolken. Nach dem schottischen Lord Kelvin (1824–1907) und dem deutschen Physiker Hermann von Helmholtz (1821–94), die die Wellenbildung physikalisch erklärten, wird das wellenförmige Wolkenmuster daher auch als Kelvin-Helmholtz-Wogen bezeichnet.

Solche Wogen und Wirbel im obersten Wolkenstockwerk haben für den Luftverkehr eine erhebliche praktische Bedeutung. Es kommt nämlich nicht immer zur Bildung von Wolken, die die Flugzeugpiloten vor den heftigen Turbulenzen warnen könnten. Auf den Radarschirmen sind die orkanartigen Auf- und Abwinde ebenfalls nicht zu erkennen. Wie aus heiterem Himmel trifft daher die so genannte Clear-Air-Turbulenz (Turbulenz in wolkenfreier Luft) ein Flugzeug.

Cirrostratus

STECKBRIEF

2

Weltweit

Oberhalb 5000 m

Weiträumiges Aufgleiten wärmerer auf kalte Luft

Häufig ein Vorbote einer nahenden Schlechtwetterzone, besonders bei fallendem Luftdruck

Der Cirrostratus ist ein dünner, lichtdurchlässiger Eiswolkenschleier, der den Himmel ganz oder zum größten Teil überzieht. Man unterscheidet zwei Arten dieser hohen Schichtwolke: den *Cirrostratus nebulosus*, der, wie der Name bereits sagt, ein nebelartiger einförmiger Schleier ist, und den *Cirrostratus fibratus*, dem die Wolkenfasern (lat. *fibra* = Faser) ein pelzartiges oder faseriges Aussehen verleihen. Sonne und Mond sind durch den Wolkenschleier hindurch immer zu erkennen und der Cirrostratus ist niemals so dick, dass Gegenstände auf der Erde keine Schatten werfen, außer bei niedrigem Sonnenstand.

Die hohen Schichtwolken können auf verschiedene Weise entstehen, und zwar seltener durch das Zusammenwachsen anderer Cirruswolken oder durch die Ausbreitung des Ambosses eines *Cumulonimbus incus* (s. S. 200), aber häufiger durch langsame Hebung ausgedehnter Luftschichten bis in genügend große Höhen.

Auf das Wetter an der Erdoberfläche hat der Cirrostratus keinerlei Einfluss. Selbst wenn aus mächtigeren Wolken ein paar Schneeschauer fallen sollten, sind die Flocken längst verdunstet, bevor sie die Erde erreicht haben. In der Regel sind die Schichten jedoch dünn, oft so dünn, dass man sie vom Erdboden aus überhaupt nur an Haloringen, Nebensonnen und anderen Haloerscheinungen (s. S. 259–261) erkennt. Als Wetterbote hat der Cirrostratus allerdings Bedeutung, besonders die Unterart *Cirrostratus nebulosus*, die mit hoher Wahrscheinlichkeit eine Wetterverschlechterung in 8–24 Stunden ankündigt.

Cirrostratus undulatus *(oben) mit Wogenbildungen; Haloerscheinungen im nebelartig einförmigen* Cirrostratus nebulosus *(rechts)*

Cirrocumulus

Als hohe Schäfchenwolken sind die sehr kleinen, ballen-, flocken-, mitunter auch mandelförmigen Wolken besser bekannt. Sie treten wie der Altocumulus (s. S. 206) meist in mehr oder weniger ausgedehnten Feldern auf, schatten jedoch im Unterschied zu den großen grauweißen Schäfchenwolken ihre Unterseiten nicht ab und erstrahlen daher im reinsten Weiß. Vom Cirrostratus unterscheiden sich Cirrocumulusfelder durch die Aufteilung in winzige Einzelwolken sowie durch die körnig gerippte Struktur.

STECKBRIEF

Weltweit

Oberhalb 5000 m

Umbildung anderer hoher Wolken durch teilweise Auflösung, aber auch Verdichtung

Bei Verdichtung und Wogenbildung Schlechtwetterbote

Die typische Musterung der Wolkenfelder verrät, dass sie häufig durch Konvektion innerhalb dünner labiler Schichten geformt werden. Öfter kommt eine wellenförmige Anordnung hinzu, die auf Windscherung und/oder Temperatur- und Dichtesprünge an Grenzflächen hinweist. Die einzelnen Wolken zeigen einen bemerkenswerten Formenreichtum, sogar Mamma-Formen (s. S. 202) kommen vor, und die büschelartigen Fallstreifen an der Unterseite (*virga*) zeigen an, dass manchmal in großer Höhe Schneeschauer aus den Wolken fallen. Sie gelangen freilich nicht bis zum Erdboden. Dort ist in 1–2 Tagen mit Regen oder Schnee zu rechnen, wenn wellenförmig gemusterte Cirrocumulusfelder aus westlicher Himmelsrichtung heranziehen.

Cirrocumulus undulatus *(oben)*; *Schäfchenwolken auf einem 1849 entstandenen Gemälde (links) des britischen Naturmalers Charles Blunt*

Kondensstreifen

Kondensstreifen sind künstliche Wolken nur insofern, als sie bei der Entstehung als Auslöser ein Flugzeug benötigen, das das oberste Wolkenstockwerk durchquert. Die Entwicklung läuft dann wie bei den anderen Eiswolken ab und wenn Kondensstreifen später durch Winde über den Himmel ausgebreitet werden, lassen sie sich von der natürlichen Cirrusbewölkung kaum mehr unterscheiden. Sie sind nicht nur die jüngste, sondern mittlerweile bei bestimmten Wetterlagen auch häufigste Wolkenart.

STECKBRIEF

Weltweit

Oberhalb 5000 m

Flugverkehr in großen Höhen, bei hohem Wasserdampfgehalt und sehr niedrigen Temperaturen

Rasche Auflösung der Streifen zeigt beständigen Hochdruck an

Die exakte Bezeichnung für die leuchtend weißen, dünnen, häufig mit charakteristischen Quellformen geschmückten Streifen am Himmel ist eigentlich Kondensationsstreifen. Der Wasserdampf, der als Verbrennungsprodukt in den Flugzeugabgasen enthalten ist, kondensiert nach dem Austritt aus den Triebwerken zu Wassertröpfchen und löst so eine Art Kettenreaktion aus, die zu den Wolkenstreifen führt. Bei niedrigen Temperaturen (unterhalb von -40 °C) gefrieren die Wassertröpfchen zunächst zu Eispartikeln, den so genannten Eiskeimen, an denen sich der in der Umgebungsluft enthaltene Wasserdampf schlagartig als Eis absetzt. Je größer der Wasserdampfgehalt der Luft in der betreffenden Schicht ist, umso länger bleiben die Kondensstreifen erhalten; in trockener Luft lösen sie sich dagegen rasch auf. In feuchter Höhenluft, die im Vorfeld eines Tiefdruckwirbels von Westen heranströmt, kann man daher bei uns die Streifen am Himmel am häufigsten beobachten.

Langlebige Kondensstreifen kündigen oft schlechtes Wetter an.

Niederschläge

Regen

Regen ist Niederschlag in flüssiger Form, der die Erdoberfläche erreicht. Er entsteht entweder dadurch, dass sich innerhalb einer Wolke die winzigen, schwebenden Wassertröpfchen durch verschiedene physikalische Vorgänge zu größeren Tropfen vereinigen, oder dadurch, dass Eispartikel aus den oberen Stockwerken der Wolke beim Fall durch die tieferen, wärmeren Schichten schmelzen.

STECKBRIEF

Weltweit, wichtigste Niederschlagsart

Vereinigung kleiner schwebender Wolkentröpfchen oder Aufschmelzen von Schneeflocken, Hagel oder Graupel

Regenbogen

Bei Stark- und Dauerregen Gefahr von Überschwemmungen

Regentropfen fallen je nach Größe mit einer Geschwindigkeit von etwa 10–30 km/h zur Erde. In trockenen Klimagebieten reicht diese beachtliche Geschwindigkeit oft nicht aus, um ans Ziel zu gelangen. Die Tropfen verdunsten beim Fall durch die trockenen Luftschichten. Vom Erdboden aus erkennt man dann nur dünne, büschelartige Streifen, die von der Unterseite der Wolke herabhängen, so genannte Fallstreifen. Sie enden irgendwo in der Höhe und werden auch als *virga* (lat. = Streifen) bezeichnet. Wolken, aus denen Niederschlag bis zur Erdoberfläche fällt, erhalten den Namenszusatz *praecipitatio* (lat. = das Herabstürzen). Bei etwa einem halben Dutzend Wolkenarten und -gattungen kommt dies häufiger vor, in Mitteleuropa vor allem beim Nimbostratus und Cumulonimbus.

Ein Regenschauer fällt aus einer aufgetürmten Haufenwolke.

Regenschauer über der Ohashi Brücke; *Holzschnitt von Ando Hiroshige (1797–1858)*

REGENARTEN Flüssiger Niederschlag, der aus Wolken fällt, wird nach dem Durchmesser der Tropfen und der Dauer bzw. Stärke in mehrere Arten eingeteilt. Von Regen spricht der Deutsche Wetterdienst, wenn die Tropfen einen Durchmesser von mindestens 0,5 mm aufweisen; die maximale Größe der Regentropfen liegt bei 5 mm; sie wird jedoch nur selten einmal erreicht, denn meist zerplatzen schon Tropfen mit einem Durchmesser von 2–3 mm. Sprühregen oder Nieselregen ist ein flüssiger Niederschlag, der aus winzigen Wassertröpfchen mit einem Durchmesser von weniger als 0,5 mm besteht.

Nach der Niederschlagsdauer unterscheidet man kurze Schauer von lang andauernden Landregen oder Dauerregen. Schauer fallen meist aus Cumulonimbuswolken (s. S. 198), bestehen aus relativ großen Tropfen und können in wenigen Minuten beachtliche Niederschlagsmengen bringen. Dauerregen hält mindestens 6 Stunden ununterbrochen an. Landregen geht über einem größeren Gebiet nieder. Beide lang andauernden Regenarten fallen in Mitteleuropa aus Nimbostratuswolken, den Regenwolken schlechthin, und haben im Allgemeinen eine mäßige Stärke.

Bei Starkregen fallen dagegen in kurzer Zeit erhebliche Niederschläge. In Deutschland gelten z. B. 7 l in 10 Minuten pro Quadratmeter Bodenoberfläche als Mindestmenge – weltweit gesehen ein bescheidenes Mindestmaß, denn in regenreicheren Ländern, beispielsweise in Japan, können im selben Zeitraum ohne weiteres 40 oder 50 l niedergehen.

Regen aus einem Nimbostratus (oben). Schauer aus Haufenwolken sind meist nur kurz, dafür jedoch umso heftiger (unten).

Eisregen

Regen, der durch eine Kaltluftschicht mit Temperaturen unter dem Gefrierpunkt fällt, wird unterkühlt (s. S. 40) und gefriert beim Auftreffen auf die Erdoberfläche oder auf Flugzeuge sofort zu Eis. Die Meteorologen sprechen in diesem Fall von unterkühltem Regen bzw. Sprühregen und bezeichnen die Eisschicht auf dem Erdboden als Glatteis.

STECKBRIEF

- Vor allem in den mittleren Breiten der Erde
- Regentropfen, die durch kalte Luftschichten fallen
- Eisablagerungen auf dem Erdboden
- Glatteis, Eisansatz an Flugzeugen und Schiffen

Wenn die Temperatur der bodennahen Kaltluftschicht weit unter dem Gefrierpunkt liegt oder die Schicht sehr mächtig ist, können die Regentropfen schon im freien Fall zu Eiskörnern gefrieren. Die kleinen, glasklaren oder trüben Eiskörner, die meist einen Durchmesser von 1–4 mm haben, bilden den eigentlichen Eisregen. Beide Niederschlagsarten sind typisch für jene Klimazonen, in denen die Witterung im Winter mehrfach kurzfristig zwischen Frostperioden und milderem, regnerischem Wetter wechselt. Und dazu gehört auch das kühlgemäßigte, subozeanische Klima Mitteleuropas.

Regentropfen erstarren besonders schnell zu Eiskörnern, wenn sie noch Überreste von ehemaligen Schneeflocken enthalten.

Glatteis und Eisglätte

Große unterkühlte Regentropfen, die auf den Erdboden, auf Pflanzen, Gebäude oder andere Gegenstände an der Erdoberfläche treffen, zerplatzen beim Aufprall und gefrieren dann augenblicklich. Die durchsichtige, glatte, sehr fest haftende Eisschicht, die dabei entsteht, hat Ähnlichkeit mit dem Klareis, das sich beim Anfrieren unterkühlter Nebeltröpfchen bildet. In den USA, wo vor allem in den Ostküstenstaaten häufig unterkühlter Regen niedergeht, nennt man die glänzende Eisschicht *glaze* (Politur), bei uns spricht man dagegen von Glatteis.

Schöne, aber gefährliche Eislasten bedecken Bäume und Gräser (oben) ebenso wie die zierlichen Blüten (links).

Spiegelglatte Eisablagerungen können den Straßenverkehr in kürzester Zeit zum Erliegen bringen. Kaum weniger gefährlich ist die Eisglätte, die dadurch entsteht, dass auf dem Erdboden bereits vorhandenes Wasser gefriert. Der echte Eisregen stellt dagegen nur ausnahmsweise eine Gefahr dar, denn die reiskorn- bis erbsengroßen Eiskörner lagern sich ähnlich wie Graupel (s. S. 226) meist nur in einer dünnen lockeren Schicht ab.

Die Rutschgefahr ist die eine, der zuweilen enorme Eisansatz die andere unangenehme Seite des kühlen Regens. Eisschichten, die sich aus unterkühlten Wolkentröpfchen oder Regentropfen auf dem Rumpf und den Tragflächen eines Flugzeugs ablagern, können die Aerodynamik deutlich verändern und im Extremfall sogar zu einem Absturz führen. Das schimmernde Eis lastet auch schwer auf der Pflanzenwelt. Bäume und Sträucher brechen oft unter der Last zusammen, besonders wenn die Eisschicht nicht rasch abtaut. Manchmal hält sich der Eispanzer tage- oder wochenlang, wie im Winter 1969 im Bundesstaat Connecticut an der Ostküste der USA, als die Bäume 6 Wochen lang vereist waren.

Eisansätze an Baumstämmen entstehen auch durch Hochwasser.

Schnee

Eine Wanderung durch eine tief verschneite Winterlandschaft gehört zweifelsohne zu den schönsten Naturerlebnissen. Auf ungefähr der Hälfte der festen Erdoberfläche bietet sich dazu in der kalten Jahreszeit regelmäßig Gelegenheit; nur über einem Fünftel der Kontinentflächen fällt nie Schnee. Und sogar direkt unter dem Äquator tragen die höchsten Gipfel häufig eine Schneedecke.

STECKBRIEF

In allen kühlgemäßigten und kalten Klimazonen sowie weltweit in den Hochgebirgen

Sublimation von Wasserdampf zu Eiskristallen, die sich meist zu Schneeflocken verketten

Schneeregen und Regen

Schneestürme, Lawinen, geringe Sichtweite bei starkem Schneefall und Schneetreiben

Schnee entsteht in den mittleren und oberen Stockwerken der Troposphäre, wo der in der Luft enthaltene Wasserdampf bei Temperaturen weit unter dem Gefrierpunkt um so genannte Eiskeime als Eis ausgeschieden wird. In feuchter Luft wachsen die Eiskristalle vor allem an den Enden rasch weiter, verhaken sich mit ihren Spitzen oder werden durch unterkühlte Wassertröpfchen, die bei der Anlagerung gefrieren, zu Schneeflocken verkettet. Sobald ihr Gewicht groß genug ist, fallen sie herab – mit maximal 5–7 km/h allerdings wesentlich langsamer als größere Regentropfen. Beim Passieren wärmerer Luftschichten bleibt daher genügend Zeit, dass die einzelnen Kristalle und Flocken schmelzen und sich in Regentropfen verwandeln können.

Alle Formen des Schnees, auch die Säulen und Nadeln, besitzen einen hexagonalen (sechseckigen) Kristallaufbau.

Die Schneekristalle, die bis zum Erdboden gelangen, weisen an den fein verästelten Spitzen ebenfalls häufig Schmelz- und Verdunstungsspuren auf. Nur bei sehr niedrigen Temperaturen innerhalb der gesamten Luftsäule kommen die Kristalle unversehrt am Boden an – zarte Gebilde von unglaublicher Formenvielfalt, deren Schönheit sich erst unter dem Mikroskop erschließt. Man kennt Plättchen, Sterne, Säulen, Nadeln usw., insgesamt mindestens ein halbes Dutzend verschiedener Grundformen, die sich äußerlich zwar stark voneinander unterscheiden, doch in ihrem Innern denselben hexagonalen Kristallaufbau besitzen.

Schnee auf den Mammutbäumen im Sequoia Nationalpark von Kalifornien (oben) und in der Stadt Colorado Springs, USA (links)

Die Schneearten

Als Niederschlag, der sich in mehr oder weniger dicken Schichten auf dem Erdboden anhäuft, kommt Schnee gleichfalls in den verschiedensten Formen vor. Bei der Entstehung dieser Schneetypen spielen hauptsächlich die Temperaturen in den Luftschichten und am Boden, die Luftfeuchtigkeit und der Wind sowie die Zeit eine Rolle, denn gefallener Schnee verändert seine Eigenschaften relativ schnell und durchläuft wie Gesteine eine Art Metamorphose.

Frisch gefallenen Schnee bezeichnet man als Neuschnee, bei niedrigen Temperaturen unter –10 °C spricht man von lockerem und leichtem Wildschnee, bei mäßiger Kälte von trockenem Pulverschnee und bei Temperaturen um den Gefrierpunkt von feuchtem, dichtem Pappschnee.

Unmittelbar nach der Ablagerung beginnt unter dem eigenen Gewicht der Schneedecke, durch den Winddruck, den Wechsel von Antauen und wieder Gefrieren sowie Temperatur- und Feuchtigkeitsunterschiede die Umwandlung zu Altschnee. Diese Schneeart ist wesentlich dichter gepackt als frisch gefallener Schnee und zeigt auch andere Kristallformen.

Sonnenschein am Tag und Frost in der Nacht verwandeln den Altschnee an der Oberfläche zu Harsch. In den subtropischen und tropischen Klimazonen mit intensiver Sonneneinstrahlung entwickeln sich die bizarren Schmelzformen des Büßerschnees. Mächtigere Schneedecken, die im Sommer nicht vollständig tauen, werden im Lauf der Jahre oberhalb der klimatischen Schneegrenze zu Firnschnee, zum lockeren Schwimmschnee, grobkörnig-festen Firn und irgendwann schließlich zu Gletschereis.

Hagel

Durch Hagel, auch Schlossen genannt, entstehen alljährlich weltweit Schäden in Milliardenhöhe. Selbst kleinere Hagelkörner richten in empfindlichen Kulturen (Wein, Obst, Tabak, Gemüse) erheblichen Schaden an. Große Eisklumpen, die vom Himmel fallen, können sogar Menschen und Tiere erschlagen.

STECKBRIEF

- Von den kühlgemäßigten bis zu den tropischen Klimazonen
- In Wolken mit starkem Aufwind
- Gewitter und Starkregen
- ⚠ Hagelschlag mit großen Schäden, vor allem in der Landwirtschaft

Hagel fällt aus hoch reichenden Gewitterwolken, die als so genannte Mischwolken je nach der Temperatur in dem betreffenden Wolkenstockwerk aus Eis, Wasser und unterkühltem Wasser bestehen. In solchen Wolken toben starke Auf- und Abwinde, die die festen und flüssigen Wolkenbestandteile durcheinander wirbeln. Eiskristalle stoßen dabei mit unterkühlten Wassertröpfchen zusammen und vereinigen sich mit ihnen zu Graupelkörnern. Diese 2–5 mm großen Eiskörner fallen überwiegend als Graupelschauer zu Boden, ein Teil bleibt jedoch innerhalb der Wolke und bildet die Hagelembryos. Sie werden durch die Aufwinde in höhere Schichten der Gewitterwolke getragen, sinken dann wieder herab, geraten wiederum in einen engen Aufwindschlot, werden nochmals nach oben

Größere Hagelkörner (links) bestehen stets aus mehreren schalenförmigen Schichten von glasklarem und milchig weißem Eis. Der typische Schalenaufbau ist im polarisierten Licht gut zu erkennen, etwa an dem faustgroßen Klumpen, der 1970 im US-Bundesstaat Kansas vom Himmel fiel.

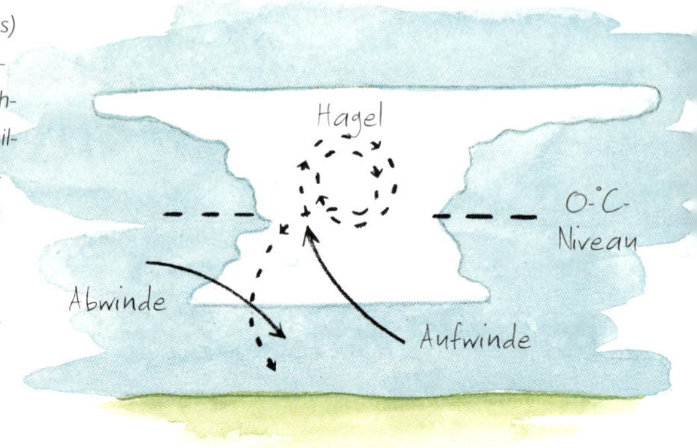

Der Hagelschlag geht so schnell, wie er kommt, denn Hagelkörner fallen nur aus einem eng begrenzten Sektor der Wolke.

verfrachtet – ein turbulenter Kreislauf, bei dem die Embryos in rund 30 Minuten zu mehr oder weniger großen Hagelkörnern heranwachsen. Die rasante Fahrt durch die verschiedenen Schichten der Wolke spiegelt sich im zwiebelschalenartigen Aufbau der Körner aus klaren und trüben Eislagen wider. Die klaren, kompakten Lagen bilden sich bei mäßiger Kälte durch die Anlagerung vieler unterkühlter Wassertröpfchen, während sich etwa unterhalb −15 °C Eiskristalle sowie einzelne Tröpfchen anlagern und so die porösen, milchig weißen Lagen formen.

Durch Hagelschießen versuchte man, wenn auch erfolglos, Hagelschlag zu verhindern.

Hagelkatastrophen

Im Allgemeinen haben Hagelkörner beim Aufschlag auf den Erdboden einen Durchmesser von 5–50 mm. Sie können freilich auch weit größer und schwerer sein, und zwar besonders in kontinentalen und tropischen Klimazonen. Aus Indien wurden z. B. Eisklumpen von 3,5 kg, aus China sogar von 4,5 kg Gewicht gemeldet. Solche wahren Eisbomben, die in der Nähe des Erdbodens eine Fallgeschwindigkeit von weit über 100 km/h erreichen, zerschlagen selbst feste Dächer. In Nordindien sollen im Jahr 1888 etwa 250 Menschen von fußballgroßen Hagelsteinen erschlagen worden sein. Menschenleben sind glücklicherweise nur selten zu beklagen, die materiellen Schäden dagegen sind oft enorm. In München und Umgebung z. B. erinnert man sich noch gut an das Hagelunwetter vom 12. Juli 1984, das dort einen Gesamtschaden von über 3 Mrd. DM anrichtete.

Hochwasser

Das Hochwasser der vielen großen und kleinen Flüsse der Erde verursacht oft hohe Sachschäden und fordert zudem nicht selten Menschenleben. Schätzungsweise zwei Fünftel aller Opfer von Naturkatastrophen verlieren weltweit bei Überschwemmungen ihr Leben und angesichts immer neuer „Jahrhunderthochwasser" könnten es bald noch weit mehr sein.

STECKBRIEF

In allen Kontinenten, mit Ausnahme der Antarktis

Starkregen oder ergiebige Dauerregen sowie Schnee- und Eisschmelze und Gezeitenrückstau

Erdrutsche durch Uferunterspülung

Häufig enorme Sachschäden und viele Todesopfer

Andererseits gehören Überschwemmungen in manchen Gegenden der Welt zum natürlichen Jahreslauf und werden von den Menschen mitunter sehnlichst erwartet, wie früher im alten Ägypten das Hochwasser des Nil. Wenn es ausblieb, folgte die Katastrophe: Missernten und Hungersnöte. Der Staudamm von Assuan hat die Lebensader Ägyptens gebändigt und den jahrtausendealten Zyklus unterbrochen. Für die Menschen in vielen anderen Regionen der Subtropen und Tropen ist das Hochwasser jedoch bis heute das Ereignis des Jahres. Wasser, buchstäblich im Überfluss, entschädigt sie für häufig monatelange Dürrezeiten, speist die Quellen und versorgt die Pflanzen auf den Feldern mit dem lebensnotwendigen Nass.

Überschwemmungen sind Hochwasserwellen in Bergtälern (oben), aber auch weiträumige Überflutungen, wie die biblische Sintflut, bei der Noah eine Taube aussandte (links), um Land zu suchen.

Hochwasser des Severn in Westengland (oben); Spuren der Flut, die 1889 die Stadt Johnstown in Pennsylvania verwüstete (rechts)

Hochwasser in Tälern

Überschwemmungen haben viele verschiedene Ursachen, vom Wolkenbruch, bei dem sich innerhalb kürzester Zeit wahre Sintfluten auf den Erdboden ergießen, über das Hochwasser nach Dauerregen bis zu den berühmt-berüchtigten Gletscherläufen isländischer Flüsse, die durch Vulkanausbrüche unter Gletschern ausgelöst werden. Verheerend wirken sich auch Dammbrüche aus, die bei Hochgebirgsseen und künstlichen Stauseen immer wieder vorkommen.

Die bei weitem häufigste Ursache katastrophaler Hochwasserwellen in eng begrenzten Flussgebieten ist jedoch eine langsam ziehende Gewitterwolke, die in kürzester Zeit riesige Wassermassen über einem kleinen Gebiet ausschütten kann. Der Erdboden lässt dann den Niederschlag nicht schnell genug im Untergrund versickern und vor allem von steilen, nur schütter bewachsenen oder ganz kahlen Hängen fließt das Wasser oberflächlich ab. Gewitterwolken, die schneller über ein Gebiet hinwegziehen, verteilen den Niederschlag dagegen über eine größere Fläche und stellen daher im Allgemeinen eine geringere Gefahr dar.

Hochwasserwellen können den Wasserstand in wenigen Stunden oder Tagen erheblich anschwellen lassen. Der Colorado in den USA stieg einmal über 30 m an und der Pegel des Jangtsekiang in China soll einst in der Blasebalgschlucht sogar 80 m höher als sonst gewesen sein. Vor allem enge Durchbruchstäler, die wie Trichter den Abfluss bündeln, sind stark gefährdet. Eine der verheerendsten Flutkatastrophen der USA ereignete sich an einer solchen Stelle. Am 31. Juli 1976 lösten heftige Wolkenbrüche über dem Big Thompson Canyon in den Rocky Mountains eine hohe Flutwelle aus, die 139 Menschenleben forderte.

Häufig werden Viehherden von Hochwasser eingeschlossen (links) und Brücken von den Wassermassen weggerissen (oben).

wassergefahr in den großen Städten wachsen. Zugleich wird die Trinkwasserversorgung schwieriger, weil der Grundwasserspiegel sinkt.

Vor Hochwasserwellen ist man selbst in den Wadis, den Trockentälern der Wüsten, nicht sicher. Im Gegenteil: Der ausgedörrte, steinharte Wüstenboden stößt das Regenwasser regelrecht ab. Ein plötzlicher Regenguss kann daher einen ausgetrockneten Wasserlauf in kürzester Zeit in einen reißenden Strom verwandeln. Nicht ohne Grund sind in den Wüsten schon mehr Menschen ertrunken als verdurstet.

Die zunehmende Versiegelung der Bodenoberfläche durch Asphalt und Beton hat einen ähnlichen Effekt und lässt deshalb die Hoch-

Der Drache verkörpert in der chinesischen Mythologie den Regen. Man opferte den Drachenkönigen, damit es bei Dürre regnete und um Hochwasser fernzuhalten.

Hochwasser in Tiefländern

Ergiebiger Dauerregen über einem größeren Gebiet, nicht selten auf den gefrorenen Boden und verbunden mit der Schneeschmelze, ist die wichtigste Ursache großflächiger Überschwemmungen. Sie erreichen ihren Höhepunkt meist erst nach einigen Tagen oder Wochen und geben so der Bevölkerung der betroffenen Gebiete etwas Zeit, sich vor den nahenden Fluten in Sicherheit zu bringen.

Das Hochwasser des Mississippi im Frühjahr und Sommer 1993 – die längste und kostspieligste Überschwemmung, die Nordamerika in diesem Jahrhundert bislang erlebte – ist ein typisches Beispiel einer solchen Hochwasserkatastrophe. Sie bahnte sich bereits im Dezem-

ber 1992 mit starken Schneefällen im Mittleren Westen der USA an. Der Schnee schmolz im März binnen weniger Tage und im April folgten am Oberlauf des Mississippi heftige Regenfälle, bei denen sich insgesamt über 400 l Niederschlag pro Quadratmeter Boden ergossen. Juni und Juli brachten in den Flussgebieten des Mississippi und Missouri nochmals für die Jahreszeit ungewöhnlich starke Niederschläge. Sie ließen die Dämme an den Ufern der beiden Ströme an zahlreichen Stellen brechen und setzten in neun US-Bundesstaaten ein Gebiet von der Größe der Schweiz (rund 40 000 km²) unter Wasser.

In Küstentiefländern führen tropische Wirbelstürme oft zu weiträumigen Überschwemmungen. Starke, wolkenbruchartige Regengüsse und die Flutwellen, die der Sturm vor sich hertreibt, lassen die Pegelstände dort rasch auf Rekordmarken steigen. Im Binnenland schwächt der Wirbelsturm zudem häufig zu einem Tiefdruckgebiet ab, das mit weiteren Starkregen verbunden sein kann.

Durch Hurrikans und andere tropische Wirbelstürme ausgelöste Flutkatastrophen kommen weltweit vor. Im August 1969 z. B. tobte sich der Hurrikan Camille über dem Golf von Mexiko und der Golfküste der USA aus und zog eine breite Spur der Verwüstung quer durch das Küstentiefland. Etwa die Hälfte der 256 Menschen, die dabei umkamen, ertranken in den Fluten, die anderen wurden von umfallenden Bäumen oder den Trümmern der einstürzenden Häuser erschlagen. Doch im Vergleich mit den schwersten Flutkatastrophen seit Menschengedenken kamen die USA glimpflich davon, denn in China ertranken allein 1887/88 über 2,5 Millionen Menschen in den lehmgelben Fluten des angeschwollenen Hwangho.

In den 90er-Jahren wurden die USA mehrmals von verheerenden Flutkatastrophen heimgesucht, so auch 1993 (oben), als Schäden in Höhe von 20 Mrd.-US-$ entstanden. In Indien (rechts) fordert der Monsunregen oft Menschenopfer.

Dürre

Viele Wetterphänomene sind kurzfristige, plötzliche Ereignisse; die Dürre hingegen kommt allmählich und heimlich, breitet sich nach und nach in einem Land aus, nimmt es schließlich in ihren Würgegriff und gibt es häufig erst nach Jahren wieder frei. Die Schäden in dem betroffenen Gebiet, das große Teile eines Kontinents umfassen kann, sind daher oft katastrophal.

STECKBRIEF

Vor allem in den Subtropen und äußeren Tropen sowie allgemein im Kern der Kontinente

Anhaltender Niederschlagsmangel bei hohen Temperaturen und Verdunstungsraten

Bodenerosion durch Wasser und Wind; Staubstürme

Fortschreitende Desertifikation; Hungersnöte, Buschbrände

Dürreperioden sind Zeiten mit Niederschlagsmangel, doch nicht jede Periode mit geringem oder fehlendem Niederschlag ist zwangsweise eine Dürrezeit. In den verschiedenen Klimazonen der Erde fällt von Natur aus nun einmal mehr oder weniger Niederschlag. In manchen Regionen regnet es in allen Jahreszeiten, in anderen nur in bestimmten Monaten, wie etwa in den subtropischen Trockengebieten oder in den äußeren Tropen, wo ausgeprägte Regenzeiten mit Trockenzeiten wechseln. Von Dürre kann man deshalb nur sprechen, wenn die erwarteten Niederschläge in einer Region der Erde aus irgendwelchen Gründen ausbleiben, und oft sind die Eingriffe der Menschen in den Naturhaushalt die entscheidende Ursache.

In der Sahelzone Afrikas (links) dauert die Dürre – mit kurzen Unterbrechungen – schon seit mehr als 30 Jahren an.

Die Dürreperiode, unter der Australien in den Jahren 1982 und 1983 litt (oben und rechts), könnte durch das El-Niño-Phänomen im östlichen Pazifik ausgelöst worden sein.

Der Schwellenwert, an dem eine niederschlagsarme Zeit zur Dürre wird, ist je nach Land unterschiedlich hoch angesetzt. In den USA spricht man z. B. von einer Dürre, wenn ein größeres Gebiet mindestens 3 Wochen lang höchstens 30 % seines normalen Niederschlags erhält. In Australien muss eine Region über 1 Jahr weniger als 10 % seiner durchschnittlichen Regenmenge erhalten; in Indien wiederum wird ein Jahr als Dürreperiode angesehen, wenn dort weniger als 75 % des mittleren Jahresniederschlags fallen.

Als exakter Maßstab zur Bewertung der Trockenheit dient ein so genannter Dürre-Index, der von dem amerikanischen Meteorologen Wayne Palmer in den 50er-Jahren entwickelt wurde. Er wird wie etliche andere Maßzahlen zur Charakterisierung der Trockenheit nach der Wasserbilanz berechnet, also im Wesentlichen nach dem Verhältnis zwischen Wassergewinnen durch Niederschläge und den Wasserverlusten durch Abfluss und Verdunstung. Zahlen mit positivem Vorzeichen weisen auf eine positive Wasserbilanz und auf Wasserüberschuss hin, ein Minuszeichen ist dagegen ein Hinweis auf Wassermangel. Ein Bereich zwischen +2 und −2 signalisiert eine fast ausgeglichene Wasserbilanz, zwischen −2 und −3 herrscht mäßige Dürre, zwischen −3 und −4 schwere Dürre und unter −4 schließlich extreme Dürre.

Dürreperioden gehen manchmal allmählich über mehrere Wochen und Monate hinweg in Zeiten mit normalem Niederschlag über; häufiger werden sie jedoch abrupt durch Starkregen beendet, die nun das Pendel wieder zur anderen Seite, zum Hochwasser hin, ausschlagen lassen.

Meteorologen mit Sinn für schwarzen Humor berechnen deshalb den mittleren Niederschlag nach der folgenden Formel: Mittlerer Niederschlag = 1 Dürre + 1 Hochwasser : 2. Den Menschen in den Dürregebieten vergeht das Lachen freilich schnell, denn eine längere Dürreperiode hat katastrophale Folgen: Ernten und Viehbestände werden vernichtet, die landwirtschaftlichen Betriebe dadurch finanziell ruiniert. Die Ackerkrume trocknet aus, das Pflanzenkleid verdorrt – ideale Bedingungen für die Bodenerosion durch Wasser und Wind, für Sand- und Staubstürme (s. S. 249), Busch- und Waldbrände (s. S. 268).

In den Trockengebieten der Erde wirkt sich der Wechsel von Perioden mit durchschnittlichem oder überdurchschnittlichem Niederschlag und Dürreperioden besonders verhängnisvoll aus. Wenn es in diesen Zonen mehr regnet, blicken die Bauern und Viehzüchter optimistischer in die Zukunft, erweitern die Anbauflächen, vergrößern ihre Herden – und werden dann durch die nächste Dürre umso härter getroffen. Die armen Länder der Dritten Welt leiden unter solchen Katastrophen am meisten, wie in den 60er-Jahren im afrikanischen Sahel, als Tausende verhungerten. Aber auch die reichen, hoch entwickelten Länder sind dagegen nicht gefeit. In den USA ist z. B. die verheerende Dürre der 30er-Jahre in den Bundesstaaten des Mittleren Westens noch in bester Erinnerung. Fruchtbares Ackerland wurde damals auf einer Fläche von mehr als 20 Mio. ha zur öden Staubwüste, die erst 1940 nach stärkeren Regen wieder begrünte.

In Dürreperioden, wenn der Boden Afrikas austrocknet (oben), suchen die Flusspferde Zuflucht in Wasserlöchern (rechts).

Ursachen der Dürre

In den letzten Jahrzehnten wurden umfangreiche Untersuchungen durchgeführt, um die Ursachen der Dürreperioden zu klären. Dabei stellte sich heraus, dass längere Perioden mit ungewöhnlich geringen Niederschlägen in Amerika und Australien offenbar eng mit dem Verteilungsmuster der Meeresoberflächentemperaturen im Pazifik und vor allem vor der Westküste Südamerikas zusammenhingen. Dieses Muster kann sich rasch ändern und das könnte auch den plötzlichen Rückgang der Niederschläge erklären.

Wahrscheinlich ist das El-Niño-Phänomen (s. S. 103), das an der Westküste Südamerikas in unregelmäßigen Abständen von einigen Jahren u. a. ein katastrophales Massensterben der Fischbestände verursacht, auch für die Dürrezeiten im mehrere Tausend Kilometer entfernten Australien verantwortlich. Dabei schwächen sich nämlich auch die Passatwinde ab, die quer über den Pazifik hinweg den Osten des fünften Kontinents mit Feuchtigkeit und Regen versorgen.

In den Jahren 1982/83 war das El-Niño-Phänomen an der Westküste Südamerikas ungewöhnlich stark ausgeprägt und gleichzeitig litten weite Gebiete Australiens unter Dürre. Die Winter- und Frühlingsregen blieben in den östlichen Bundesstaaten aus und Anfang 1983 verzeichnete man hier die geringsten Niederschläge seit Menschengedenken. Staubstürme sowie Busch- und Waldbrände verwüsteten den Südosten des Landes. Erst Monate später regnete es dort wieder. Die Sachschäden dieser verheerenden Dürre wurden auf insgesamt 2,2 Mrd. US-$ geschätzt.

Verlassene Farmhäuser und vernichtete Ernten prägten das Bild des Mittleren Westens während der Dürre der 30er-Jahre; im Sommer 1989 litt Wales so stark unter Trockenheit, dass aus einem Stausee die Ruinen überfluteter Häuser auftauchten.

Unwetter

Gewitter

Kaum ein anderes irdisches Naturschauspiel ist so eindrucksvoll und hat die Menschen seit alters zugleich fasziniert und verängstigt wie ein Gewitter mit zuckenden Blitzen und ohrenbetäubenden Donnerschlägen, begleitet von sintflutartigen Regengüssen, prasselnden Hagel- und Graupelschauern, schweren Sturmböen und zuweilen verheerenden Wirbelstürmen.

STECKBRIEF

Weltweit, mit Ausnahme der Antarktis

600 bis über 10000 m

Vor allem starke Erwärmung der bodennahen Luft und Hebung der Luft an Wetterfronten

Starkregen, Hagel, Sturmböen

Blitz- und Hagelschlag; Tornados; schwere Turbulenzen

Gewitter bilden und entladen sich bei sehr unterschiedlichen Wetterbedingungen, doch am häufigsten sind sie in den subtropischen und tropischen Zonen, wo Blitz und Donner fast zum Wetteralltag gehören. In der Nähe der indonesischen Hauptstadt Jakarta zählte man in einer besonders gewitterreichen Periode durchschnittlich 322 Gewittertage pro Jahr, während sich im Amazonasbecken und in anderen Ländern der Tropen Gewitter – über mehrere Jahre hinweg betrachtet – an über 180 Tagen jährlich entladen, also im Schnitt drei- bis viermal pro Woche. Dagegen ist in Mitteleuropa die Anzahl der Gewittertage mit etwa 20–40 pro Jahr erheblich geringer, wobei Gewitter im Küstenbereich recht selten, im Gebirge aber häufiger vorkommen.

Kurz vor dem Ausbruch des Gewitters kann man dieses Wolkenmuster beobachten.

Zeus galt in der griechischen Mythologie als Gott des Regens und Gewitters, als der Dunkelwolkige und Blitzeschleuderer.

Gewittervorboten

Ein Gewitter kann durchaus mehrere Stunden dauern, obwohl das eigentliche Reifestadium meist schon nach 15–40 Minuten vorüber ist. Danach fällt die mächtige Gewitterwolke buchstäblich in sich zusammen, sie löst sich vollkommen auf oder hinterlässt am heiteren Himmel nur ein paar hohe, harmlose Federwolken.

Der Aufzug eines Gewitters dauert hingegen länger und gibt dem wetterkundigen Beobachter genügend Zeit, sich in Sicherheit zu bringen. Im Flachland und bei guter Fernsicht sind die hoch aufgetürmten Gewitterwolken auf große Entfernungen (z. T. über 100 km) zu erkennen. Die Form des Ambosses (s. S. 200) lässt dabei Rückschlüsse auf die Zugrichtung der Gewitterwolke zu: Meist bewegt sie sich in die Richtung, in der der Amboss durch Höhenwinde fahnenartig verformt ist. Die Windrichtung am Erdboden sagt dagegen nichts über die Zugrichtung aus, denn die Gewitterwolke erzeugt hier ihr eigenes, von den großräumigen Luftströmungen unabhängiges Windfeld.

Elektrische Entladungen innerhalb der Atmosphäre sind bis zu einer Entfernung von etwa 150 km im Radiolautsprecher als charakteristische Knack- und Zischgeräusche zu erkennen. Wenn ihre Lautstärke und Häufigkeit zunehmen, kann man davon ausgehen, dass sich eine Gewitterwolke meist mit Fußgänger- bis Radfahrertempo nähert.

Blitz und Donner sind freilich noch immer die verlässlichsten Gewittervorboten. Entfernte Gewitter verraten sich durch lautloses Wetterleuchten, d. h. den Widerschein der Blitze an den Wolken. Bei Gewittern, die sich im Umkreis von weniger als 20 km entladen, hört man auch den Donner. Da der Schall 1 km in etwa 3 Sekunden zurücklegt, lässt sich aus dem Zeitabstand zwischen dem Aufleuchten des Blitzes und dem Einsetzen des Donners mit einer Faustregel die Entfernung des Blitzes abschätzen. Die Zahl der zwischen Blitz und Donner vergangenen Sekunden geteilt durch drei ergibt die Entfernung in Kilometern.

Wolken-Boden-Blitz

Blitze sind elektrische Ströme, die entgegengesetzte Ladungen innerhalb einer Gewitterwolke (s. S. 50) oder in ihrer Umgebung ausgleichen. Wolken-Boden-Blitze, auch Erdblitze genannt, folgen dabei dem Spannungsgefälle zwischen der negativ geladenen Unterseite der Gewitterwolke und der positiv geladenen Erdoberfläche. Sie sind die spektakulärsten, aber zugleich auch die gefährlichsten Blitze.

STECKBRIEF

Weltweit, mit Ausnahme der Antarktis

Meist zwischen Wolkenunterseite und Erdoberfläche

Spannungsgefälle zwischen Wolken und Erdoberfläche

Starkregen, Hagelschauer und Sturmböen aus der Gewitterwolke

Sachschäden durch Blitzeinschlag, Verletzte und Todesopfer

Jede Entladung dauert nur wenige Sekundenbruchteile. Meist gehen dem Hauptblitz mehrere Vorentladungen voraus, manchmal folgen ihm noch weitere, sodass der Blitz insgesamt mehrere Sekunden dauern kann. Die Pausen zwischen den einzelnen Entladungsstößen rufen das charakteristische Flimmern des Blitzes hervor, der sich buchstäblich blitzschnell mit einer Geschwindigkeit von etwa 100 km/Sek. seinen Weg zur Erde bahnt. In unseren Breiten sind Blitze im Durchschnitt etwa 1–2 km lang, in den Tropen auch länger.

Der Wolken-Boden-Blitz entsendet zwar oft zahlreiche, scheinbar blind endende Nebenzweige, sucht sich jedoch mit seinem Hauptkanal den kürzesten Weg zur Erdoberfläche. Felsgipfel, hohe Bauwerke oder Bäume, die den geringsten Abstand zur Wolke haben, werden deshalb am häufigsten getroffen. Solche exponierten Stellen widerlegen auch die weit verbreitete Ansicht, ein Blitz würde keinen Punkt der Erde zweimal treffen. Mindestens 500 Blitze schlagen z. B. Jahr für Jahr in die Spitze des Empire State Building in New York ein; bei einem Gewitter wurde der Fernsehsender an der Spitze des rund 450 m hohen Wolkenkratzers sogar in nur 15 Minuten 15-mal getroffen.

Weiße Wolken-Boden-Blitze zeigen trockene Luftmassen an und entfachen daher am häufigsten Busch- und Waldbrände.

Vom Blitz getroffen

Obwohl nur etwa ein Fünftel aller Blitze die Erdoberfläche erreicht, gehen doch weltweit in jeder Sekunde über 100 Wolken-Boden-Blitze auf die Erde nieder. In Nordamerika werden z. B. jährlich ungefähr 400 Menschen vom Blitz getroffen und für ein Viertel von ihnen ist der Blitzschlag tödlich. Hinzu kommen die beträchtlichen, vor allem durch Brände verursachten Sachschäden, die allein in den USA Jahr für Jahr rund 100 Mio. US-$ betragen.

Wer im Freien von einem Gewitter überrascht wird, sollte zur eigenen Sicherheit einige Vorsichtsmaßnahmen befolgen. Falls möglich, sollte man in einem Gebäude Schutz suchen, sich dort aber von Metallrohrleitungen fern halten und auch keine elektrischen Geräte wie Telefone oder Computer benutzen. Der sicherste Platz bei Gewitter ist allerdings ein rundum geschlossenes Auto, denn die Stahlkarosserie wirkt wie ein Faradaykäfig, der gegen elektrische Ströme abschirmt, und außerdem haben die Gummireifen isolierende Funktion.

Im Freien sollte man bei Gewitter grundsätzlich einzeln stehende höhere Bäume meiden und falsch ist auch das Sprichwort: „Buchen sollst du suchen …“ Fern halten sollte man sich unbedingt von Felsgipfeln, Graten, Gewässern sowie Metallzäunen und oberirdischen Stromleitungen, welche die Wolken-Boden-Blitze geradezu anziehen.

In offenem Gelände sucht man am besten eine Mulde mit trockenem Boden auf, legt alle Metallgegenstände weit von sich und geht in die Hockstellung. Sich in voller Länge auf den Boden zu legen, ist jedoch nicht angezeigt, denn dadurch wird der Kontakt des Körpers mit dem positiv geladenen Untergrund verstärkt. Schon breitbeiniges Stehen kann bei einem Blitzeinschlag in der Nähe einen tödlichen Strom von einem Bein zum andern hervorrufen.

Wolkenblitz

Blitze innerhalb einer Gewitterwolke oder Wolken-Wolken-Blitze zwischen benachbarten Wolken kommen am häufigsten vor. Innerhalb einer Gewitterwolke sorgen sie für den Ladungsausgleich zwischen den negativ geladenen unteren und den positiv geladenen oberen Stockwerken der Cumulonimbuswolken. Die Wolkentürme wirken dann wie überdimensionale Laternen, die von innen her durch Blitze in den unterschiedlichsten Farben beleuchtet werden und sich scharf vom dunklen Himmel abheben.

STECKBRIEF

Weltweit, mit Ausnahme der Antarktis

Im gesamten Höhenbereich der Cumulonimbuswolken

Elektrische Entladungen zwischen Wolken oder innerhalb einer einzigen Gewitterwolke

Starkregen, Hagelschlag, Sturmböen aus der Gewitterwolke

Wolken-Wolken-Blitze, die als elektrische Funken von einer Wolke zur anderen überspringen, sind seltener. Im Allgemeinen werden sie durch das Spannungsgefälle zwischen dem positiv geladenen Gipfel der einen und dem negativ geladenen Fuß der anderen Wolke ausgelöst. Für die Passagiere von Flugzeugen, die in die Bahn eines derartigen Blitzes geraten, besteht keine unmittelbare Gefahr, denn Flugzeuge sind wie Autos sehr gute Faradaykäfige. Allerdings können die Entladungen die empfindliche Elektronik moderner Jets stören.

Wolkenblitze zucken durch die höheren Stockwerke der Atmosphäre und sind deshalb auch aus Entfernungen von mehr als 100 km zu erkennen. Sie überschreiten damit bei weitem die Reichweite des Donners, die meist bei etwa 20–30 km endet. Das Wetterleuchten oder stille Gewitter am fernen Horizont entsteht daher hauptsächlich durch Wolkenblitze.

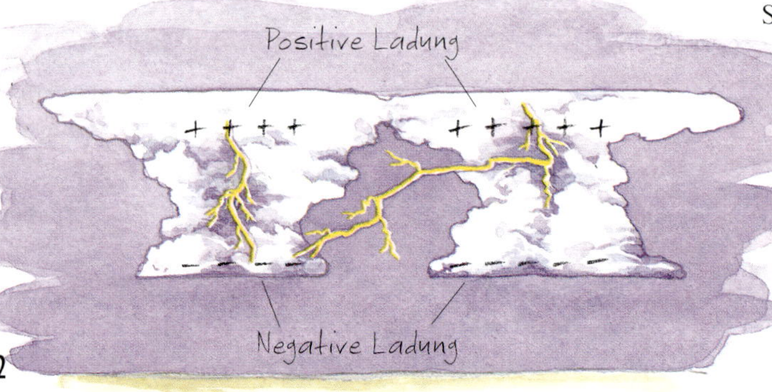

Wolken-Luft-Blitz

Entladungen zwischen einer Gewitterwolke und dem angrenzenden wolkenfreien Luftraum, auch Luftentladungen genannt, sind im Allgemeinen schwächer, weniger spektakulär als die anderen Blitzarten und werden deshalb häufig übersehen. In der Regel genügt schon ein einziger Blitz, um das Spannungsgefälle so weit zu verringern, dass keine weiteren Blitze mehr folgen.

STECKBRIEF

Weltweit, mit Ausnahme der Antarktis

Im gesamten Höhenbereich der Gewitterwolken

Elektrische Entladungen zwischen einer Gewitterwolke und dem wolkenfreien Luftraum

Starkregen, Hagelschlag, Sturmböen aus der Gewitterwolke

Wolken-Luft-Blitze gehen in der Regel vom positiv geladenen Gipfel der Gewitterwolke aus. Sie entladen sich aber auch in den unteren Stockwerken der Wolke, meist in Verbindung mit einem Wolken-Boden-Blitz als schwächere Seitentriebe dieses Erdblitzes. Das Spannungsgefälle zwischen Wolke und Erdboden ist nämlich viel stärker als das zwischen der Wolke und dem angrenzenden Luftraum. Während der Funkenüberschlag zwischen Wolke und Boden einer scharf begrenzten Zickzackspur folgt und einen so genannten Linienblitz bildet, verästeln sich die Entladungen in den Luftraum stärker und formen einen Flächenblitz.

Flächenhafte Entladungen sind allerdings umstritten. Manche Wissenschaftler halten sie lediglich für den Widerschein von Linienblitzen, also für ein rein optisches Phänomen. Ungeklärt ist auch die Entstehung der Kugelblitze, einer sehr seltenen Blitzart. Solche Blitze haben die Form einer leuchtenden Kugel von der Größe eines Tennis- bis Fußballs. Sie bewegen sich relativ langsam dicht über dem Erdboden, hüpfen und rollen wie ein Ball über ihn hinweg, um sich dann irgendwann plötzlich und geräuschlos in nichts aufzulösen oder aber sich mit einem lauten Knall zu verabschieden.

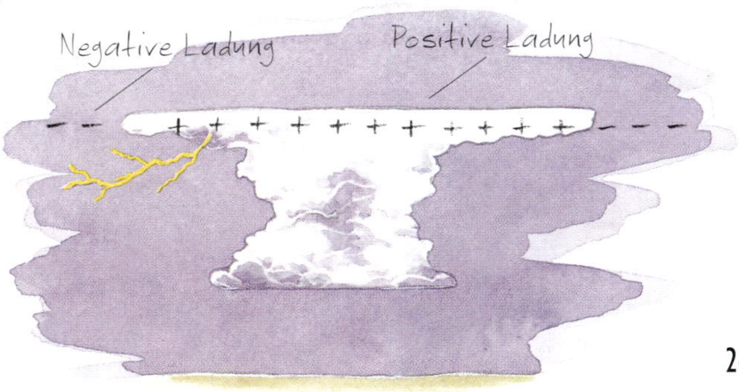

Tornado

Ein Tornado ist ein verheerender Wirbelwind, der sich an der Unterseite einer Gewitterwolke entwickelt und von dort bis zur Erdoberfläche hinabreicht. Durch kondensierten Wasserdampf wird der Wirbel auch für das menschliche Auge sichtbar. Er formt einen langen Wolkenschlauch, der wie der Rüssel eines Elefanten aus dem Fuß der Gewitterwolke heraushängt, langsam hin und her pendelt und sich in der Nähe des Bodens mit einem büschelförmigen Gebilde aus aufgewirbeltem Sand, Staub, Pflanzenteilen und sonstigen Gegenständen vereinigt.

Zusammen mit den Wind- oder Wasserhosen (s. S. 246) gehören die Tornados zu den Tromben, jenen relativ kleinräumigen Wirbelstürmen, bei denen eine Luftsäule rasend schnell um eine fast senkrechte Drehachse (span. *tornar* = sich drehen) gewirbelt wird. Aufgrund der enormen Windgeschwindigkeit und zerstörerischen Energie, die dabei freigesetzt wird, zählen Tornados zu den gefährlichsten Naturgewalten. Entsprechend lang ist die Liste der Katastrophen mit vielen Todesopfern, Verletzten und riesigen Sachschäden. Im Februar 1884 kamen in den USA an einem Tag über 1200 Menschen durch Tornados um.

STECKBRIEF

In allen Gewitterregionen der Erde, am häufigsten über den Great Plains von Nordamerika

Von der Erdoberfläche bis in etwa 1000 m Höhe

Heftiger Wirbelwind, ausgelöst durch emporschießende Luftmassen

Blitze, Starkregen, Hagel

Enorme Zerstörungen

Die Lithographie zeigt den Tornado, der Saint Louis (Missouri) 1896 verwüstete.

Ein „Staubwedel" am unteren Ende des Tornadoschlauchs

Der Mittlere Westen der USA ist weltweit am stärksten von solchen Unwettern bedroht. Tornados toben sich aber auch häufiger über Australien und dem Innern anderer Kontinente aus; Mitteleuropa bleibt, abgesehen von einzelnen Wirbelstürmen wie dem von Pforzheim im Juli 1986, weitgehend verschont.

Tornado-Alarm

Stürme mit Geschwindigkeiten bis zu 500 km/h oder sogar darüber hinterlassen eine Spur der Verwüstung. Die beiden wichtigsten Alarmsignale, mit denen sich Tornados ankündigen, sollten folglich ernst genommen werden. Das erste ist der Buckel auf der normalerweise ebenen Dachfläche des Ambosses einer Gewitterwolke (s. S. 48). Er zeigt an, dass die Luftmassen im Kern der Wolke wie die heiße Milch in einem Topf regelrecht überkochen: Durch sehr heftige Aufwinde werden sie nach oben getrieben, durchstoßen die Sperrschicht am oberen Rand der Troposphäre und breiten sich bis in die Stratosphäre hinauf aus. Das zweite Alarmsignal zeigt sich an der Unterseite der Gewitterwolke, wo die warme, durch den Energiegewinn bei der Kondensation noch aufgeheizte Wolkenluft nach unten in den kälteren Luftraum vordringt und dabei die unverwechselbaren Mamma-Formen (s. S. 202) bildet.

Der Weg eines Tornados folgt indes keinerlei festen Regeln: Mal ist er kurz, mal 300 km lang; mal hüpft der Wolkenschlauch über ein Haus hinweg und zerstört dafür das nächste; und den Einwohnern der betroffenen Region bleibt nur die Hoffnung, dass der unberechenbare Wirbelwind einen Bogen um sie macht.

Wasserhose

Gemeinsames Merkmal aller Großtromben, zu denen auch der Tornado (s. S. 244) gehört, ist der rüsselartige Wolkenschlauch, der bis zur Erdoberfläche hinabreicht (franz. *trompe* = Rüssel). Das auffällige Gebilde ist eine Wolkensonderform und wird wegen der Ähnlichkeit mit dem Blechblasinstrument als Tuba bezeichnet.

STECKBRIEF

Am häufigsten über Küsten in den mittleren Breiten der Erde

In der Regel bis 450 m, ausnahmsweise bis 900 m Höhe

Wirbelbildung durch kräftige Konvektion bei labiler Schichtung

Regen- und Hagelschauer

Gefahr für die Schifffahrt

Im Unterschied zum Tornado entsteht die Wasserhose über Meeren und größeren Seen. Sie wirbelt am unteren Ende des Rüssels große Mengen Wasser auf und formt eine dichte Gischtwolke, die etwa den zwei- bis dreifachen Durchmesser des Rüssels besitzt. Wasserhosen entwickeln sich unter ähnlichen Witterungsbedingungen wie Tornados, sind jedoch nicht so eng an schwere Gewitter gebunden. Häufig geht der Wolkenschlauch in der Höhe von einem *Cumulus congestus* (s. S. 196) aus und oft ist er nicht allein.

Wasserhosen können unter Umständen die Stärke von Tornados erreichen und stellen dann eine erhebliche Gefahr für die Schifffahrt dar. In der Regel sind die Wirbelwinde, denen die Windhosen auf dem Festland entsprechen, aber schwächer und mit einer Lebensdauer von durchschnittlich etwa 15 Minuten auch kurzlebiger. Sie treten vor allem im Spätsommer und Frühherbst auf, wenn das Wasser der Meere und Seen am wärmsten ist, vom Land her aber bereits die ersten Kaltluftmassen vorstoßen. Feuchtwarme und kalte Luft auf engstem Raum ist immer eine brisante Mischung, die Luftmassen brodeln regelrecht auf und es genügt dann oft ein kleiner Wirbel, um einen heftigen Wirbelsturm mit Geschwindigkeiten von mehr als 200 km/h auszulösen.

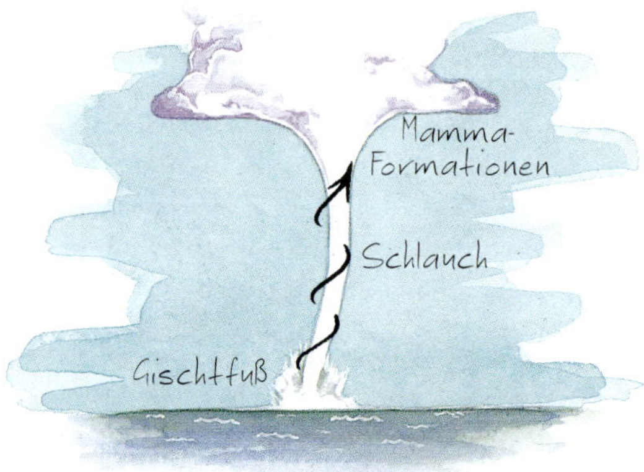

Staubteufel

Kleinräumige Wirbelstürme, die Sand, Staub und trockene Pflanzenreste mehrere Meter hoch aufwirbeln, mit ihrer Last eine kurze Strecke wandern und dann wieder in sich zusammenbrechen, werden in Deutschland als Sand- oder Staubhosen bezeichnet. In den angelsächsischen Ländern hat man diesen Kleintromben einen anschaulicheren Namen gegeben: *Dust devils*. Tatsächlich tanzen die staubgelben Wirbel an glühend heißen Tagen wie rasende Teufel oder Derwische über den ausgedörrten Erdboden. Die Höhe der aufgewirbelten Staub- und Sandsäule beträgt im Allgemeinen einige Meter, maximal etwa 300 m, ihr Durchmesser oft nur 1–2 m.

STECKBRIEF

Trockengebiete, besonders bei starker Sonneneinstrahlung
Höhe bis 300 m
Überhitzung der bodennahen Luftschichten und örtliche Wirbelbildung
Staubdunst und Staubfall
Verringerte Sichtweite

Die Staubteufel oder Windhexen, die ihr stürmisches Leben meist schon nach wenigen Minuten aushauchen, werden den Tromben zugeordnet. Auf den ersten Blick gesehen wirken sie wie Minitornados, aber bei genauerer Betrachtung sind doch einige entscheidende Unterschiede zu den großen Tromben zu erkennen: Staubteufel entstehen z. B. fast nur unter einem gering bewölkten oder gar wolkenlosen Himmel; der durch den Staub sichtbare Wirbel beginnt außerdem am Boden und endet irgendwo in der Höhe. Er wurzelt also nicht in einer Wolke, sondern wird durch Blasen heißer Luft ausgelöst, die schnell aufsteigen und dabei in eine Drehbewegung versetzt werden.

Staubteufel sind charakteristisch für Wüsten und Halbwüsten.

Gewitterbö

Eine Bö ist allgemein ein kurzer, heftiger Windstoß, der vor allem bei Gewittern häufiger auftritt und durch die aus großen Höhen der Gewitterwolke herabstürzende Kaltluft verursacht wird. Solche Abwinde, die oft Sturmstärke erreichen, kommen aber auch bei hoch aufgetürmten Haufenwolken vor, sind mit starken Niederschlägen verbunden oder erreichen den Erdboden als trockene Kaltluft.

STECKBRIEF

Trockene Böen in Trockengebieten; nasse Böen in feuchten Klimazonen

Wolkenbasis bei 1500 m (trocken) bzw. 750 m (nass)

Kräftige Abwinde

Regen- und Hagelschauer; Blitze

Starke Gefährdung des Luftverkehrs

Eine nasse Bö bringt starken Regen (oben).

Trockene Böen, bei denen der fallende Regen bereits in der Höhe verdunstet und nur an den büschelartigen Fallstreifen *(virga)* an der Wolkenunterseite zu erkennen ist, werden durch die Verdunstung noch verstärkt. Die Verdunstung entzieht den Luftmassen beträchtliche Mengen Wärmeenergie und kühlen sie dadurch weiter ab.

Bei nassen Böen zehrt die Verdunstung ebenfalls am Regen, doch ein mehr oder weniger großer Anteil erreicht den Erdboden. Die dunklen Regenwolken sind Alarmsignale, besonders für Flugzeugpiloten, denn herabstürzende Kaltluftmassen können selbst große Jets vom Kurs abbringen. Gefährdet sind vor allem Flugzeuge während der Start- und Landephase in Höhen bis etwa 300 m. Sie geraten unter der Gewitterwolke in eine Zone mit extrem starker Windscherung, wo auf engstem Raum plötzliche Änderungen der Windgeschwindigkeiten um 100–200 km/h registriert wurden, und nur mit viel Geschick und Glück können Pilot und Computer das Schlimmste vermeiden.

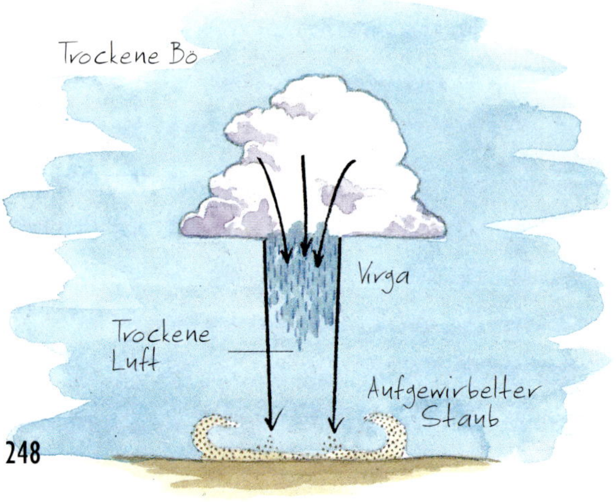

Staubsturm

STECKBRIEF

Vor allem in den Steppen, Savannen und Wüsten der Erde

Von der Erdoberfläche bis in etwa 3000 m Höhe

Oft Durchzug einer Kaltfront

Staubdunst und Staubfall

Verheerende Erosionsschäden; stark eingeschränkte Fernsicht; mitunter Gefahr für Mensch und Vieh

Starke Winde sind unablässig damit beschäftigt, die fruchtbare Bodenkrume abzutragen, humushaltigen Staub über weite Entfernungen zu transportieren und in irgendeiner anderen Gegend der Erde abzulagern. Gelegentlich treibt der Sturm so dichte Staubwolken vor sich her, dass Menschen und Tiere in ihnen ersticken und sogar der Himmel tagelang verfinstert wird.

Trocken-heiße Staubstürme, wie der Harmattan oder der Haboob in Afrika, treten regelmäßig oder nur in bestimmten Jahren vor allem am Ende einer langen Dürreperiode auf, wenn der Boden ausgedörrt und für die Winderosion besonders anfällig ist. Kaltfronten mit Sturmböen treiben dann den aufgewirbelten Staub in kilometerhohen Stirnwolken wie eine graubraune Walze vor sich her.

Die Grenzen zwischen dem in Trockengebieten fast alltäglichen Staubfegen und schweren Staubstürmen, bei denen wie im Mai 1997 in der ägyptischen Hauptstadt Kairo Dutzende von Menschen starben, sind natürlich fließend. Von einem Staubsturm spricht man, wenn die Horizontalsicht in der staubgetrübten Atmosphäre unter 1 km liegt. Bei schweren Staubstürmen beträgt die Sicht oft nur wenige Meter. Der Venezianer Marco Polo berichtete z. B. von einem Sturm in der Wüste Takla-Makan, bei dem man nicht die Hand vor Augen sehen konnte.

Der aufgewirbelte Staub wird oft über Tausende von Kilometern verfrachtet. So gelangt hin und wieder mit starken Südwinden rötlicher Flugstaub aus der Sahara über das Mittelmeer nach Europa und geht bei uns zusammen mit dem Niederschlag als Blutregen oder Blutschnee nieder. Im März 1901 breiteten sich auf diese Weise fast 2 Mio. t Flugstaub über Mitteleuropa aus.

Staubsturm über Alice Springs im Herzen Australiens (oben); vor Staubstürmen ist das Kamel besser geschützt als der Mensch.

Hurrikan

Kaum eine andere Naturgewalt ist so zerstörerisch wie ein voll entwickelter tropischer Orkan oder Hurrikan. Mit Windgeschwindigkeiten von 250 km/h und Böen bis zu 300 km/h, begleitet von sintflutartigen Regenfällen und zuweilen haushohen Wellen, fegt er über Inseln und Küsten. Nur Tornados erreichen am Erdboden noch höhere Windgeschwindigkeiten, dafür dauern sie aber auch selten mehr als ein paar Stunden und berühren nur ein relativ kleines Gebiet, während tropische Orkane tage- bis wochenlang toben und dabei Tausende von Quadratkilometern verwüsten können. Ein tropischer Wirbelsturm wird zum Hurrikan, wenn er Windgeschwindigkeiten von mehr als 118 km/h erreicht. Im Satellitenbild erkennt man ihn an den spiralförmig angeordneten Bändern aus vielen Hundert einzelnen Gewitterwolken. Das so genannte Auge

STECKBRIEF

Zwischen 5° und 30° nördlicher bzw. südlicher Breite

Bis etwa 18 000 m

Kräftige Konvektion über warmen tropischen Meeren, verbunden mit hoch reichender, labiler Schichtung

Starkregen, Sturmfluten

Katastrophale Schäden

Der Hurrikan Andrew (oben), der 1992 mit Böen von über 230 km/h und 5 m hohen Wellen über die Küsten Nord- und Mittelamerikas herfiel, hinterließ Sachschäden in Höhe von 25 Mrd. US-$. Im folgenden Jahr zog Hurrikan Emily (links) auf die Ostküste der USA zu, drehte aber glücklicherweise ab.

Hurrikan Bonnie, von einer Raumfähre aus gesehen (oben); die Spuren eines Hurrikans auf der Hawaii-Insel Kauai (rechts)

im Zentrum der Spirale ist eine Zone, in der bei absinkender Luftbewegung die Wolkendecke aufreißt. Durchschnittlich etwa 50-mal im Jahr entdecken Meteorologen dieses markante Wolkenmuster über den warmen tropischen Meeren: über dem westlichen Pazifik und dem Chinesischen Meer, wo die Tropenorkane Taifune genannt werden; Baguios heißen sie auf den Philippinen, Zyklone im Golf von Bengalen.

Hurrikans können sich nur über Meeren entwickeln, deren Wasser an der Oberfläche mindestens 27 °C warm ist. Die Zonen direkt unter dem Äquator scheiden als Ursprungsgebiete allerdings aus, denn dort ist die Corioliskraft (s. S. 31) zu gering, welche die wirbelnden Luftmassen beschleunigt. Erst polwärts ab dem 5. ° nördlicher bzw. südlicher Breite erreicht die ablenkende Kraft der Erdrotation die für die Entstehung der tropischen Orkane notwendige Mindeststärke. Über dem Festland flauen die Wirbelstürme rasch ab, doch über dem Meer zehren sie noch lange von ihren Energiereserven und so gelangt manchmal ein Hurrikan über den Atlantik hinweg als außertropischer Orkan bis an die Küsten Europas.

Hurrikanwarnungen

Lange vor der systematischen Wetterbeobachtung wurden Unwetter bereits in den Chroniken aufgezeichnet. Darin findet man häufig Berichte über tropische Orkane, die Städte zerstörten und ganze Schiffsflotten vernichteten. Taifune fegten z. B. in den Jahren 1274 und 1281 die Schiffe des Mongolenherrschers Kubilai Khan hinweg,

als er sich zum Angriff auf Japan rüstete – für die Japaner ein Zeichen, dass der Himmel den Götterwind Kamikaze gesandt hatte, um ihr Land vor den Angreifern zu schützen.

Vielleicht hätte der Steppensohn Kubilai Khan seine Kriegsflotte aus dem sicheren Hafen nicht auslaufen lassen, wenn ihm die Vorzeichen eines tropischen Orkans vertraut gewesen wären. Die Wirbelstürme, die oft einen Durchmesser von 1000 km erreichen, erzeugen nämlich durch den Wind und den enormen Druckabfall unter sich 10–15 m hohe Flutwellen. Diese breiten sich rasch um das Zentrum des Sturms aus und erreichen die Küsten als überdurchschnittlich starke Dünung. Wenn also bei schwachen Winden oder Windstille riesige Brecher auf eine Küste zu rollen und der Zeitabstand zwischen den Wellen geringer wird, muss damit gerechnet werden, dass bald ein Hurrikan folgen wird.

So sah ein Augenzeuge die zerstörerische Kraft des Hurrikans, der 1940 Georgia heimsuchte.

Warnungen aus dem Weltall

Mit der Einführung der Wettersatelliten in den 60er-Jahren begann ein neues Zeitalter der Hurrikanforschung. Erstmals konnte man sich buchstäblich ein Bild von den riesigen Sturmwirbeln machen und ihre vernichtende Urgewalt, aber auch die majestätische Schönheit der über die tiefblauen tropischen Meere ziehenden weißen Wolkenspiralen erkennen. Für den Hurrikanwarndienst sind Satellitenbilder inzwischen unentbehrlich geworden. Während der Hurrikansaison, also hauptsächlich im Spätsommer und Herbst, erhalten die Meteorologen stündlich neue Bilder aus dem Weltall. Sie suchen auf den Bildschirmen nach großen Schwärmen von Gewitterwolken, aus denen sich tropische Orkane entwickeln könnten. Wenn man eine solche Hurrikankeimzelle entdeckt hat, wird sie aufmerksam beobachtet. Sobald sich dann

Das Auge des Hurrikans wird von einem Bollwerk aus Gewitterwolken umschlossen, die Gipfelhöhen von mehr als 15 km erreichen. Bei Forschungsflügen wagen sich die Wissenschaftler bis in diesen Kern des Orkans (links oben). Die gewaltigen Orkanfluten (rechts) fordern bei Hurrikans die meisten Todesopfer und spülen nicht selten Schiffe auf das Land (oben).

noch die typische Wolkenspirale mit dem dunklen Auge zeigt und die am Boden gemessene Windgeschwindigkeit die Orkanstärke von über 118 km/h erreicht, erklärt der zuständige Wetterdienst den tropischen Wirbelsturm zum Hurrikan und gibt ihm einen Namen. Von jetzt an werden seine Bahn und Geschwindigkeit sorgfältig beobachtet sowie Warnungen an den See- und Luftverkehr und die Bewohner der gefährdeten Gebiete ausgegeben.

Hurrikans, die sich einer Festlandküste oder Insel auf weniger als 240 km nähern, kommen in den Bereich der Radarüberwachung und können genauer verfolgt werden. Allerdings ist man auch hier vor Überraschungen nicht sicher, denn die Tropenorkane sind unberechenbar; sie ziehen in gerader Linie weiter, verharren auf der Stelle oder ändern plötzlich ihren Kurs. Die Ursachen dieser abrupten Richtungsänderungen sind noch ungeklärt und werden derzeit intensiv untersucht, vor allem weil man damit die Zugbahn der Hurrikans besser vorhersagen, die Einwohner der betroffenen Regionen rechtzeitig warnen, unter Umständen sogar evakuieren und auf diese Weise die Folgen der Naturkatastrophe mildern könnte.

Gefahr droht vor allem den Inseln und Küsten, denn über dem Binnenland stockt der Nachschub an feuchtwarmer Luft. Die Tropenorkane zehren nur noch von ihren Energiereserven, lösen sich deshalb langsam auf und bringen oft aber noch ergiebige Dauerregen.

Optische Phänomene

Regenbogen

Das farbenprächtige, leider nur sehr kurze Schauspiel, das sich bei Regen und tief stehender Sonne am Himmel abspielt, hat die Menschen wohl schon immer fasziniert. Früher brachte man den Regenbogen mit göttlichen Kräften in Verbindung, wissenschaftlich wurde er erst im 17. Jahrhundert erklärt.

STECKBRIEF

In allen Klimazonen, in denen es regnet

Bis 42° (seltener bis 51°) über dem Horizont

Refraktion (Brechung) und Reflexion (Zurückwerfung) des Lichts

Regenschauer und Sonne

Die theoretischen Grundlagen stammen vom französischen Physiker René Descartes, der 1637, also lang vor dem genialen englischen Naturforscher Isaac Newton, die Aufspaltung des Sonnenlichts in die Spektralfarben erklärte. Fast genau 200 Jahre später lieferte ein englischer Physiker mit dem beziehungsreichen Namen Airy, d. h. luftig, durch komplizierte Berechnungen die Details dieser Theorie.

Newton zeigte in seinem klassischen Experiment, dass das weiße Sonnenlicht ein Gemisch von Lichtwellen unterschiedlicher Wellenlänge und Farbe ist. Er benutzte dazu ein Glasprisma, das das Licht in die reinen, unvermischten Farben zerlegt.

Die vielen Millionen Regentropfen, die bei einem Regenschauer niedergehen, wirken wie winzige Prismen. Sie spalten das Licht durch Refraktion und Reflexion der Lichtwellen in die Spektralfarben: Wenn ein Lichtstrahl auf einen Regentropfen trifft, wird er an der Grenzfläche zwischen Luft und Wasser zunächst gebrochen, d. h., er wird ein wenig aus seiner ursprünglichen Richtung abgelenkt. Die rückwärtige Innenseite des Regentropfens wirft dann den Strahl zurück, er tritt wieder aus dem Tropfen aus und wird an der Grenzfläche nochmals gebrochen. Der zurückgeworfene und gebrochene Strahl, der schließlich das Auge des

Beim schwächeren Nebenregenbogen werden die Lichtstrahlen zweimal an der Innenfläche der Regentropfen reflektiert.

Regenbogen über der kalifornischen Sierra Nevada (oben); der Nebenregenbogen (links) ist breiter, aber fast farblos.

Zuschauers erreicht, bildet mit dem ursprünglichen Sonnenstrahl einen Winkel von etwa 42°. Je nach Wellenlänge des Lichts werden dabei die Strahlen mehr oder weniger stark abgelenkt, blaues Licht z. B. stärker als rotes. Jede Farbe hat also ihren eigenen Regenbogen, der sich zu denen der anderen Farben gesellt.

Auf der Jagd nach Regenbogen

Typisches Aprilwetter mit häufigem Wechsel von Regen und Sonnenschein oder ein Gewitter an einem Sommerabend sind die besten Gelegenheiten, um einen Regenbogen zu beobachten. Der Regen sollte aus möglichst großen Tropfen bestehen, denn sie verteilen das Sonnenlicht am besten. Je tiefer die Sonne steht, umso höher steigt der Regenbogen über den Horizont auf; umgekehrt sieht man ab einer Sonnenhöhe von mehr als 42° vom Regenbogen überhaupt nichts mehr, denn der so genannte Sonnengegenpunkt, um den sich der Regenbogen legt, verschwindet dann unter dem Horizont. Von einem hoch gelegenen Beobachtungspunkt aus, etwa von einem hohen Turm oder aus dem Flugzeug, erweitert sich dagegen das Gesichtsfeld und bei günstigen Bedingungen schließt sich der halbkreisförmige Regenbogen zum Regenkreis. Ein noch selteneres Naturerlebnis ist der Mondregenbogen, doch dazu reist man am besten in einer klaren Vollmondnacht an einen großen Wasserfall.

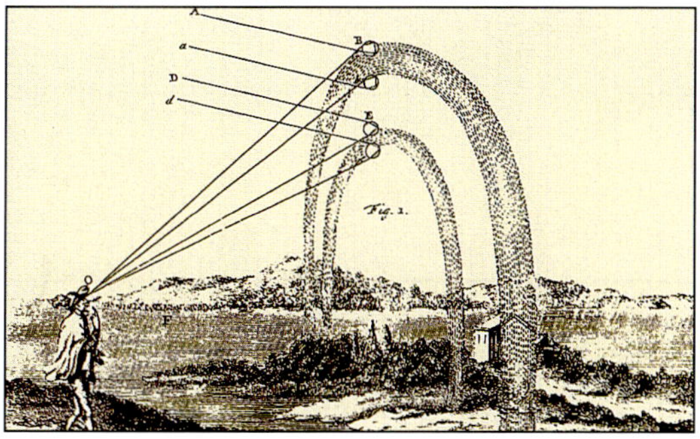

Beim Nebenregenbogen beträgt die maximale Ablenkung durch zweifache Reflexion etwa 51° (Zeichnung aus dem 17. Jh.).

Kranz

Der Name Korona (lat. *corona* = Kranz oder Krone) ist die wissenschaftliche Bezeichnung für ein optisches Phänomen, das mitunter am Himmel zu beobachten ist, wenn das Licht der Sonne oder des Mondes durch dünne Schichtwolken aus kleinen Eiskristallen oder Wassertröpfchen fällt. Dabei umgeben farbige Ringe die Sonnen- oder Mondscheibe.

STECKBRIEF

Am häufigsten im Winter über Gebirgen

Gewöhnlich verbunden mit dünnen, lichtdurchlässigen Eis- und Wasserwolken

Beugung des Sonnen- oder Mondlichts an Eiskristallen oder Wassertröpfchen

Hoher und mittelhoher Stratus

Der Kranz entsteht durch die Beugung des Lichts an den Wassertröpfchen und Eiskristallen der Wolken. Sie bewirken eine Ablenkung der Lichtstrahlen von ihrer geradlinigen Ausbreitungsrichtung. Wie bei der Brechung des Lichts und der Entstehung des Regenbogens hängt der Ablenkungswinkel von der Wellenlänge ab und es kommt daher zur Aufspaltung in die Spektralfarben. Die Lichtstrahlen dringen jedoch nicht in die Teilchen ein und die Abfolge der Farben ist auch genau umgekehrt wie beim Regenbogen: Der blaue Ring liegt innen, der rote dagegen ganz außen. Diese beiden Farbtöne beherrschen gewöhnlich das Bild der Korona.

Das zarte Mondlicht erzeugt die schönsten Kränze mit den feinsten Farbabstufungen, im grellen Licht der Sonne werden sie hingegen überstrahlt. Am größten ist die Korona, wenn die Wolke, die sich vor die Sonne oder den Mond schiebt, aus besonders kleinen Wassertröpfchen besteht, und bei gleichmäßiger Tropfengröße treten die leuchtendsten Farben auf. Vulkanischer Staub kann ebenfalls Kränze verursachen und sogar starker Pollenflug führt gelegentlich zur Bildung dieses Phänomens.

Kränze um die Sonne (oben) und den Mond (rechts)

Irisieren

Iris war in der Götterwelt der alten Griechen die Göttin des Regenbogens. Wolken, die irisieren, schimmern demnach in den Farben des Regenbogens. Das recht seltene Phänomen ist besonders bei Altocumulus- und Cirruswolken zu beobachten, die sich vom Erdboden aus betrachtet in der Nähe der Sonnenscheibe befinden. Sie tragen unregelmäßig verteilte Farbflecken und -säume, wobei vor allem die roten und grünen Töne hervortreten. Auch Kondensstreifen zeigen nicht selten ein ausgeprägtes Irisieren.

Wie die Kränze (s. S. 258) entstehen die leuchtenden Farben durch Beugung der Lichtstrahlen an Eiskristallen und Wassertröpfchen. Man kann sich das unregelmäßige Farbmuster deshalb am besten als einen nur teilweise entwickelten oder asymmetrischen Kranz vorstellen. Ähnlich wie beim Kranz hängt die Intensität der Farben von der Größe der Partikel ab. Sehr kleine Eiskristalle und Wassertröpfchen, möglichst noch mit einem annähernd gleichen Durchmesser, verstärken die Farben. Vor allem in jungen mittelhohen und hohen Wolken sind diese beiden Bedingungen erfüllt.

STECKBRIEF

Am häufigsten im Winter und über den Polargebieten

Meist an den Rändern dünner mittelhoher und hoher Wolken

Beugung der Lichtstrahlen an Wassertröpfchen oder Eiskristallen

Gut ausgeprägt bei Altocumulus und Cirrus sowie bei Kondensstreifen und den Perlmutterwolken

Nach dem irisierenden Farbenspiel auf dem Perlmutt der Perlmuscheln und verschiedener Seeschnecken sind die hell glänzenden Perlmutterwolken benannt. Die linsen- oder wellenförmigen Wolken in 15–30 km Höhe (hauptsächlich über den Polargebieten) zählen zu den höchsten Wolkenformationen. Sie bestehen aus Eiskristallen, an denen das Sonnenlicht gebeugt und in seine Spektralfarben zerlegt wird. Von der Entstehungsweise her gehören die Perlmutterwolken zu den orographischen Wolken.

Zarte Perlmutterfarben sind die Kennzeichen irisierender Wolken.

Halo

Ein Halo in seiner häufigsten Form ist ein weißlicher, innen und außen auch rötlicher oder bläulicher Ring, der wie ein runder Hof (griech. *hálós* = Dreschtenne) am Himmel die Sonnen- oder (seltener) Mondscheibe umschließt. Im Unterschied zu den Kränzen (s. S. 258), die direkt von der Lichtquelle ausstrahlen, sind die verschiedenen Haloerscheinungen stets durch einen bestimmten Winkelabstand von Sonne oder Mond getrennt.

Ein weiterer Unterschied besteht darin, dass Kränze durch Wassertröpfchen entstehen, während die Halos auf Brechung und Spiegelung der Lichtstrahlen an Eiskristallen in den höheren Wolkenstockwerken, gelegentlich auch in der Nähe des Erdbodens an aufgewirbelten Schneekristallen zurückgehen. Die einfache Spiegelung des Lichts an Eiskristallen erzeugt weiße Halos; kommt die Brechung der Strahlen hinzu, so erscheinen die Ringe in blassen Farbtönen.

STECKBRIEF

Weltweit, am häufigsten in den höheren Breiten der Erde

Hauptsächlich bei dünner, hoher Bewölkung

Brechung und Spiegelung der Lichtstrahlen an Eiskristallen

Halos zeigen oft eine baldige Wetterverschlechterung an

In den Wolken schwebende Wassertröpfchen sind ungefähr kugelförmig, Eiskristalle haben dagegen meist eine sechseckige Form und erscheinen als winzige Säulen oder Plättchen. Lichtstrahlen, die auf einen solchen Kristall fallen, werden durch Brechung mehr oder weniger stark aus ihrer ursprünglichen Richtung abgelenkt. Der Brechungswinkel beträgt in der Regel rund 22°, so wie die Neigung des 22°-Rings zum Zentrum der Lichtquelle.

Dieser Hof von Sonne und Mond zählt zu den häufigsten Haloerscheinungen. Es gibt aber noch eine Reihe anderer Phänomene, die alle ähnliche Ursachen haben, z. B. der Große (46°-)Ring, die verschiedenen Berührungsbogen, die Lichtsäule oder das seltene Lichtkreuz. Letzteres soll den römischen Kaiser Konstantin zum Christentum bekehrt haben, als er es am Himmel sah.

Ein 22°-Ring um den Mond, eine der häufigsten Formen

Nebensonnen

Sonnenhunde oder Scheinsonnen nennt man in den angelsächsischen Ländern die zwei hellen, leuchtenden Flecken, die manchmal zu beiden Seiten der Sonne am Himmel erscheinen. Bei uns heißen die sonderbaren Lichtflecken, die den Eindruck erwecken, als stünden gleichzeitig drei Sonnen am Himmel, einfach nur Nebensonnen.

STECKBRIEF

Weltweit, am häufigsten in den höheren Breiten der Erde

Hauptsächlich bei hoher, dünner Bewölkung

Brechung und Spiegelung der Lichtstrahlen an Eiskristallen

Nebensonnen zeigen oft eine baldige Wetterverschlechterung an

In Wirklichkeit sind diese Sonnenzwillinge jedoch Scheinbilder, erzeugt durch Brechung und Spiegelung der Lichtstrahlen an den Eiskristallen der Cirruswolken im obersten Wolkenstockwerk. Sie treten oft in Verbindung mit einem Haloring auf, dem Nebensonnenring oder Parhelischen Ring, der eine Neigung von etwa 22° zur Sonne einhält und wie die anderen Haloerscheinungen vor allem bei hoher Cirrusbewölkung vorkommt.

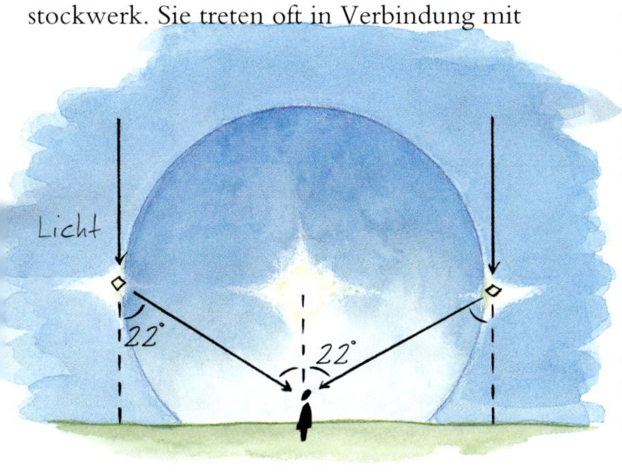

In sehr kalten Gegenden der Erde wie der Antarktis (oben) sind Nebensonnen auch im aufgewirbelten Schnee zu beobachten.

Gut ausgebildete Nebensonnen sind meist prächtig gefärbt – am schönsten in Kondensstreifen – und weisen rötliche Farbtöne an der Innen- und bläuliche Nuancen an der Außenseite auf. Häufiger wird die Sonne auch nur von einer Nebensonne begleitet; ein extrem seltenes Naturschauspiel sind jedoch die Mondhunde oder Nebenmonde in außergewöhnlich hellen Vollmondnächten. Bei sehr niedrigen Temperaturen bilden sich Haloerscheinungen, die in der Regel an die Eiswolken des obersten Wolkenstockwerks gebunden sind, auch in den unteren Etagen, gelegentlich in den Fallstreifen von Wolken, aus denen gerade ein Schneeschauer niedergeht, und hin und wieder sogar in Bodennähe, wenn der Wind dort Schneeflocken aufwirbelt und wie eine Eiswolke verteilt.

Polarlicht

Aurora, die römische Göttin der Morgenröte, hat diesem faszinierenden Schauspiel am nächtlichen Himmel seinen wissenschaftlichen Namen verliehen. Doch der Vergleich mit dem Purpurlicht vor Sonnenaufgang ist unvollkommen, denn die Leuchterscheinungen sind viel intensiver und farbenprächtiger. Sie wechseln von Lichtkaskaden in allen Farben des Spektrums zu Girlanden und Schleiern, die allmählich über den Himmel driften, um irgendwann zu verlöschen und urplötzlich wie ein Blitz wieder aufzuleuchten.

Polarlichter kann man über beiden Erdhalbkugeln beobachten: Auf der nördlichen Hemisphäre heißen sie Nordlicht oder *Aurora borealis* und südlich des Äquators Südlicht oder *Aurora australis*. Im mittelalterlichen Europa galten sie als Vorboten kommender Katastrophen und bis heute spielen sie in der Mythologie mancher Naturvölker polarer Gegenden eine zentrale Rolle, so etwa bei den Inuit Grönlands und Nordamerikas oder bei den Maori Neuseelands, die in einem anschaulichen Vergleich von einem brennenden Himmel sprechen.

STECKBRIEF

In den Polargebieten

Vor allem in Höhen zwischen 100 und 400 km

Leuchten der Luftbestandteile, ausgelöst durch den Sonnenwind

Wahrscheinlich Zusammenhang mit Sonnenfleckenperiode

Mitunter Schäden an elektrischen Anlagen

Für die nordischen Völker waren die Polarlichter Geisterschlachten am Himmel; nach der naturwissenschaftlichen Erklärung prallen dabei jedoch keineswegs feindliche Heere aufeinander, sondern die kleinsten Bausteine der Materie: Protonen und freie Elektronen, die von der Sonne her mit einer Geschwindigkeit von rund 1600 km/s durch den Weltraum rasen und in Höhen zwischen 80 und 1000 km über der Erdoberfläche mit den Atomen bzw. Molekülen der irdischen Lufthülle zusammenstoßen. Durch den

Aurora australis, *gesehen von Bord der Raumfähre* Discovery

Aurora polaris, *das Polarlicht, zeichnet sich durch große Farbenpracht und überwältigende Formenvielfalt aus.*

Aufprall werden die getroffenen Teilchen zum Leuchten angeregt. Wellenlänge und Farbe des ausgestrahlten Lichts hängen vor allem von der Art des atomaren Sauerstoffs und des molekularen Stickstoffs ab – den wichtigsten Bausteinen der Luft in diesen Stockwerken der Erdatmosphäre – sowie vom dort herrschenden Druck. Sauerstoffatome strahlen bei einem Zusammenstoß in tieferen Etagen ein gelblich grünes Licht aus, in größeren Höhen dagegen ein rotes Licht. Blaue Farbtöne entstehen bei der Kollision mit Stickstoffmolekülen.

Polarlichtovale

Die negativ geladenen Elektronen des so genannten Sonnenwinds geraten in Erdnähe unter den Einfluss des magnetischen Feldes unseres Planeten und werden auf spiralförmigen Bahnen nach Norden und Süden zu den magnetischen Polen der Erde gelenkt. Dies ist der Grund, weshalb Polarlichter hauptsächlich in zwei ringförmigen Zonen im Abstand von 23° von den Magnetpolen auftreten. Die Stärke des Sonnenwinds hängt eng mit der Sonnenfleckenaktivität zusammen. Daher sind auch die Polarlichter im Abstand von etwa 11 Jahren – einer Sonnenfleckenperiode – bei überdurchschnittlich vielen Sonnenflecken besonders häufig und intensiv, bei wenigen Flecken dagegen seltener und schwächer. In Zeiten starker Aktivität wurden Polarlichter schon über Athen oder sogar über Singapur in der Nähe des Äquators beobachtet. Ihre Häufigkeit und Stärke wechselt darüber hinaus mit den Jahreszeiten; besonders gut sind die Beobachtungschancen zurzeit der Tagundnachtgleichen (s. S. 24). Weshalb die Polarlichter bevorzugt an den Äquinoktien auftreten, ist allerdings noch ungeklärt.

Grüner Strahl

Bei Sonnenaufgang oder -untergang ist gelegentlich an dem Punkt, an dem die Sonnenscheibe gerade über dem Horizont auftaucht bzw. hinter ihm verschwindet, wenige Augenblicke lang ein grünes Licht zu erkennen: Es ist der grüne Strahl.

STECKBRIEF

Weltweit, am häufigsten in der dunst- und staubarmen Luft über kühlen Meeren

Direkt am Horizont

Brechung der Lichtstrahlen bei Sonnenauf- bzw. -untergang

Das rätselhafte Phänomen, das gar nicht so selten ist, wie immer behauptet wird, entsteht durch die atmosphärische Brechung der Lichtstrahlen – so wie die Farbe des Himmels allgemein. Je nach dem Gehalt der Atmosphäre an Staub und Wassertröpfchen sowie der Länge des Weges, den die Lichtstrahlen durch die Lufthülle der Erde bis zum Erdboden zurücklegen müssen, werden die Strahlen verschiedener Wellenlängen und Spektralfarben unterschiedlich stark abgelenkt. Bei hohem Sonnenstand, kurzem Weg und klarer Luft ist der wolkenlose Himmel blau, während bei tiefem Sonnenstand, entsprechend längerem Weg und/oder größerer Trübung der Atmosphäre gelbliche oder rötliche Farbtöne vorherrschen.

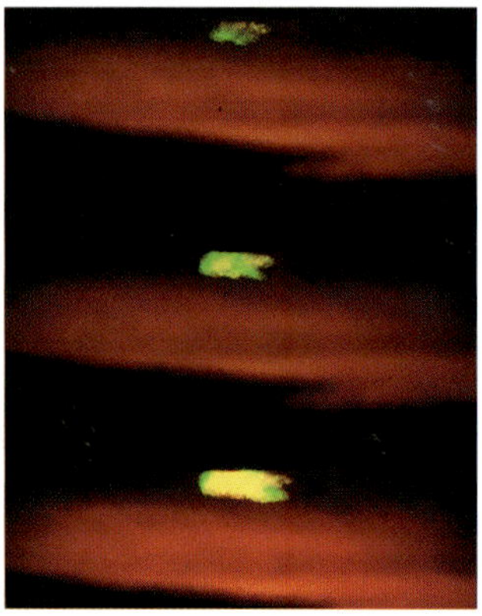

Fotos in sehr kurzen Zeitabständen (unten) zeigen den Farbwechsel von Gelb zu Grün.

Auf ähnliche Weise verändert sich auch die Farbe der Sonnenscheibe. Die atmosphärische Brechung der Sonnenstrahlen erzeugt ein senkrecht angeordnetes Spektrum, in dem die roten Farben ganz unten, die blauen bis violetten ganz oben liegen. Bei Sonnenuntergang verschwinden die Farben eine nach der anderen und bei Sonnenaufgang tauchen sie in umgekehrter Reihenfolge wieder auf. Der letzte bzw. erste Farbton, den das menschliche Auge wahrnehmen kann, ist Smaragdgrün; die blauen und violetten Farben heben sich von der bläulichen Himmelsfarbe zu wenig ab. Das gesamte Spektrum wird in kurzer Zeit durchlaufen; so bleiben für das Grün nur wenige Sekunden und oft ist es nur ein grüner Blitz. Am längsten und deutlichsten erkennt man das Phänomen in der Reinluft über den Ozeanen, mitunter auch über ebenem Land.

Fata Morgana

Zu Luftspiegelungen in den bodennahen Schichten der Atmosphäre kommt es, wenn die Lichtstrahlen auf ihrem Weg durch verschieden warme und deshalb auch unterschiedlich dichte Luftschichten mehrfach gebrochen werden.

STECKBRIEF
Besonders über Wüsten und kühlen Gewässern
Dicht über dem Horizont
Spiegelung der Lichtstrahlen durch Mehrfachbrechung an Luftschichten verschiedener Dichte

Nach der Schichtung der Luftmassen und den dadurch erzeugten Spiegelungen unterscheidet man zwei Typen von Luftspiegelungen: Wenn die unteren Schichten durch Überhitzung eine sehr viel geringere Dichte als die darüber lagernden aufweisen, entsteht eine Spiegelung nach unten; eine Spiegelung nach oben tritt dagegen bei starker Temperaturzunahme und abnehmender Dichte zur Höhe hin auf, etwa über Schneeflächen oder kalten Gewässern. Die Trugbilder, die auf diese Weise entstehen, werden oft noch dadurch verzerrt, dass die Spiegelung an geneigten oder wellenförmigen Grenzflächen erfolgt.

Zur Gruppe der Luftspiegelungen nach unten gehört auch die als Inbegriff einer Sinnestäuschung berüchtigte Fata Morgana, benannt nach einer Fee (ital. *fata*), die nach der Überlieferung die Seeleute in der Meeresstraße von Messina durch solche „Luftschlösser" in die Irre führen soll. Viel häufiger kommt sie allerdings in den Hitzewüsten der Erde vor, wo sich der Erdboden und die untersten wenige Meter dicken Luftschichten an windstillen, sonnigen Sommertagen extrem aufheizen. Dann werden Teile der Landschaft, bezogen auf die Augenhöhe des Betrachters, nach unten gespiegelt, so auch der blaue Himmel, der dadurch wie ein blauer See in der Wüste erscheint.

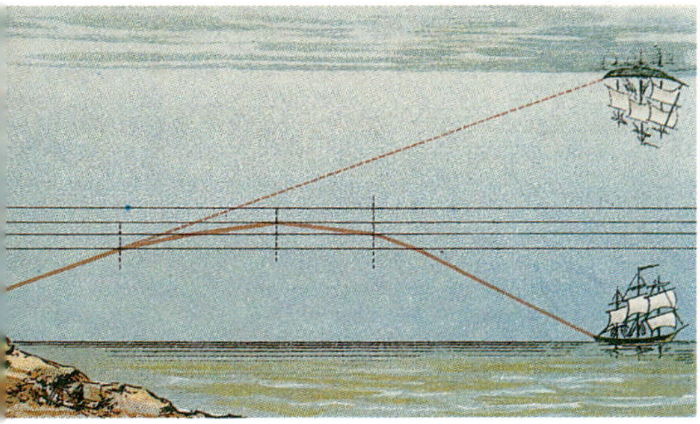

Luftspiegelungen nach unten kommen häufig in Trockengebieten wie der Namib-Wüste in Südwestafrika vor (oben). Spiegelungen nach oben, wie in der Zeichnung von 1902 (links) dargestellt, sind dagegen typisch für die Meere der Erde.

Smog

STECKBRIEF

Weltweit, besonders in Großstädten und Industriegebieten

Meist in einer 150–300 m dicken Schicht über dem Erdboden

Vor allem Emissionen der Industrie und des Straßenverkehrs

Verminderte Sichtweiten

Gesundheitsrisiken, Gebäudeschäden, Treibhauseffekt

In den letzten Jahrzehnten wurde die Luftverunreinigung weltweit zu einer ernsten Gefahr für Mensch und Natur. Sie kommt unter natürlichen Bedingungen nicht vor (zumindest nicht in diesem Ausmaß), sondern wird von den Menschen verursacht, und zwar vor allem durch die Verbrennung fossiler Brennstoffe in Industrie, Verkehr und Privathaushalten.

Nicht immer nimmt man die Luftverschmutzung wahr und gerade die schleichende Verunreinigung der Atmosphäre ist vielleicht am gefährlichsten, denn erst wenn der Schadstoffgehalt einen bestimmten Pegelstand erreicht, wird die chemische Belastung auch optisch erkennbar – als graubrauner Smog über Stadt und Land. Ursprünglich bezeichnete man mit diesem Wort – eine Zusammensetzung der englischen Wörter *smoke* (Rauch) und *fog* (Nebel) – einen durch Ruß und Rauchgase stark verunreinigten Nebel; heute wird auch die schadstoffbelastete Dunstglocke über Großstädten und Industrierevieren dazu gerechnet. Daraus kann sich jedoch rasch ein echter Nebel entwickeln, denn die Partikel bilden die Kondensationskerne (s. S. 41), an denen der Wasserdampf ausgeschieden wird.

Viele Industriezweige belasten die Umwelt durch Emissionen.

Smog löst sich erst auf, wenn Winde die Luftmassen durcheinander wirbeln und/oder Niederschläge die Schadstoffe auswaschen. Das bedeutet, dass die Belastung durch Smog oft gerade in den Gegenden am stärksten ist, in denen meist schönes Wetter mit viel Sonnenschein und Wärme, aber wenig Regen und Wind herrscht. Nicht ohne Grund gehören die Millionenstädte Los Angeles im sonnigen Kalifornien oder das von hohen Gebirgen umschlossene Mexiko-Stadt zu den Metropolen, deren

Los-Angeles-Smog über Los Angeles (oben) und der London-Smog von 1952 (rechts)

Bewohner am häufigsten unter Smog leiden. Einen zweiten geographischen Schwerpunkt für die Smogverbreitung bilden die Ballungsgebiete der winterkalten Klimazonen, in denen die Luft in den Wintermonaten aufgrund des Ausstoßes von Ruß- und Rauchgasen aus Heizungsanlagen oft stark verunreinigt ist.

Zwei Arten von Smog

Verschmutzter Dunst und Nebel enthalten die unterschiedlichsten chemischen Substanzen. Zu den häufigsten Bestandteilen zählen Kohlenmonoxid, verschiedene Stickoxide und Kohlenwasserstoffe sowie Schwefeldioxid. Viele dieser Schadstoffe sind in höheren Konzentrationen für Menschen, Pflanzen und Tiere schädlich und richten darüber hinaus auch beträchtliche Schäden an Häusern und anderen Bauwerken an.

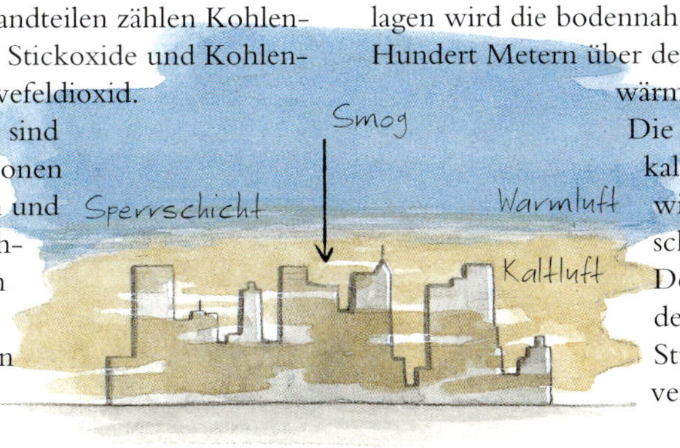

Beim London-Smog, benannt nach der britischen Hauptstadt, wo im Dezember 1952 mindestens 4000 Menschen Opfer einer katastrophalen Smogwetterlage wurden, treten als Schadstoffe besonders Schwefeldioxid und Rußpartikel hervor. Der Los-Angeles-Smog, der sich unter dem Einfluss der Sonnenstrahlung aus Auto- und Industrieabgasen bildet, schädigt den Organismus hauptsächlich durch den Ozongehalt.

Beide Smog-Arten treten bei ruhigem Hochdruckwetter mit geringem Austausch der Luftmassen durch Winde auf. Bei solchen Wetterlagen wird die bodennahe Kaltluft oft in einigen Hundert Metern über der Erdoberfläche von wärmerer Luft überlagert. Die Grenzfläche zwischen kalter und warmer Luft wirkt dabei als Sperrschicht; sie liegt wie ein Deckel auf einem Topf, der sich von Stunde zu Stunde immer mehr mit verunreinigter Luft füllt.

Wald- und Buschbrände

Ausgedehnte Brände in den Wald-, Gras- und Buschlandschaften der Erde werden meist durch längere Dürreperioden ausgelöst oder zumindest begünstigt. Sie haben andererseits selbst auch einen nicht zu unterschätzenden Einfluss auf das Wetter, vor allem durch Aschepartikel, die mit dem Aufwind in höhere Luftschichten gelangen.

STECKBRIEF

Weltweit, besonders in den Subtropen, aber auch im nördlichen Nadelwaldgürtel

Rauch steigt mitunter bis in die obere Troposphäre auf

Längere Dürrezeiten, Blitzschlag, Brandstiftung, Fahrlässigkeit

Gefahren für Leben und Besitz

Solche Flächenbrände kommen z. B. Jahr für Jahr in Kalifornien, im Mittelmeerraum und in Teilen von Australien vor. Heiße, trockene Sommer, verbunden mit oft kräftigen Winden, schaffen dort ideale Voraussetzungen für Wald- und Buschbrände. Sie verwüsten alljährlich auch weite Gebiete der wechselfeuchten Tropen und des nördlichen Nadelwaldgürtels, und zwar so regelmäßig, dass sich Pflanzen und Tiere häufig an das Feuer angepasst haben. Manche Ökosysteme könnten ohne die Brände überhaupt nicht weiter bestehen.

Wald- und Buschbrände gibt es auf der Erde schon seit Urzeiten; meist wurden und werden sie durch Blitzschlag entfacht. Immer häufiger tritt jedoch der Mensch als Brandstifter auf, indem er Brände legt, um neues Acker-, Weide- oder Bauland zu gewinnen. Vor allem in den Tropen ist die Brandrodung weit verbreitet. Manchmal geraten die Brände außer Kontrolle; dann legt sich beißender Rauch über ganze Länder, wie im Spätsommer und Herbst 1997 in Südostasien, wo Zehntausende von Menschen unter Atemnot litten und es im Rauchnebel zu schweren Unfällen mit vielen Todesopfern kam.

Lichterloh brennt ein Wald in Südfrankreich.

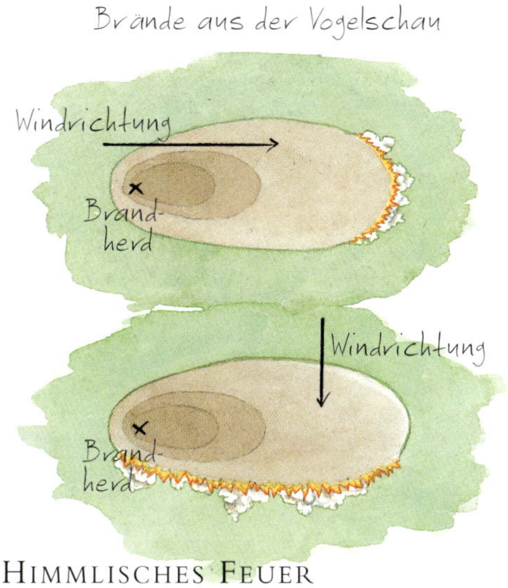

Rauchwolken über Sydney, der größten Stadt Australiens (großes Foto), und über dem Norden des fünften Kontinents (oben)

Himmlisches Feuer

Von den Bränden steigen Rauchwolken hoch in den Himmel auf, liefern mit den Aschenpartikeln neue Kondensationskerne (s. S. 41), trüben die Atmosphäre und schwächen so die Sonneneinstrahlung. Meist verwandelt sich die strahlend weiße Sonne hinter Brandwolken in eine gelbliche oder orangerote Scheibe. Doch wenn die Aschenteilchen in höhere Luftschichten gelangen, kann es zum sehr seltenen Phänomen der blauen Sonne kommen. Dies geschieht vor allem nach ausgedehnten Waldbränden, wie etwa im September 1951, als Aschenwolken vom Westen Kanadas bis nach Mitteleuropa zogen.

Bei Bränden sollte man allerdings keine Zeit damit verschwenden, die Farben der Sonne zu bewundern – dann ist vielmehr schnelles, überlegtes Handeln am Boden notwendig. Das Feuer hält sich nicht an Regeln, ist unberechenbar und überrascht immer wieder selbst erfahrene Feuerwehrleute mit seinen Kapriolen. Anhaltspunkte für die Richtung, in die sich der Brand ausbreiten könnte, bietet lediglich die Windrichtung. Zwei Beispiele sind in der obigen Skizze dargestellt. Der Wind kann freilich von einer Sekunde zur andern umschlagen, z. B. durch ein Frontensystem, das sich rasch nähert. Außerdem erzeugen große Brände am Erdboden häufig ihr eigenes, unberechenbares Windfeld.

Vulkanische Wolken

Während der Erdurzeit waren Vulkanausbrüche wesentlich häufiger und erheblich heftiger als heute. Die magmatischen Gase – hauptsächlich Wasserdampf, Kohlendioxid und Schwefeldioxid –, die dabei ausgestoßen wurden, bildeten die Uratmosphäre der Erde, prägten das Klima des jungen Planeten und lieferten wahrscheinlich auch die Bausteine für die Entstehung der ersten Lebewesen. Heute kommt es zwar nur noch hin und wieder zu größeren Vulkanausbrüchen, dennoch haben sie nach wie vor weit reichende Folgen für die Erde und ihre Bewohner.

STECKBRIEF

Vulkanische Wolken können Wetter und Klima weltweit beeinflussen

Bis in Höhen über 50 km

Vor allem plinianische Eruptionen, die große Aschenmengen fördern

Aschen- und Säureregen; elektrische Entladungen

Missernten; Unwetter

Vulkanische Eruptionen fördern mitunter gewaltige Mengen von Aschen und Gasen zutage, insbesondere die explosiven Ausbrüche, wie die des Vesuv aus dem Jahr 79, die vom römischen Schriftsteller Plinius d. J. ausführlich beschrieben wurden. Nach ihm heißen diese Ausbrüche, bei denen oft mehrere Kubikkilometer Magma ausgeworfen werden, plinianische Eruptionen.

Die Eruptionssäule über dem Krater reicht zuweilen in Höhen bis über 50 km, durchstößt die Sperrschicht an der Obergrenze der Troposphäre und lädt die Aschen in der Stratosphäre ab. Die Aschenwolken ziehen dann um die Erde und breiten sich allmählich über dem Globus aus. Nach schweren Eruptionen hält sich der Staub oft jahrelang in der Atmosphäre.

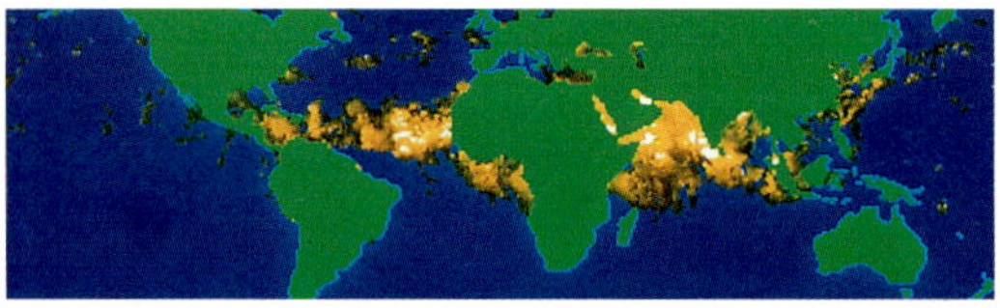

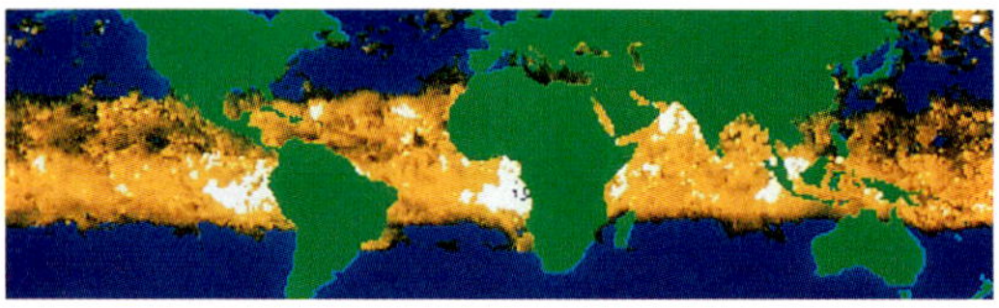

Die beiden Satellitenbilder zeigen in gelben Farbtönen die Verteilung der vulkanischen Aschen, die 1991 beim Ausbruch des Pinatubo auf den Philippinen in die Atmosphäre gelangten: Das obere Foto entstand kurz nach der Eruption, das untere zwei Monate danach. Die Aschen breiteten sich rund um den Erdball aus und sorgten für farbenprächtige Sonnenauf- und -untergänge (oben).

Nach dem Ausbruch des Mount St. Helens am 18. Mai 1980 gingen noch in über 2000 km Entfernung Aschenregen nieder.

Dichte Aschenwolken, die in großer Höhe um die Erde ziehen, haben erhebliche Auswirkungen auf Wetter und Klima. Sie reflektieren einen bestimmten Anteil der einfallenden Sonnenstrahlen und vermindern dadurch die Zufuhr von Sonnenenergie, sodass es auf der Erde kühler wird. Der Erste, der den Zusammenhang zwischen Vulkanen und Wetter erkannte, war der amerikanische Naturforscher und Politiker Benjamin Franklin. Nach den heftigen Eruptionen der Laki-Kraterreihe im Jahr 1783 auf Island wies er in einem Experiment nach, dass die Sonneneinstrahlung durch die Aschenwolken spürbar schwächer geworden war: Mit einem Brennglas konnte er ein Stück Papier nicht mehr entzünden.

Das Jahr 1815, in dem sich mit dem Ausbruch des Tambora auf der indonesischen Insel Sumbawa die folgenschwerste Eruption seit Menschengedenken ereignete, ist als das Jahr ohne Sommer in die Geschichte eingegangen. Kälteperioden in jüngerer Zeit könnten ebenfalls durch starke Ascheneruptionen verursacht worden sein und vielleicht waren sogar die Eiszeiten das Ergebnis des regen Vulkanismus im Tertiär. Zusammenhänge zwischen Vulkanausbrüchen und Klimaschwankungen sind allerdings nicht mit letzter Sicherheit nachzuweisen.

Aschenwolken, die von Höhenwinden um den Globus getrieben werden, haben noch einen angenehmen Nebeneffekt: Sie verursachen das schönste Purpurlicht oder Alpenglühen, das man sich vorstellen kann. Etwa 15 – 60 Minuten vor bzw. nach Sonnenauf- oder -untergang färben die Sonnenstrahlen, die durch in der Atmosphäre schwebende Aschenteilchen abgelenkt werden, den Himmel, die Wolken und im Gebirge die höchsten Berggipfel intensiv karmin- bis purpurrot – so rot wie die glutflüssige Lava in den fernen Feuerbergen.

Sonnenschein ist köstlich und Regen erfrischend, der Wind verleiht uns neue Kräfte und der Schnee gute Laune – kurz gesagt: Es gibt überhaupt kein schlechtes Wetter, nur verschiedene Arten von gutem Wetter.

JOHN RUSKIN (1819–1900), englischer Schriftsteller und Sozialreformer

Informationen im Überblick

LITERATURHINWEISE

Bücher

- *Allgemeine Klimageographie* von Joachim Blüthgen und Wolfgang Weischet (Walter de Gruyter, 1980). Das Standardwerk der Klimageographie in deutscher Sprache, auch für Leser ohne fundierte mathematisch-physikalische Kenntnisse empfehlenswert.
- *Allgemeine Meteorologie* (Deutscher Wetterdienst, 1987). Leitfaden für die Ausbildung im Deutschen Wetterdienst; kurz gefasstes, übersichtlich gegliedertes Lehrbuch, ebenso als Nachschlagewerk geeignet.
- *Bauerregeln: aus meteorologischer Sicht* von Horst Malberg (Springer, 1993). Über 400 Wetterregeln werden auf ihre Treffsicherheit geprüft und mit den Wetterbeobachtungen der Meteorologen verglichen, ergänzt durch eine kurze Einführung in die Grundzüge der Wetterkunde.
- *Einführung in die Allgemeine Klimatologie – Physikalische und meteorologische Grundlagen* von Wolfgang Weischet (B. G. Teubner, 1995). Kompakte, leicht verständlich geschriebene Darstellung der Wetter- und Klimakunde.
- *Einführung in die Meteorologie* von Fritz Möller (Bibliographisches Institut, 1973). Zweibändiges Taschenbuch der Physik der Atmosphäre für angehende Meteorologen und den Laien mit soliden mathematisch-physikalischen Grundkenntnissen.
- *Die farbigen Dämmerungserscheinungen* von Karl Bullrich (Birkhäuser, 1982). Ausführliche Beschreibung der Himmelsfarben, vor allem der Dämmerungserscheinungen, dazu kurze Hinweise auf andere optische Phänomene.
- *Handbuch ausgewählter Klimastationen der Erde* von Manfred J. Müller (Universität Trier, Forschungsstelle Bodenerosion, 1996). Umfangreiches Tabellenwerk mit Klimadaten von mehr als 1200 Orten in aller Welt, ergänzt durch Klimakarten der Kontinente.
- *Internationaler Wolkenatlas,* deutsche Ausgabe des von der Weltorganisation für Meteorologie (WMO) herausgegebenen Internationalen Wolkenatlasses (Deutscher Wetterdienst, 1990). Umfassendes, reich bebildertes Nachschlagewerk mit einer ausführlichen Beschreibung der Wolken sowie anderer meteorologischer Phänomene – die „Bibel" der Wolkenforscher und -freunde.
- *Kleines Wetter-Lexikon mit wetterkundlichen Beiträgen und Klima-Daten aus aller Welt* von Karl Rocznik (S. Hirzel, 1984). Nachschlagewerk in Taschenbuchformat mit einer Reihe von ausführlicheren Beiträgen sowie Tabellen mit klimatologischen Grunddaten.
- *Klimatologie* von Christian-Dietrich Schönwiese (E. Ulmer, 1994). Überblick über die Grundlagen und Grundbegriffe der Klimaforschung; mit interessanten Beiträgen zur Klimageschichte und zur aktuellen Beeinflussung des Klimas durch den Menschen.

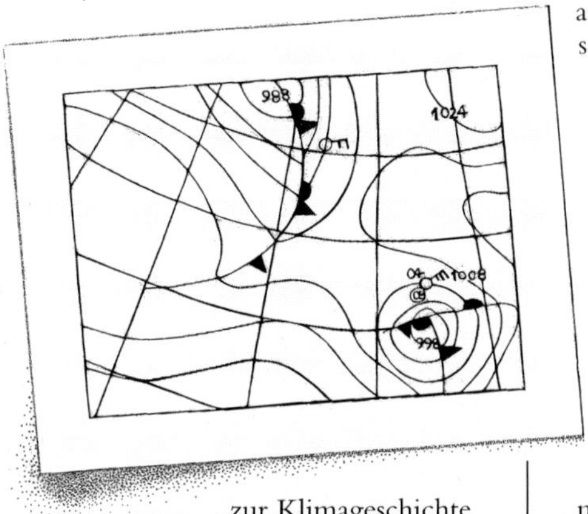

- *Klima und Krankheit* von Hermann Trenkle (Wissenschaftliche Buchgesellschaft, 1992). Einführung in die Bioklimatologie, den Wissenschaftszweig, der sich mit den Auswirkungen des Klimas auf den Organismus beschäftigt.
- *Klima und Kulturgeschichte – der Einfluß des Wetters auf den Gang der Geschichte* von Hubert H. Lamb (Rowohlt, 1989). Sehr lesenswertes Buch, das die Grundlagen und Erkenntnisse der historischen Klimaforschung vorstellt und die vielfältigen Wirkungen des Wetters auf die Entwicklung historischer Ereignisse beleuchtet.
- *Licht und Farbe in der Natur* von Marcel Minnaert (Birkhäuser, 1992). Der Klassiker unter den Werken zum Thema meteorologische Optik und eine Fundgrube für eigene Entdeckungen; mit hervorragenden Fotos von den finnischen Altmeistern der Himmelsfotografie.
- *Meteorologie – Meyers Kleines Lexikon* (Meyers Lexikonverlag, 1987). Sparsam bebildertes, aber umfassendes und leicht verständliches Sachlexikon zu den Themen Wetter, Witterung und Klima.
- *Meteorologie* von Hans Häckel (E. Ulmer, 1993). Eine anregend geschriebene Einführung in die Wetter- und Klimakunde, in der komplizierte Vorgänge durch viele Beispiele aus dem täglichen Leben anschaulich erläutert werden.
- *Meteorologie und Klimatologie – Eine Einführung* von Horst Malberg (Springer, 1994). Anspruchsvoller Einstieg in die Wetter- und Klimakunde, auch für den interessierten Laien.
- *Das neue GUINNESS Buch Wetter: Klima – Krisen – Katastrophen* von Horst Malberg (Ullstein, 1995). Ein Buch, das weniger die alltäglichen Wettererscheinungen, sondern (wie der Untertitel verrät) die aktuellen und möglichen Klimakatastrophen behandelt.
- *Praktisches Wetterlexikon* von Reinhold Wildegger (C. H. Beck, 1987). Kleines Lexikon mit kurzen Erläuterungen meteorologischer Fachausdrücke.
- *Regionale Klimatologie, Teil 1, Die Neue Welt (Amerika, Neuseeland, Australien)* von Wolf-

gang Weischet. Keine der üblichen Datensammlungen, sondern ein Textband, der die klimatischen Eigenarten der Erdteile ausführlich und anschaulich beschreibt. Teil 2 wird die Alte Welt (Europa, Asien, Afrika) behandeln.

- *Unser ruheloser Planet* von Dougal Dixon (Verlag Das Beste, 1997). Hervorragend illustrierter Band, der die Ursachen und Folgen von Naturkatastrophen behandelt, darunter auch extreme Wetterereignisse.
- *Unser Wetter, unser Klima* von Philipp Eden (Verlag Das Beste, 1997). Eine leicht verständliche, packend geschriebene Einführung in die Wetter- und Klimakunde.
- *Vom Regenbogen zum Polarlicht – Leuchterscheinungen in der Atmosphäre* von Kristian Schlegel (Spektrum Akademischer Verlag, 1995). Dieses „physikalische Bilderbuch" behandelt einen kleinen, aber überaus faszinierenden Bereich der Meteorologie: die farbenprächtigen Schauspiele im „Atmosphärenkino".
- *Wetter – Ursachen und Phänomene* von Karla Wege (Franckh-Kosmos, 1992). Kleiner, handlicher Führer durch die Wetter- und Klimakunde.
- *Wetter* von John Farrand (vgs, 1991). Stimmungsvolle Fotos und leicht verständliche Texte sind die Stärken dieses Bandes, der über wichtige Themen der Wetterkunde informiert.
- *Wetter und Klima in Deutschland – Ein meteorologisches Jahreszeitenbuch mit aktuellen Wetterthemen* von Karl Rocznik (S. Hirzel, 1982). Zur einen Hälfte ein in dieser Art einmaliger meteorologischer Führer durch das Jahr, zur andern eine Zusammenstellung von Beiträgen zu den verschiedensten Wetter- und Klimathemen.
- *Wetterbeobachtung durch das Jahr: Grundwissen – Projekte für jeden Monat – Wetterregeln – zahlreiche Tips* von Reinhardt Hess (Mosaik, 1993). Ein Buch für den aktiven Leser, der sich mit einfachen Methoden und Hilfsmitteln ein eigenes Bild vom Wetter machen möchte.
- *Wetterkunde für alle* von Günter D. Roth (BLV, 1995). Leicht verständliche, illustrierte Einführung in die Meteorologie.
- *Wolken, Wetter: Wetterentwicklungen erkennen und vorhersagen; mit Anleitungen für die eigene regionale Wetterprognose* von Dieter Walch und Ernst Neukamp (Gräfe und Unzer, 1989). Die Anleitungen für die eigene regionale Wetterprognose sind sehr knapp; umso größer ist die Fülle erstklassiger Wolkenfotos.

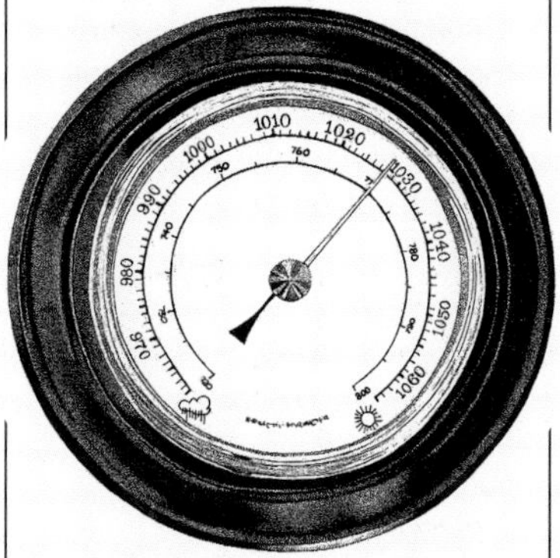

- *Wolkenbilder – Wettervorhersage* von Walter Sönning und Claus G. Keidel (BLV Naturführer, 1993). Ein handlicher, übersichtlicher und praxisorientierter Wetterführer, gut geeignet eine eigene kurzfristige Wetterprognose zu erstellen.

Periodische Veröffentlichungen der nationalen Wetterdienste

Die Anschriften der meteorologischen Dienste, bei denen man die Publikationen bestellen kann, sind auf den Seiten 276–277 angegeben.

- *Wetterdaten Deutschland* Tägliche Beobachtungen und Messungen der Wetterstationen des Deutschen Wetterdienstes
- *Wetterkarte* Amtsblatt des Deutschen Wetterdienstes (erscheint täglich)
- *Europäischer Wetterbericht* (Deutscher Wetterdienst, erscheint täglich)
- *Monatlicher Witterungsbericht* (Deutscher Wetterdienst, erscheint monatlich)
- *Klimatologische Werte* (Deutscher Wetterdienst, erscheint monatlich)
- *Jahreszeitenbericht: Die Witterung der Jahreszeit* (Deutscher Wetterdienst, erscheint vierteljährlich)
- *Jahresbericht des Deutschen Wetterdienstes* (erscheint jährlich)
- *Wetterbericht vom Tag* (Zentralanstalt für Meteorologie und Geodynamik, Wien; Faxabruf)
- *Mittelfristige Wetterentwicklung* (Zentralanstalt für Meteorologie und Geodynamik, Wien, erscheint täglich; Faxabruf)
- *Prognosenwerte für den Folgetag* (Zentralanstalt für Meteorologie und Geodynamik, Wien, erscheint täglich; Faxabruf)
- *Wetterbericht der Schweizerischen Meteorologischen Anstalt* (täglich)
- *Synoptische Prognosenkarte* (Schweizerische Meteorologische Anstalt, erscheint täglich; Faxabruf)
- *Symbolkarten Schweiz* (Schweizerische Meteorologische Anstalt, erscheint täglich; Faxabruf)

Web-Wetter-Tips

Die Zahl der Adressen im Internet und anderen Netzen, bei denen man sich online über Wetter und Klima (z. B. am Urlaubsort) informieren kann, wächst von Woche zu Woche. Hier eine kleine Auswahl von interessanten Adressen:

- http://www.dwd.de (Deutscher Wetterdienst)
- http://www.zamg.ac.at (Zentralanstalt für Meteorologie und Geodynamik)
- http://www.admin.ch/sma/ (MeteoSchweiz)
- http://www.traxxx.de/wetter/welcome.html
- http://www.met.fu-berlin.de/~stefan/wrt.html
- http://www.bank.de/reise/wetter/wetter.html
- http://www.best-reisen.de/html/Reisewetter.html
- http://www.laum.uni-hannover.de/ien/geowissenschaften/wetter.html
- http://www.teleworld.de/wetter/reisewetter/reisew.html
- http://www.hq.nasa.gov/ (Satellitenbilder der NASA)
- http://www.ncdc.noaa.gov/ (Klimadaten aus aller Welt)
- http://www.noaa.gov/ (Wetterprognosen und Wetterkarten)
- http://cirrus.sprl.umich WeatherNet: laufend aktualisiertes Verzeichnis von Internet-Wetter-Adressen
- http://acro.harvard.edu/GA/weather.html The Weather Page: interessante Internet-Wetter-Adressen

ORGANISATIONEN

Internationale Organisationen

- **Weltorganisation für Meteorologie/World Meteorological Organization (WMO)**
  41 Avenue Giuseppe Motta, CH-1211 Genf, Schweiz;
  Tel. (00 41-22) 7 30 81 11
  Fax (00 41-22) 7 34 23 26
  e-mail: ipa@www.wmo.ch
  Sonderorganisation im Verband der Vereinten Nationen mit über 180 Mitgliedsstaaten. Ihre Organe sind der Meteorologische Weltkongress, der alle 4 Jahre tagt, der Exekutivrat, dessen 36 Mitglieder einmal jährlich zusammenkommen, das Sekretariat in Genf unter der Leitung eines Generalsekretärs sowie sechs Regionalverbände und acht Fachkommissionen für wissenschaftliche und technische Fragen. Neben der Zusammenarbeit auf dem Gebiet der Meteorologie und Hydrologie zählen zu den Hauptzielen der WMO die Schaffung eines weltumspannenden Netzes von Wetterstationen und Wettersatelliten im Rahmen der Weltwetterwacht (WWW) und ein umfassendes Klimaforschungsprogramm (WCP). Schwerpunkte sind die Anwendung klimatologischer Erkenntnisse auf verschiedene Wirtschaftsbereiche sowie die Untersuchung von Klimaveränderungen unter dem Einfluss menschlicher Aktivitäten. Die Wetterdienste Deutschlands, Österreichs und der Schweiz zählen zum Regionalverband VI der WMO (Europa). Regionale meteorologische Zentren der Weltwetterwacht stehen in Bracknell bei London, in Moskau (auch Weltwetterzentrale), Offenbach am Main, Rom und in Norrköping.
- **Europäisches Zentrum für mittelfristige Wettervorhersage/European Centre for Medium-Range Weather Forecasts (ECMWF)**
  Shinfield Park, Reading, Berkshire RG2 9AX; England
  Tel. (00 44 17 34) 49 91 04
  Fax (00 44-17 34) 86 94 50
  e-mail: dra@ecmwf.int
  Das Institut erstellt numerische Verfahren für die mittelfristige Wettervorhersage bis zu 10 Tagen und übermittelt die Prognosen täglich an die Wetterdienste der Mitgliedsstaaten.

Australien

- **Bureau of Meteorology**
  GPO Box 1289K, Melbourne 3001
  Tel. (00 61-3) 96 69 40 00
  Fax (00 61-3) 96 69 41 13
  e-mail: gopher://babel.ho.bom.gov.au/1

Belgien

- **Institut Royal Météorologique de Belgique**
  3, av. Circulaire
  B-1180 Bruxelles
  Tel. (00 32-2) 3 73 05 01
  Fax (00 32-2) 3 75 12 59

Deutschland

- **Deutscher Wetterdienst Offenbach** (Zentralamt)
  Postfach 10 04 65
  D-63004 Offenbach
  Tel. (0 69) 8 06 20
  Fax (0 69) 89 62 24 88
  Niederlassung Hamburg
  Bernhard-Nocht-Str. 76
  D-20359 Hamburg
  Tel. (0 40) 31 90 88 01
  Fax (0 40) 31 90 88 03
  Niederlassung Essen
  Wallneyer Str. 10
  D-45133 Essen
  Tel. (02 01) 7 10 21 00
  Fax (02 01) 7 10 21 48
  Niederlassung Stuttgart
  Am Schnarrenberg 17
  D-70376 Stuttgart
  Tel. (07 11) 9 55 20
  Fax (07 11) 9 55 21 52
  Niederlassung Potsdam
  Michendorfer Chaussee 23
  D-14473 Potsdam
  Tel. (03 31) 31 60
  Fax (03 31) 31 62 91
  Niederlassung Leipzig
  Prager Str. 169
  D-04299 Leipzig
  Tel. (03 41) 8 66 40
  Fax (03 41) 8 66 42 73
  Niederlassung München
  Bavariaring 10
  D-80336 München
  Tel. (0 89) 5 39 80 30
  Fax (0 89) 53 98 03 44
  Der 1952 eingerichtete meteorologische Dienst ist die in Deutschland für die Aufgaben eines nationalen Wetterdienstes zuständige Institution. Dazu unterhält der DWD einen Wetterbeobachtungs- und -meldedienst, mehrere Vorhersagedienste (synoptischer Dienst, Wirtschafts-, Flug-, Seewetterdienst), Klimadienste, einen medizinmeteorologischen und einen agrarmeteorologischen Dienst. Wettervorhersagen, Unwetterwarnungen, Berichte, Auskünfte, Gutachten und Publikationen (s. S. 274–275) informieren über die Arbeitsergebnisse. Die aktuellsten Informationen kann man per Telefon oder Telefax (Service 0190 der Deutschen Telekom) bzw. in T-Online (*44440#) abrufen, z. B. allgemeine Wettervorhersage, Wochenwetter, Citywetter, Wasser- und Wintersportwetter, alpine Schneehöhen, Seewetter, Segelflug- und Ballonwetter, Straßenwettervorhersage, Reisewetter im In- und Ausland oder Vorhersage für Wetterfühlige.

Frankreich

- **Météo-France**
  1 quai Branly
  75340 Paris Cedex 07
  Tel. (00 33-1) 45 56 74 25
  Fax (00 33-1) 45 56 71 11
  e-mail: http://www.meteo.fr/

Großbritannien

- **The Meteorological Office**
  Bracknell, Berkshire RG12 1AA, England
  Tel. (00 44-13 44) 85 44 55
  Fax (00 44-13 44) 85 49 42

Japan

- **Japan Meteorological Agency (JMA)**
  1-3-4, Otemachi, Chiyoda-ku, Tokyo 100
  Tel. (0 08 13) 32 11 49 66
  Fax (0 08 13) 32 11 20 32

Kanada

- **Atmospheric Environment Service**

Environment Canada,
Inquiry Center, Ottawa,
Ontario K1A 0H3
Tel. (0 01-6 13) 6 68 67 67
Fax (0 01-6 13) 9 53 09 66
e-mail: http://www.doe.ca

Luxemburg

• **Administration des Services de l'agriculture**
16, route d'Esch, B.P. 1904
L-1019 Luxembourg
Tel. (0 03 52) 44 32 32
Fax (0 03 52) 44 32 32

Neuseeland

• **Meteorological Service of New Zealand Limited (MetService)**
PO Box 722, Wellington 6015
Tel. (00 64-4) 4 72 93 79
Fax (00 64-4) 4 99 19 42
e-mail: service@met.co.nz

Niederlande

• **Nederlands Meteorologisch Instituut**
Wilhelminalaan 10
NL-3730 AE De Bilt
Tel. (00 31-30) 2 20 69 11
Fax (00 31-30) 2 21 04 07

Österreich

• **Zentralanstalt für Meteorologie und Geodynamik**
(Bundeszentrale und Regionalstelle für Wien, Niederösterreich und Burgenland)
Hohe Warte 38, A-1191 Wien
Tel. (00 43-1) 3 60 26
Fax (00 43-1) 3 69 12 33
e-mail: dion@zamg.ac.at
Regionalstelle für Salzburg und Oberösterreich
Freisaalweg 16
A-5020 Salzburg
Tel. (06 62) 62 63 01
Fax (06 62) 62 58 38
Regionalstelle für Tirol und Vorarlberg
Fürstenweg 180
A-6020 Innsbruck
Tel. (05 12) 28 55 98
Fax (05 12) 28 56 26
Regionalstelle für Kärnten
Flughafen Annabichl
A-9020 Klagenfurt
Tel. (04 63) 4 14 43
Fax (04 63) 4 26 33
Regionalstelle für die Steiermark
Flughafenstr. 51
A-8073 Feldkirchen
Tel. (03 16) 24 22 00
Fax (03 16) 24 23 00
Einer der traditionsreichsten Wetterdienste der Welt, dessen Messreihen bis ins Jahr 1775 zurückreichen. Er gliedert sich in die Fachbereiche synoptische Meteorologie, Klimatologie und Umweltmeteorologie sowie die Abteilung für Geophysik. Das Serviceangebot der ZAMG reicht von allgemeinen Wetterprognosen bis zu Umweltverträglichkeitsgutachten. Der schnellste Weg zu Prognosen und aktuellen Messwerten ist das Wetterphon (Tel. 04 50 1 99 15 66 + jeweilige Kennzahl). Dort kann man u. a. den Wetterbericht für Gesamtösterreich oder die Bundesländer sowie 5-Tage-Prognosen, das Segel-, Surf-, Alpin- und Biowetter sowie Schneeberichte, Meerestemperaturen und europäische Messwerte abrufen.

Schweiz

• **SMA-MeteoSchweiz (Schweizerische Meteorologische Anstalt)**
Krähbühlstraße 58
CH-8044 Zürich
Tel. (00 41-01) 2 56 91 11
Fax (00 41-01) 2 56 96 66
e-mail: vog@sma.ch
Im Unterschied zu vielen anderen nationalen Wetterdiensten ist die SMA-MeteoSchweiz dezentral organisiert. Sie unterhält die Regionalwetterzentralen Genève-Cointrin (für die Westschweiz und das Wallis), Zürich (für die Deutschschweiz, Nord- und Mittelbünden), Locarno-Monti (für die Alpensüdseite und das Engadin) sowie die Flugwetterzentrale in Zürich Kloten. Sie verwalten mehrere Beobachtungsnetze mit insgesamt etwa 830 Stationen, die zusammen mit dem internationalen Datenstrom Informationen für den nationalen Wettervorhersage- und Wetterberatungsdienst liefern, z. B. für den Alpenwetterbericht, für Auskünfte über das vergangene Wetter, die Windprognose für Schweizer Seen, den UV-Index, die Prognosen für die Landwirtschaft oder die speziellen Prognosen für Ballon-, Delta-, Gleitschirm- und Segelflieger.

Spanien

• **Instituto Nacional de Meteorología**
Apartado de Correos 285
E-28071 Madrid
Tel. (00 34-1) 5 81 96 30
Fax (00 34-1) 5 81 98 45

Südafrika

• **South African Weather Bureau, Information and Publication Section**
Private Bag X097
Pretoria 0001
Tel. (00 27 12) 2 90 80 25
Fax (00 27 12) 2 90 29 58
e-mail:
climenq@cirrus.sawb.gov.za

USA

• **National Oceanic and Atmospheric Administration (NOAA)**
National Weather Service,
1305 East-West Highway,
8624 Floor, Silver Spring,
Maryland 20910;
Tel. (0 01-3 01) 7 13 12 08
e-mail:
http://www/nws.noaa.gov/

• **National Climatic Data Center**
151 Patten Ave,
Room 120,
Asheville,
North Carolina
28801-5001
Tel. (0 01-7 04)
2 71 48 00
Fax (0 01-7 04)
2 71 48 76

REGISTER MIT GLOSSAR

In diesem kombinierten Register und Glossar verweisen **halbfett** gedruckte Seitenzahlen auf einen Haupteintrag und *kursiv* gedruckte Seitenzahlen auf eine Abbildung.

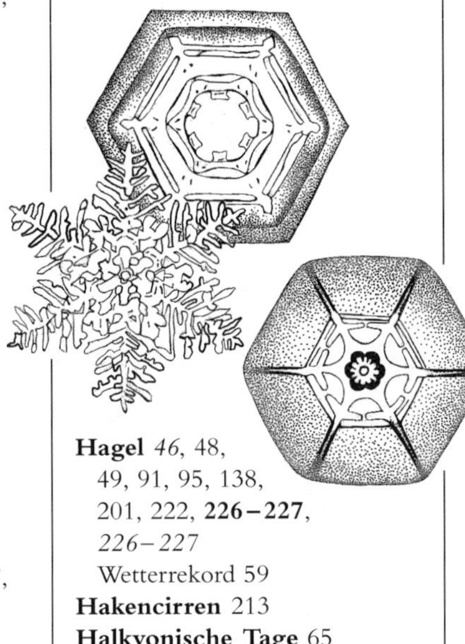

M

N

N
W
E
S

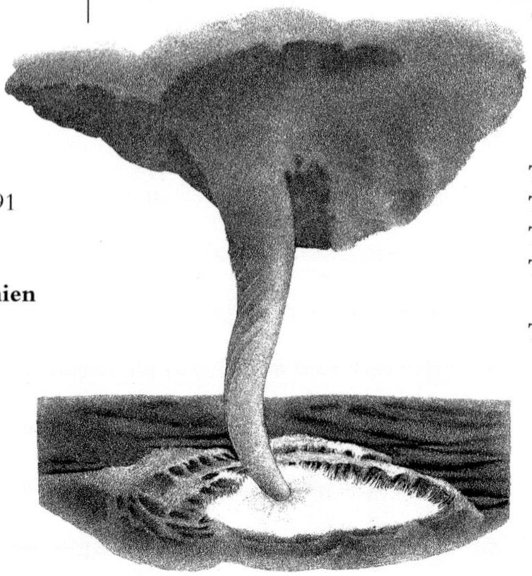

U

V

W

MITARBEITER

William J. Burroughs, britischer Geophysiker und Meteorologe, hat sich in fast 200 Büchern und Zeitschriftenbeiträgen mit allen Fragen des Wetters und der Klimaentwicklung beschäftigt. Zu seinen bekanntesten Werken gehören die Bände *Watching the World's Weather* und *Weather Cycles: Real or Imaginary?* In seinem Berufsleben war er vor allem im britischen Energie- und im Gesundheitsministerium tätig.

Bob Crowder kam 1951 zum australischen Wetterdienst und arbeitete dort bis zu seinem Ausscheiden aus dem aktiven Dienst im Jahr 1988 in mehreren führenden Positionen. Von 1958 bis 1962 gehörte er zu den ersten Wettermoderatoren des australischen Fernsehens. Bob Crowders Spezialgebiet sind die Basissysteme, ein Bereich, den er in der Fachkommission der Weltorganisation für Meteorologie (WMO) vertrat. 1995 erschien sein Buch *The Wonders of the Weather.*

Ted Robertson ist Biologe und lehrt an der Lawrence Hall of Science, einer Abteilung der Universität von Kalifornien. In seiner Freizeit verfasst er populärwissenschaftliche Bücher, veranstaltet in den Wüsten und Hochgebirgen Kaliforniens Survival-Kurse und arbeitet engagiert im Umweltschutz mit. Ted Robertson hat zahlreiche naturkundliche Studienreisen in die verschiedensten Lebensräume der Erde geleitet, u. a. in die arktische Tundra, in den tropischen Regenwald, in die Wüsten sowie in die Steppen Nord- und Südamerikas.

Eleanor Vallier-Talbot ist Meteorologin beim US-Wetterdienst in Boston, Massachusetts. Ehrenamtlich unterstützt und berät sie mehrere Vereinigungen von Amateurmeteorologen, darunter auch die International Weather Watchers (IWW).

Richard Whitaker studierte an der Monash University in Melbourne und arbeitet seit 1968 beim australischen Wetterdienst. Er leitet gegenwärtig die Abteilung im Wetterdienst von Neusüdwales, die für Gutachten und die Wetterberatung der Industrie, der Landwirtschaft und anderer Wirtschaftszweige zuständig ist.

BILDLEGENDEN

Seite 1: Altostratuswolke im Purpurlicht
Seite 2: Buchenwald an einem nebligen Wintertag
Seite 3: Strahlungsreif auf Ahornblättern
Seite 4–5: Blitze über dem Monument Valley in Arizona, USA
Seite 6–7: Föhnwolke über den Rocky Mountains im Bundesstaat Oregon, USA
Seite 8–9: Gewitterwolke über dem Amboseli-Nationalpark in Kenia
Seite 10–11: Irisierende Wolken
Seite 12–13: Die von Nebel umhüllte Golden Gate Bridge an der Bucht von San Francisco, Kalifornien
Seite 22–23: Ein Tornado entwickelt sich an der Unterseite einer Cumulonimbuswolke über dem Mittleren Westen der USA.
Seite 60–61: Ballonaufstieg bei Sonnenuntergang in den von Stratocumuluswolken verhüllten Himmel
Seite 78–79: Aus dem Weltraum ist das Auge im Kern des Hurrikans deutlich zu erkennen.
Seite 106–107: Ein Wintermarkt auf der zugefrorenen Themse im ungewöhnlich kalten Winter von 1739/40
Seite 128–129: Zwei Kamelreiter in der Wüste Thar im indischen Bundesstaat Rajasthan
Seite 142–143: Kaiserpinguine in der Antarktis
Seite 174–175: Zu den Urgewalten des Wetters zählen die Wasserhose und der Wolken-Boden-Blitz.
Seite 178–179: Strahlungsnebel über einer westaustralischen Landschaft
Seite 179 (Nebenbild oben): Strahlungsreif auf Erdbeerblättern
Seite 179 (Nebenbild unten): Gräser überziehen sich besonders häufig mit Reif (Wales).
Seite 188–189: Ein mächtiger Cumulonimbus incus bei Sonnenuntergang
Seite 189 (Nebenbild oben): Altocumulus undulatus im Purpurlicht kurz nach Sonnenuntergang
Seite 189 (Nebenbild unten): Vom Wind zerzauste Haufenwolke
Seite 218–219: Autoscheinwerfer bei heftigem Regen
Seite 219 (Nebenbild oben): Regenschauer über den Myall-Seen, Neusüdwales, Australien
Seite 219 (Nebenbild unten): Mit Raureif und Schnee überzogener Zaun
Seite 236–237: Wolken-Boden-Blitze im Südwesten der USA
Seite 237 (Nebenbild oben): Sturmgepeitschte Palmen auf Plantation Island, Fidschi
Seite 237 (Nebenbild unten): Ein Tornado in den USA
Seite 254–255: Regenbogen über der Banda-See, Indonesien
Seite 255 (Nebenbild oben): Nordlicht
Seite 255 (Nebenbild unten): Irisierender Altostratus
Seite 272–273: Radierung aus dem Jahr 1846 mit der Darstellung meteorologischer Phänomene

DANKSAGUNG

Die Herausgeber danken den folgenden Mitarbeitern für ihre Unterstützung bei der Produktion dieses Buches: Ionas Kaltenbach, Margaret McPhee, Di Regtop, Oliver Strewe sowie Luke Tyler und den Schülern des St. Ignatius' College, Riverview, Sydney, Australien.

BILDNACHWEIS

(o. = oben, u. = unten, l. = links, r. = rechts, M. = Mitte, N. = Nebenbild) A = Auscape International; AA/ES = Animals Animals/Earth Scenes; AA&A = Ancient Art and Architecture Collection, London; APL = Australian Picture Library; Backgrounds = Backgrounds Photo Library; BCL = Bruce Coleman Limited, UK; Bettman = Bettman Archive; Bridgeman = Bridgeman Art Library, London; FLPA = Frank Lane Picture Agency; Granger = The Granger Collection, New York; IS = International Stock Photo; LT = Lochman Transparencies; ME = Mary Evans Picture Library; MP = Minden Pictures; NCAR = National Centre for Atmospheric Research/University Corporation for Atmospheric Research/National Science Foundation; NHPA = Natural History Photographic Agency; OSF = Oxford Scientific Films; PE = Planet Earth Pictures; PL = The Photo Library, Sydney; PR = Photo Researchers; SAL = Survival Anglia; SPL = Science Photo Library; TS = Tom Stack and Associates; Werner = Werner Forman Archive; W = Wildlight Photo Ag.)

1 W.S. Pike/SAL/OSF **2** E.A. Janes/NHPA **3** William Paton/SAL/OSF **4–5** Chad Ehlers/IS **6–7** Bob Pool/TS **8–9** Martyn Colbeck/OSF **10–11** Herb Segars/AA/ES **12–13** Hilary Wilkes/IS **14** u.l. Schindler Collection, New York/Werner; o.r. Paul McCullagh/OSF; M.r. Bob Firth/IS **15** o. John Downer/PE; M. John Eastcott und Yva Momatiuk/PE; u. John Shaw/A **16** o. D. Hoadley/FLPA; u.l. Warren Faidley/IS; u.r. SPL/PL **17** o. Mark Marten/NASA/PR; M. Bob Firth/IS; u. John Downer/OSF **18** Joel Bennett/SAL/OSF **19** E.R. Degginger/AA/ES **20** o. Bettman/APL; M. Galen Rowell/Hedgehog House, New Zealand; u. J. Robert Stottlemyer/IS **21** o. Hank Morgan/SPL/PL; M. Larry Lipsky/TS; u. SPL/PL **22–23** Warren Faidley/IS **24** o.r. ME; u. Mark Marten/NASA/PR **26** o. Chris Curry/Hedgehog House, New Zealand; M. Thomas Kitchin/TS; M.r. Franca Principe/Istituto e Museo di Storia della Scienza di Firenze **27** l. David E. Rowley/PE; r. Ian Murphy/Tony Stone Worldwide/PL **28** o. Biblioteca Estense, Modena/Bridgeman; u.l. World Perspectives/Tony Stone Images/PL; u.r. John Eastcott und Yva Momatiuk/PE **29** Granger **30** o. Jean-Loup Charmet; M. Bill Rossow/NASA **31** o. NASA/SPL/PL; u. Jean-Loup Charmet **32** o. Austin J. Brown/Aviation Picture Library; M. Stan Osolinski/OSF **33** o. NASA/SPL/PL; u. JHC Wilson/Robert Harding Picture Library **34** l. David Miller; r. W.S. Pike/SAL/OSF **35** M. ESA/SPL/PL **36** o. Peter Jarver/Backgrounds; M. Stan Osolinski/OSF; u. William M. Smithey Jr./PE **37** G. Ranalli/PR **38** u. Los Alamos Nat Lab/SPL/PL **39** o. R. Sorensen und J. Olsen/NHPA **40** o.l. John Shaw/NHPA **40–41** Eric Soder/NHPA **41** o. Flip de Nooyer/BCL; M.r. Rod Planck/TS; u. Franca Principe/Istituto e Museo di Storia della Scienza di Firenze **42** M. S. McCutheon/FLPA **43** o. Peter Jarver/Backgrounds; M. Keith Gunnar/BCL **44** M.r. Dennis Sarson/LT; u.l. K. E. Woodley/Royal Meteorological Society/National Meteorological Library **45** o.l. Stephen Krasemann/NHPA; M. Dr. E.R. Degginger **46** o. EPI Nancy Adams/TS; M. Rod Planck/TS; u. ME **47** Peter Davey/BCL **48** Daniel J. Cox/Natural Exposures **49** o. Peter Jarver/Backgrounds; M. B. Cosgrove/FLPA; u. SPL/PL **50** E.R. Degginger/PL **51** o. Chad Ehlers/IS; M.r. NASA/SPL/PL; u. Bettman/APL **52** o. Dennis Fisher/IS; u. H. Hoflinger/FLPA **53** Sheila Beougher/W/Liaison **54** Jeff Greenberg/IS **55** o. NOAA/SPL/PL; M. Warren Faidley/IS; u. ME **56** Dries van Zyl/BCL **57** Col Roberts/LT **58** o. Ashmolean Museum, Oxford; M. David M. Dennis/TS; u. Tom Till/A **59** o. Gerald Cubitt/BCL; M.l. GD Plage/BCL; M.r. NCDC/NOAA; u. Dick Smith/Hedgehog House, New Zealand **60–61** John Shaw/NHPA **62** o.l. Thjodminjasafn, Reykjavík, Island (National Museum)/Werner; r. AA&A; u. National Museum of Anthropology, Mexico City/Werner **63** o.l. AA&A; M. Museum of Anthropology, University of British Columbia, Vancouver/Werner; u. Scala **64** o.l. Granger; M. ME; u. Palazzo del Té Mantova/Scala **65** o.l. und u. Jean-Loup Charmet; o.r. British Library **66** o.l. und r. Franca Principe/Istituto e Museo di Storia della Scienza di Firenze; u. North Wind **67** o. Franca Principe/Istituto e Museo di Storia della Scienza di Firenze; M. Granger; u. (von Martellini Gaspero) Tribuna di Galileo Firenze/Scala **68** o.l. Bettman/APL; o.r. ME; u. Jean-Loup Charmet **69** o.M. Jean-Loup Charmet; o.r. und u. Granger **70** o.r. Franca Principe/Istituto e Museo di Storia della Scienza di Firenze; M. Granger; u.l. David Miller; u.M. Jiri Lochman/LT **71** o. Granger; u. (von Sano di Pietro) Biblioteca Comunale Siena/Scala **72** o.r. Christie's, London/Bridgeman; M.l. Royal Naval College, Greenwich/Bridgeman; M.r. Granger; u. ME **73** o.l. World Meteorological Organization; o.r. Research Library/Australian Museum; u. Jean-Loup Charmet **74** o.l. Gran-

Gran; M. SPL/PL; u. ME **75** o.l. Clive Collins; o.r. US Air Force Geophysics Directorate; M. Hulton Deutsch/PL; u. George W. Platzman/University of Chicago **76** o.l. World Meteorological Organization; o.r. Lafayette/National Meteorological Library; M.l. und u. Hulton Deutsch/PL **77** o. The Science Museum/Science and Society Picture Library; u. UPI/Bettman/APL **78–79** NASA/TSADO/TS **80** o.l. Royal Meteorological Society; o.r. Australian Bureau of Meteorology; M. Paul Nevin/PL; u. Japan Meteorological Agency **81** o.l. M. Newman/FLPA; o.l. Paolo Koch/PR; M.r. NOAA; u.r. M. Burnett/PR **82** o.l. IS; o.r. P. Nevin/PL; M.r. Reg Morrison; u. D. Parer und E. Parer-Cook/A **83** o. NCAR; M. SPL/PL; u.l. Thomas Bettge/NCAR **84** National Weather Service/NOAA **85** Paul Nevin **86** o.l. Oliver Strewe; u.l. Sony Australia Ltd and The Weather Channel; u.M. NBC News **86–87** Rainbird/Robert Harding Picture Library **87** o. J.M. LaRoque/A; u.l. und u.r. Warren Faidley/IS **88** o.l. E. Varner Smith/IS; o.r. Tom McHugh/PR; u.r. G.R. Roberts/Documentary Photographs; u.r. Oliver Strewe **89** o. und M. NCDC/NOAA; u. Paula Bronstein/The Hartford Courant **90** o. Clay Bryce/LT; u.l. W.S. Pike/SAL/OSF; u.r. Peter Jarver/Backgrounds **91** o. John Shaw/NHPA; M.l. Bob McKeever/TS; M.r. Maxwell Optical Industries P/L; u. David Miller **92** o.l. Gary Milburn/TS; o.r. Rod Planck/TS; M.r. Peter Dean/FLPA; u. Leonard Lee Rue III/PR **93** M. Michael Marten/SPL/PL; u.l. Joe McDonald/TS; u.r. Flip de Nooyer/BCL **94** o. und u. O. Strewe **95** o.l. Kevin Rushby/BCL; o.r. Taylor/Fairfax Photo Library, Sydney; u. Solar Flair P/L/Davis Instruments **96** o.l. G. Tomsich/Istituto e Museo di Storia della Scienza di Firenze/PR; M. und u. O. Strewe **97** o. Solar Flair P/L/Davis Instruments; M. und u. O. Strewe **98** o.l. und o.r. O. Strewe; u. Bill Bachman **99** o. E. und D. Hosking/FLPA; M. Austin J. Brown/Aviation Picture Library; u.l. und u.r. O. Strewe **100** o. und u.l. David Parker/SPL/PL; u.r. Paul Nevin/PL **101** o.l SPL/PL; o.r. NASA/FLPA; u.l. und u.r. Peter Jarver/Backgrounds **102** o.l. Scott Camazine/PR; o.r. Colin Monteath/OSF; M. und u. Warren B. White, Physical Oceanography Research Division, Scripps Institute of Oceanography **103** o. Luiz Claudio Marigo/BCL; M.r. Michael Salas/Image Bank, Sydney; u.l. Tony Bee/PL; u.r. Tim Davis/PR **104** o.l. NASA/SPL/PL; o.r. und M. Warren Faidley/IS; u.l. National Weather Service/NOAA **105** o.l. Dr. Richard Legeckis/SPL/PL; M. Gary Lewis/PL; u.l. Massachusetts Institute of Technology; u.r. Howard Houben/NASA Center for Mars Exploration **106–107** (von Jan Griffier) Guildhall Art Gallery, Corporation of London/Bridgeman **108** o.l. Mehau Kulyk/SPL/PL; o.r. Breck P. Kent/AA/ES; u. François Gohier/A **109** o. Ron Sanford/IS; M. Breck P. Kent/AA/ES **110** o. AA&A; M. George Holton/PR **111** o.l. Patti Murray/AA/ES; o.r. Dr. Eckart Pott/BCL; u. Kunsthistorisches Museum, Wien/Bridgeman/PL **112** o.l. Ferrero/Labat/A; M.r. Alan Root/SAL/OSF **113** o.l. Breck P. Kent/AA/ES; o.r. Zig Leszczynski/AA/ES; u. SPL/PL **114** o. Australian National Maritime Museum; u.l. G.I. Bernard/NHPA; u.r. R.J. Erwin/PR **115** o. R. Cechet/Antarctic Division; M. D. Parer und E. Parer-Cook/A; u. Neville Coleman's Underwater Geographic Pty Ltd/Australian Institute of Marine Sciences **116** o.l. M. Marten/NASA/PR; M.r. Paul Nevin/PL; u. Spencer Swanger/TS **117** Sepia Photo/ME **118** David Weintraub/PL **119** Baum und Henbest/SPL/PL **120** o.r. Gary Parker/SPL/PL; M. Simon Fraser/SPL/PL; u.l. Carlos Goldin/SPL/PL **121** o. Nick Gordon/SAL/OSF; u. Jan Tove Johansson/PE **122** o. Sinclair Stammers/SPL/PL; u. Geoff Renner/Robert Harding Picture Library **123** o. Hank Morgan/SPL/PL; u. Robert M. Carey, NOAA/SPL/PL **124** o.l. Y. Lanceau/A; M.l. Carlos Goldin/SPL/PL; u.r. Andy Price/BCL **125** M.l. Clive Collins; u.l. Hans-Peter Merten/BCL; u.r. John Mead/SPL/PL **126** o. Simon Fraser/SPL/PL; M. Adenis/Sipa Press/PL; u. UK Meteorological/SPL/PL **127** o. SPL/PL; M. Gunter Ziesler/BCL; u. Adenis/Sipa Press/PL **128–129** Frank Grant/PL **130** o. Edward Lettau/PR; u. Jean-Loup Charmet **131** o. Paul Thompson/PL; M. ME; u. Paul Trummer/Image Bank **132** o.r. Andy Price/BCL; M. F. Lechenet/Explorer/A **133** o. Frank Grant/PL; M. Aline Perier/A; u. Christine Osborne Pictures **134** o. ME; M. Tony Stone Worldwide/PL; u. Norbert Rosing/OSF **135** o. Erwin und Peggy Bauer/BCL; u. Frank Grant/IS **136** o. George Band/Royal Geographical Society; u. Sorrel Wilby/Wild Side **137** o.l. Edward Cross/PL; o.r. Tony Stone Worldwide/PL; u. S. Fiore/Explorer/A **138** o. Ronald Sheridan/AA&A; u.M. Nino Marshall/PL; u.r. Jean-Loup Charmet **139** o. Everett Collection; M. Hall of History Foundation, Schenectady, NY; u. Courtesy Hydro-Electric Commission, Tasmania **140** o. Jean-Loup Charmet/SPL/PL; M. Kevin Schafer/TS; u. Austin J. Brown/Aviation Picture Library **141** o. Jocelyn Burt/PL; u. Dennis Sarson/LT **142–143** Graham Robertson **144** o.l. Renee Lynn/PR; o.r. Wendy Shattil und Bob Rozinski/TS; u. A. Wharton/FLPA **145** o. Wayne Aldridge/IS; M. Jiri Lochman/LT; u. Nikita Ovsyanikov/PE **146** o.l. Erwin und Peggy Bauer/BCL; u.l. Daniel J. Cox/PL; u.M. Dr. Paul A. Zahl/PR **148** o.l. Karl H. Switak/PR; o.r. Suzanne L. Collins und Joseph T. Collins/PR; M. Kenneth W. Fink/PR **150** o. Robert Tyrell/OSF/PL; u.l. Wayne Lawler/A; u.r. John Lythgoe/PE **151** Michael Fogden/OSF **152** o. Leo Meier; u.l. Robin Smith/PL; u.r. M. Stoklos/AA/ES **153** Esther Beaton/Terra Australis Photo Agency **154** Claude Steelman/SAL/OSF **155** o.l. Jack Mackinnon/PE; o.r. Stephen Dalton/NHPA; u. J. Cancalosi/A **156** o. John Downer/PE; u. John Shaw/BCL **157** Philip Craven/Robert Harding Picture Library **158** o. Frank Schneidermeyer/OSF; u.l. John Lythgoe/PE; u.r. Richard Reid/AA/ES **159** Jane Burton/BCL **160** o. Jean-Paul Ferrero/A; u. Stephen Krasemann/NHPA **161** o. Ron Austing/PR; r. S. Nielsen/BCL **162** o. C. Nuridsany & M. Perennou/SPL/PL; u. Michael Giannechini/PR **163** Erwin und Peggy Bauer/BCL **165** o.l. Norbert Schwirtz/BCL; o.r. John Shaw/A; M. Daniel J. Cox/OSF; u. S. Nielsen/BCL **166** o.l. Keith Gunnar/BCL; o.r. und M. Hans Reinhard/BCL **167** l. D. und M. Plage/SAL/OSF; r. Keith Gunnar/BCL **168** o.l. Mark Newman/A; u.l. John Shaw/BCL; u.r. Jeff Lepore/PR **169** David E. Myers/Tony Stone Worldwide/PL **170** o.l. Dr. Nick Gales/LT; o.r. Rick Price/SAL/OSF; M. Tui De Roy/A **171** P.V. Tearle/PE **172** o.l. Bud Lehnhausen/PR; u.l. Rob Jung/PL; u.r. Tom McHugh/PR **173** Deeble and Stone/SAL/OSF **174–175** Fred K. Smith **178–179** Len Stewart/LT **179** o.N. John Gerlach/TS; u.N. Ron Oulds/BCL **180** o. Hiroshi Higuchi/PL; M. Anthony Bannister/NHPA; u. John Shaw/NHPA **181** o. Jan Tove Johansson/PE; u. Christopher Wood Gallery/Bridgeman **182** o. Michael J. Howell/IS; u. NRSC Ltd/SPL/PL **183** o. Andre Baertschi/PE; u. Mark Newman/FLPA **184** u. Mike Coltman/PE **184–185** David E. Rowley/PE **185** u. Renee Lynn/PR **186** u. ME **186–187** Eckart Pott/BCL **187** M. L. West/FLPA; u. John Gerlach/TS **188–189** Peter Jarver/Backgrounds **189** o.N. Gordon Garradd/PL; u.N. Esther Beaton/Terra Australis Photo Agency **190** o. Philip Quirk/W; u. ME **191** o. Ron Dorhan/PL; u. Ermitage, St. Petersburg/Bridgeman **192** u. David Barrett/PE **192–193** Steve Nicholls/PE **194** o. Jan Tove Johansson/PE; u. ME **195** o. G.A. Maclean/OSF; u. Granger **196** o. Trevor Worden/PL; u. ME **197** o. Len Stewart/LT; u. G.R. Roberts/Documentary Photographs **198** o. Gary D. McMichael/PL; u. B. Cosgrove/FLPA **199** o. Grahame McConnell/PL; u. Peter Jarver/Backgrounds **200** u. Austin J. Brown/Aviation Picture Library **200–201** Peter Mackey **201** u. Peter Jarver/W **202** u. David Parker/SPL/PL **202–203** Kenneth D. Langford/TS **203** u. Bob Firth/IS **204** o. Grahame McConnell/PL; u. The MAAS Gallery, London/Bridgeman **205** o. Paul Thompson/PL; u. Granger **206** o. Tom Keating/W; u. David Miller **207** o. Fritz Prenzel/BCL; u. Jiri Lochman/LT **208** o. Peter Scoones/PE; u. Stan Osolinski/OSF **209** o. B. Cosgrove/FLPA; u. Dennis Sarson/LT **210** u. C. Monteath/Hedgehog House, New Zealand/Explorer/A **210–211** Dr. Robert Spicer/SPL/PL **211** u. Doug Allan/OSF **212** o. Greg Hard/W; u. David Miller **213** o. Allan G. Potts/BCL; u. John Lythgoe/PE **214** G.R. Roberts/Documentary Photographs **215** o. Trevor Worden/PL; u. D. Parer und E. Parer-Cook/A **216** o. S. Nielsen/BCL; u. ME **217** o. B Cosgrove/FLPA; u. Dario Perla/IS **218–219** FPG International/Austral **219** o.N. Kurt Vollmer/PL; u.N. Bob Pool/TS **220** u. Renee Lynn/PR **220–221** Raymond de Berquelle/PL **221** M.l. Fitzwilliam Museum/University of Cambridge/Bridgeman; u.r. Dieter und Mary Plage/SAL/OSF **222** u. Mary Clay/TS **222–223** John Shaw/TS **223** M. Sharon Gerig/TS; u. Jan Tove Johansson/PE **224** M.r. NCAR/TSADO/TS; u. Science Source/PR **224–225** Robert Stottlemyer/IS **225** M. Spencer Swanger/TS **226** M.l. Anthony Bannister/NHPA; u.l. Science Photo Library/PL **226–227** Mary Clay/TS **227** M. Mary Clay/TS; u. ME **228** M. Laurie Campbell/NHPA; u. Fratelli Fabri, Mailand/Bridgeman **228–229** Austin J. Brown/Aviation Picture Library **229** UPI/Bettman/APL **230** o. Doug Sokell/TS; M. J.M. LaRoque/A; u. Private Collection/Werner **231** o. Bob Firth/IS; u. JHC Wilson/Robert Harding Picture Library **232** u. Peter Ward/BCL **232–233** Peter Jarver/Backgrounds **233** M. Bill Bachman/PR **234** o. Carol Hughes/BCL; u. Nigel Dennis/NHPA **235** o. Richard Packwood/OSF; u. Bettman/APL **236–237** Warren Faidley/IS **237** o.N. Tony Bee/PL; u.N. Warren Faidley/IS **238** u. Ray Ellis/PR **238–239** Peter Jarver/W **239** M. AA&A **240–241** Wm L Wantland/TS **241** Wm L. Wantland/TS **242** Keith Kent/SPL/PL **243** Peter Jarver/W **244** u. Granger **244–245** Howie Bluestein/Science Source/PR **245** u. Merrilee Thomas/TS **246** Dr. Scott Norquay/TS **247** o. Buff Corsi/TS; u. Jonathan Scott/PE **248** Peter Jarver/Backgrounds **249** o. Robin Smith/PL; u. ME **250** M. Warren Faidley/ IS; u. NOAA/TS **250–251** NASA/SPL/PL **251** M. Galen Rowell/Mountain Light/Explorer/A **252** o. Robin Moyer/Black Star; u. ME **253** o. Byron Augustin/TS; u. Flip Schulke/PE **254–255** Dr. E.R. Degginger **255** o.N. Dr. Scott Nielsen/BCL; u.N. Kenneth D. Langford/TS **256** o. R.P. Lawrence/FLPA **256–257** Richard R. Hansen/PR **257** M. Daniel J. Cox/Natural Exposures; u. Image Select **258** o. David Miller; u. Jerry Schad/Science Source/PR **259** o. George Post/SPL/PL; u. Gordon Garradd/PL **260** o. John Shaw/TS; u. ME **261** D. Parer und E. Parer-Cook/A **262** u. SPL/PL **262–263** Silvestris/FLPA **263** o. David Miller **264** Peka Parviainen/SPL/PL **265** o. Arthur Gloor/AA/ES; u. ME **266** u. Chad Ehlers/IS **266–267** Ulf E. Wallin/Stock Photos/Image Bank **267** M. ME **268** u. Clive Collins **268–269** Peter Solness/W **269** M. NASA/SPL/PL **270** u. Robert M. Carey/NOAA/SPL/PL **270–271** David A. Ponton/PE **271** M. M. und K. Krafft/A **272–273** ME

ILLUSTRATIONEN UND KARTEN
Mike Lamble: Grafik Kopfleisten Seiten 218–235, 254–271
Rob Mancini: 142–173
Ngaire Sales: 174–271, Grafik Kopfleisten Seiten 178–217, 236–253
Genevieve Wallace: 272–288
Mark Watson: 38, 58, 59, 112, 118, alle Karten der Seiten 142–173
Rod Westblade: 26, 32, 33, 37, 39, 47, 48–49, 50, 53, 54, 108–109, 110, 117, 119, 120, 123, 125
David Wood: 25, 29, 30, 34, 35, 45

UMSCHLAG: Vorderseite: The Science Museum/Science and Society Picture Library; Scala; C.C. Lockwood/BCL; Nigel J. Dennis/NHPA **Rückseite:** Nigel J. Dennis/NHPA; Mary Clay/TS; Johnny Johnson/BCL; Hillary Wilkes/IS; Scala; Erwin und Peggy Bauer/BCL; Stan Osolinski/OSF